Kohlhammer

Walter Olbricht

Statistik zum Mitdenken

Ein Arbeits- und Übungsbuch

3., erweiterte und aktualisierte Auflage

Verlag W. Kohlhammer

3., erweiterte und aktualisierte Auflage 2017

Print:
ISBN 978-3-17-033289-8

E-Book-Formate:
pdf: ISBN 978-3-17-033290-4

Vor*sicht,*

Sie haben soeben ein altmodisches Lehrbuch zur Hand genommen. Es wird nämlich nicht dem modernen Anspruch gerecht, dass der Leser hierdurch wie durch einen „Nürnberger Trichter" den Lernstoff schnell, spielerisch und vor allem anstrengungslos aufnimmt. Das funktioniert – jedenfalls nach der Erfahrung des Autors – sowieso nur, wenn lediglich einfache Informationen vermittelt werden sollen (und auch dann nur sehr begrenzt). Soll eine Kompetenz erworben werden, liegt die Hauptarbeit nicht beim Vermittler, sondern beim Erwerber, und sie kann ihm zwar erleichtert, aber nicht abgenommen werden. Nehmen wir einmal das Radfahren. Natürlich kann man durch Schaubilder oder sogar Videos hervorragend über die Gleichgewichtsproblematik informiert werden. Radfahren lernt man so indessen nicht. Dazu muss jeder – im Wortsinne – seine eigenen Er*fahr*ungen machen und u. U. unsanft mit der Gleichgewichtsproblematik Bekanntschaft schließen. Es gibt aber auch einen Lohn für die Mühe beim Kompetenzerwerb. Denn erstens ist „Radfahren können" viel mehr als „von Radfahren wissen" und zweitens: Radfahren verlernt man nicht.

Wenn man Radfahren lernt, können Stützräder und gute Anleitungen helfen – und in analoger Weise liegt hier der Beitrag dieses Buches. Wem dieser Ansatz einleuchtend erscheint, sollte einmal einen kurzen Blick in das erste Kapitel (Wegweiser) werfen, wo dieses Konzept noch detaillierter erläutert wird. Jedenfalls deuten schon diese wenigen Anmerkungen an, warum es sich bei diesem Werk nicht um ein Statistikbuch mit Aufgaben, sondern um Statistikaufgaben mit einem Buch(teil) handelt. Letzterer ist so gehalten, dass das Buch bei Bedarf auch als eigenständige Kursunterlage oder zum Selbststudium benutzt werden kann. Ideal dürfte eine Nutzung als Ergänzung und Vertiefung eines einführenden Statistikkurses sein. Spezielle Vorkenntnisse sind nicht erforderlich.

Das Buch ist aus einführenden Statistikveranstaltungen hervorgegangen, die ich in den vergangenen Jahren an der Universität Bayreuth für Hörer aller Fachbereiche gehalten habe. Es stützt sich im Kern auf die Hauptklausuren der letzten Jahre, die nahezu unverändert übernommen wurden. Insofern haben auch Freunde, Kollegen, Mitarbeiter und Studierende (– mit solchen übergreifenden Bezeichnungen sind hier und im ganzen Buch Männer und Frauen gleichermaßen gemeint –) in verschiedener Weise zu seiner endgültigen Form beigetragen, etwa durch Hinweise und nützliche Diskussionen, durch Proberechnen von Klausuren oder durch hartnäckiges Nachfragen. Im Einzelnen lässt sich das nicht mehr zurückverfolgen oder gar namentlich zuordnen, aber ihnen allen sei an dieser Stelle herzlich gedankt. Herr Dr. U. Fliegauf (Verlagsleitung des Verlages Kohlhammer) hat das Buch in jeder Hinsicht in vorzüglicher Weise betreut; Herr Dr. D. Kirn (Lektorat des Verlages Kohlhammer) half mit Rat und Tat bei der Bewältigung von Schwierigkeiten des Zweifarbendrucks. Beiden Herren und dem Verlag W. Kohlhammer GmbH danke ich für die stets reibungslose und angenehme Kooperation. Meine Frau Katrin hat mir (nicht nur) bei der Abfassung dieses Buches den nötigen Rückhalt gegeben. Ihr ist dieses Buch gewidmet.

Bayreuth, im September 2011   Walter Olbricht

Vorwort zur dritten Auflage

Die dritte Auflage dieses Buches wurde genutzt, um einige besonders hartnäckige Druckfehler zu beseitigen, die sich in den ersten beiden Auflagen geschickt verborgen hielten, und ich möchte allen herzlich danken, die mich auf solche Unzulänglichkeiten hingewiesen haben. Um dem Druckfehlerteufel aber auch dieses Mal wieder eine faire Chance zu geben, wurde die vorliegende Auflage um gleich drei neue Klausuren erweitert. Das Leitmotiv der vorletzten Klausur (in Abschnitt 3.15) erscheint mir dabei besonders gelungen, seit mir eine Teilnehmerin mitteilte, dass sie seither jedes Mal an Statistik denken muss, wenn sie Schokolade isst. Nachhaltiger kann Lehre kaum sein...

Auch bei dieser Auflage stand mir mit Herrn Dr. U. Fliegauf (Verlagsleiter GW des Verlages Kohlhammer) und Herrn Dr. D. Kuhn (Lektorat Geschichte des Verlages Kohlhammer) das bewährte Team bei allen Schwierigkeiten immer hilfsbereit und hilfreich zur Seite. Beiden Herren und dem Verlag W. Kohlhammer GmbH möchte ich für die stets angenehme, nunmehr schon sehr langjährige Zusammenarbeit herzlich danken.

Bayreuth, im September 2017   Walter Olbricht

Inhaltsverzeichnis

Abbildungsverzeichnis

Tabellenverzeichnis

1 Wegweiser

1.1 Ausgangspunkt

Statistikklausuren sind ein Ärgernis – das finden in überraschender Einmütigkeit viele Studierende und Dozenten von Statistikkursen für Hörer verschiedenster Fächer. Allerdings mit unterschiedlicher Begründung: Die Studierenden monieren, dass sie leere Formalismen pauken müssen, deren Sinn ihnen verschlossen bleibt und die sie nach bestandener Klausur baldmöglichst vergessen. Die Dozenten bedauern, dass die Studierenden auf die Klausuren fixiert und an dem „eigentlichen" Stoff gar nicht interessiert sind. Diese doppelt beklagenswerte Situation enthält freilich auch eine Chance und trägt gewissermaßen schon einen Schlüssel zu ihrer Auflösung in sich. Wenn nämlich die Klausuraufgaben gerade den „eigentlichen" Stoff einfordern, also das widerspiegeln, was vermittelt werden soll, ist die Motivation der Studierenden von alleine in die richtige Richtung gelenkt. Wenn zudem dieser „eigentliche" Stoff auch einsehbar praxisrelevant ist, werden die Studierenden ihn auch nicht als leeren Formalismus empfinden.

Erfolgreiche Lehre für Anwender muss demnach bei den Klausuraufgaben ansetzen. Das ist der Ausgangspunkt dieses Buches, das auf 16 Klausuren basiert, die der Autor mit eben dieser Ausrichtung in den vergangenen Jahren gestellt hat. Die Klausuraufgaben sind meist als kleine Fallstudien konzipiert und manchmal sogar direkt aus der Tagespresse entlehnt. Ihre Relevanz ist ziemlich leicht erkennbar. In der Tat benötigt man statistische Grundkenntnisse in nahezu allen Lebensbereichen. Man betrachte dazu einmal die Titelseite einer beliebigen (renommierten) Tageszeitung und ermittele – schon wieder eine statistische Information! – den Prozentsatz, den statistische (also im weitesten Sinne quantitative) Information dort einnimmt. Schon um diese Information sinnvoll nutzen und bewerten zu können, benötigt man statistische Kenntnisse – man benötigt sie allerdings im aktiven Wissensschatz, nicht als halbvergessene tote Formeln von „damals".

Natürlich klingt das fast zu schön, um wahr zu sein. Und in der Tat wird man schon wegen der Prüfungssituation einige Kompromisse machen müssen. So lassen sich ganz einfach nicht alle für die statistische Praxis relevanten Fertigkeiten in Aufgaben fassen. Auch müssen Klausuraufgaben in vertretbarer Zeit korrigierbar sein und sollten – schon aus Gründen der rechtlichen Überprüfbarkeit – scharf umrissene Lösungen zulassen. Man wird das Ideal also sicher nicht ganz erreichen. Aber das ist kein Grund, sich nicht wenigstens in die richtige Richtung zu bewegen.

1.2 „Statistik-Fahrschule":
16 Doppelstunden und etwas Theorie

Das Konzept dieses Buches lässt sich gut mit der Analogie zur Fahrschule beschreiben. Dort gibt es im Wesentlichen drei Komponenten: die Fahrstunden, die theoretische Ausbildung und den Fahrlehrer. Gehen wir sie einmal der Reihe nach durch.

1.2.1   Die Fahrstunden

Wohl für jeden Fahrschüler sind diese das Herzstück seiner Ausbildung. Man stelle sich einmal vor, die Fahrausbildung bestünde nur in theoretischer Unterweisung oder nur im praktischen Drill gewisser Standardtechniken (etwa Einparken oder Tachometer ablesen)! (Die Analogie zu gewissen Statistikkursen und vor allem Statistikklausuren kann jeder Leser selbst bilden.) Das Besondere an den Fahrstunden ist gerade, dass sie den Fahrschüler dem realen Verkehr mit seinen ständig neuen Situationen aussetzen und ihn zwingen, viele verschiedene Standardtechniken und Standardwissen zu koordinieren und situationsgemäß einzusetzen. Nicht zuletzt deswegen ist man in den ersten Stunden komplett überfordert. Später hat man den Durchblick erworben und das Zusammenspiel gelernt. Dann geht es wie von selbst, und man kann nebenher Radio hören.

Die folgenden Übungsklausuren sind ähnlich gehalten. Die Teilnehmer werden darin, soweit möglich, den Bedingungen der Praxis ausgesetzt. Es geht nicht darum, nur schematisch etwas auszurechnen. Gute Statistik besteht ja (wie gutes Autofahren) gerade darin, sich in unübersichtlichen Situationen zurechtzufinden und die Aufmerksamkeit auf das jeweils Wichtige zu lenken. Wie die erste Fahrstunde mag der Leser auch die erste Klausur als unübersichtlich und als Überforderung empfinden, weil sie nicht schematisch ist. Aber genau auf die Fähigkeit, damit zurande zu kommen, kommt es an. Weil eben auch die Realität nicht schematisch ist.

Aus diesem Grunde sind die Klausuraufgaben auch als ganze Klausuren belassen und nicht etwa nach Themengebieten sortiert. Denn wenn man weiß, welches Themengebiet gerade behandelt wird, ahnt man meist schon die Lösung. Diese scheinbare Unübersichtlichkeit ist also ganz bewusst gewählt. Der Leser – besser: Löser – muss selbst herausfinden, welche Technik jeweils angebracht ist – ganz wie im richtigen Leben.

1.2.2   Die theoretische Ausbildung

Diese ist idealerweise bereits durch einen Statistikkurs erfolgt oder erfolgt parallel. Der Autor würde dazu das hervorragende Lehrbuch [6] von Freedman/Pisani/Purves empfehlen, aber auch für jeden anderen Kurs ist das vorliegende Buch eine nützliche Begleitlektüre. Wo Grundkenntnisse fehlen oder aufgefrischt werden sollten, kann dies durch einen Blick in das Auffrischungskapitel geschehen. Dort sind eigentlich alle benötigten Kenntnisse in knapper Form zusammengestellt, so dass das Buch auch ganz eigenständig benutzt werden kann. Das Auffrischungskapitel dient zudem dem Zweck, die Sprachregelungen zu vereinheitlichen und einige besondere Begriffe dieses Kurses (wie z. B. „zwetschgenförmiges Streuungsdiagramm“) einzuführen. Eine weitere kleine Eigenheit des Buches ist es, dass als Dezimaltrennzeichen statt eines Kommas durchgängig (außer in wörtlichen Zitaten) ein Punkt verwendet wird. Der Grund dafür ist, dass in der Statistik oftmals Programmpakete benutzt werden, die nur in international üblicher Form vorliegen. Wer Lehrbücher in deutscher Sprache bevorzugt, kann zu vielen bewährten Titeln – wie beispielsweise [1], [5], [8] oder [13] – greifen. Ein sehr ausführliches und lesenswertes neueres Buch ist [7]. Auch ältere Darstellungen – wie [10], [11] oder [17] – lohnen wegen ihrer vielen guten Gedanken und Beispiele nach wie vor einen Blick. Ganz modern und ganz gezielt kann man sich zu Einzelfragen im Internet kundig machen, wobei der Autor insbesondere Wikipedia hervorheben möchte.

1.2.3 Der Fahrlehrer

Der Fahrschüler sitzt nicht allein im Auto. Neben ihm sitzt der Fahrlehrer und passt auf. Natürlich haben in diesem Buch die Lösungsvorschläge diese Funktion. Der Lernende kann hieraus selbst ersehen, inwieweit er wichtige Aspekte der Aufgabenstellung erfasst hat. Die Lösungen sind absichtlich sehr ausführlich gehalten. Nach Erfahrung des Autors gibt es nämlich viele Defizite bei der Darstellung von Sachverhalten, die man „im Prinzip“ verstanden hat. Zwischen einer numerisch richtigen Rechnung oder einem Schlagwort und einer akzeptablen Präsentation von Ergebnissen können Welten liegen. Aber Letzteres ist eine für die Anwendung der Statistik im Berufsleben unabdingbare Kompetenz. Deswegen werden Multiple-Choice-Aufgaben auch weitgehend vermieden. Wer nur Multiple-Choice-Aufgaben anklickt – dies ist oft bei Lernprogrammen der Fall – entwickelt nicht die Fähigkeit, Sachverhalte eigenständig und korrekt zu formulieren. (Auch die Fragen- und Antwortenkataloge etwa für Abiturprüfungen sind nach Meinung des Autors in dieser Hinsicht eher kontraproduktiv, weil dabei meist nur ein Rechenergebnis, aber keine ausführliche verbale Herleitung angegeben wird.) Idealerweise sollte der Leser also die Lösung selbst ausformulieren und erst nachher mit dem Lösungsvorschlag vergleichen. Dies ist übrigens auch der Grund, weshalb die Lösungen nicht unmittelbar unterhalb der jeweiligen Aufgabe angegeben sind. Es ist sonst noch schwerer, der Versuchung zu widerstehen, schon einmal in die Lösung zu schauen.

Kurz und knapp: Die hier gesammelten Klausuren legen Wert auf korrektes Denken und korrektes Darstellen. Wenig Wert wird auf kompliziertes Rechnen gelegt, denn das kann der Computer besser. Deswegen sind alle Klausuren auch „im Kopf" (d. h. ohne Taschenrechner) zu bearbeiten. Lediglich die im Anhang A abgedruckte Tabelle der Normalverteilung wird benötigt. Das Buch kann insofern überall – insbesondere in Pausen oder bei Bahnfahrten – schnell hervorgeholt und benutzt werden.

Zusätzlich geben viele Fahrlehrer mehr oder weniger kluge Weisheiten an den Fahrschüler weiter (z. B. über „Herren mit Hut" am Steuer oder ähnliches). Auch dafür haben wir ein Analogon: die Kommentare zu einigen Lösungen. Hier finden sich Anmerkungen, die die jeweilige Aufgabenlösung in einen weiteren Kontext einordnen, auf zusätzliche wichtige Aspekte aufmerksam machen oder die der Autor einfach irgendwie loswerden wollte. Sie gehören nicht wirklich zur Aufgabenlösung, können aber für manche Leser ganz besonders wertvoll sein. Formal sind sie durch farbige Unterlegung gekennzeichnet, damit man sie entweder leicht finden oder leicht überspringen kann. Hier ist ein Beispiel:

> Kommentar: Es ist gut, bei Klausuren möglichst viele und „in Flensburg" möglichst wenige Punkte zu erzielen.

Ein mitteilungsfreudiger Fahrlehrer kommentiert nicht nur während der Fahrstunden, sondern auch während des theoretischen Unterrichts. Analog gibt es Kommentare auch im Auffrischungskapitel.

1.2.4 Fazit

Der Ansatz dieses Buches unterscheidet sich möglicherweise von anderen Kursen, die Sie besuchen. Es geht hier nicht so sehr um Informationsvermittlung, sondern um Kompetenzerwerb. Sie sollen also nicht in erster Linie über etwas „orientiert" oder „informiert" werden. Der Anspruch ist vielmehr, sich eine neue Fertigkeit so anzueignen, dass man sie in verschiedensten Situationen einsetzen kann. Wie beim Schreiben und Lesen oder beim Autofahren ist das zeitaufwendig und erfordert Übung. Aber es lohnt sich. Kompetenzen verlernt man – im Unterschied zu Informationen – auch nicht so schnell wieder.

Die Analogie zum Schreiben und Lesen oder zum Autofahren ist noch in einer anderen Hinsicht passend: Statistisches Denken ist ebenfalls eine Schlüsselqualifikation, die in den verschiedensten Gebieten und Kontexten benötigt wird.

1.3   Tipps zum Umgang mit diesem Buch

Arbeiten Sie mit diesem Buch, um statistisches Denken für Ihre sonstige Arbeit zu erlernen oder als Vorbereitung, um eine Pflichtklausur zu bestehen? Glücklicherweise stellt sich diese Frage gar nicht, weil die Empfehlungen in beiden Fällen gleich lauten. Denn unser Ausgangspunkt ist ja gerade, dass es keinen Unterschied zwischen den Klausuren und der eigentlich benötigten Statistik und folglich auch keine Diskrepanz zwischen den beiden oben genannten Zielen geben sollte – außer natürlich dem formalen Prüfungscharakter einer Klausur. Die Empfehlungen in Abschnitt 1.3.1 sind also für alle Leser gültig. In Abschnitt 1.3.2 gibt es dann noch einige spezielle Tipps für die Stresssituation „Klausur".

1.3.1   Tipps zur Klausurvorbereitung

1. Blättern Sie als erstes das Auffrischungskapitel durch. Das meiste wird Ihnen aus Ihrem Statistikkurs bekannt sein oder unmittelbar einleuchten. Sollten dennoch Lücken verbleiben, können Sie diese gegebenenfalls durch die empfohlene Literatur füllen.

2. Bearbeiten Sie dann die Übungsklausuren. Diese sind in keiner speziellen Reihenfolge angeordnet; daher spielt es überhaupt keine Rolle, mit welcher Sie beginnen. Ähnlich wie bei Fahrstunden kommt es nur darauf an, sich den fallstudienartigen Aufgaben auszusetzen und daraus zu lernen.

3. Am meisten profitieren Sie, wenn Sie die Lösungen selbst ausarbeiten und erst danach mit den Lösungsvorschlägen vergleichen. Sie benötigen nur Bleistift und Papier sowie die Normalverteilungstabelle im Anhang A. Alle Rechnungen lassen sich leicht ohne Taschenrechner ausführen. Es ist sinnvoll, die Lösungen recht ausführlich auszuarbeiten und nachher selbstkritisch zu prüfen, welche Einzelschritte man erkannt oder vielleicht übersehen hat.

4. Geben Sie nicht zu schnell auf, wenn Ihnen die Klausuren zu Beginn schwer fallen. Denken Sie an Ihre erste Fahrstunde! Nach einigen Klausuren werden Sie von alleine mehr Übersicht auch in komplizierteren Fragen entwickeln. Das ist genau die Kompetenz, die wir entwickeln wollen. Denken Sie auch daran, dass Kompetenzerwerb mehr Zeit und Übung benötigt als reine Informationsvermittlung.

5. Sollten Sie gezielt ein Themengebiet durch Aufgaben wiederholen wollen oder umgekehrt bei einer Aufgabe ganz festhängen, können Sie die Kreuzreferenztabelle aus Anhang B zu Rate ziehen. Davon sollten Sie aber nur sehr sparsam Gebrauch machen. Deswegen wurde diese Tabelle

auch bewusst auf die Aufgaben der Klausuren mit den Abschnittsnummern 3.1, 3.3, 3.5, 3.7, 3.9 und 3.11 beschränkt.

1.3.2   Tipps zur Klausurbearbeitung

Statistikklausuren sind Prüfungs- und Stresssituationen. Deswegen sind hier noch einige Tipps zusammengefasst, die der Autor beim Betreuen und Auswerten von vielen Klausuren immer wieder bestätigt gefunden hat.

1. Lesen Sie die Aufgaben genau durch. Oftmals ist es viel einfacher als man glaubt.

2. Bearbeiten Sie diejenigen Aufgaben, zu denen Sie eine Lösung direkt sehen, als erste. Sie schaffen sich so ein Polster und können gelassen und mit einem Erfolgserlebnis an die schwierigeren Aufgaben gehen. Zudem sind Sie für die weiteren Aufgaben durch eine positive Erfahrung „beflügelt". Wenn Sie mit (für Sie) schwierigen Aufgaben beginnen, haben Sie nachher eventuell nicht genügend Zeit und geraten in Panik. Außerdem können Sie die negative Erfahrung mit der schwierigen Aufgabe vielleicht nicht schnell genug überwinden.

3. Verbeißen Sie sich in einer realen Klausur nicht in eine Aufgabe, mit der Sie nicht zurechtkommen. Jede Klausur enthält einige Redundanz. Es wird also nicht erwartet, dass man alle Aufgaben bearbeitet. In jeder Klausur können 120 Punkte erreicht werden. Die Punktezahl einer Aufgabe gibt in etwa die Bearbeitungszeit in Minuten an, falls man mit dem Stoff gut vertraut ist. Viel mehr Zeit sollten Sie (zumindest nach einer Gewöhnungsphase) nicht darauf verwenden.

4. Wenn Sie zu Nervosität bei Klausuren neigen, ist es eine gute Idee, die Übungsklausuren als „echte Probedurchläufe" zu inszenieren. Schirmen Sie sich dazu für genau 120 Minuten von Störungen ab, und stellen Sie sich vor, die Übung sei schon der Ernstfall. Besser noch: Machen Sie dies in einer Arbeitsgruppe, in der dann später Ihre Klausur von jemand anderem korrigiert wird. Es ist einfach etwas anderes, ob man eine Lösung nur für sich notiert oder für eine zweite Person aufschreibt. Zudem hilft die inszenierte Klausursituation tatsächlich, eine gewisse „Routine" und damit mehr Gelassenheit auch für die reale Klausur zu erreichen. Das Motto ist hier: Es ist besser, sich vorher selbst ein wenig unter Druck zu setzen, als nachher wirklich unter Druck zu kommen.

2 Auffrischungen aus der Theorie

2.1 Grundlagen

2.1.1 Ein einführendes Beispiel statistischen Denkens

Wie gewinnt man gesicherte Erkenntnisse? Keine einfache, aber doch schon eine sehr alte Frage. Betrachten wir dazu ein Beispiel aus der Bibel [2] (Daniel 1, 8–17), das der Statistiker Mosteller (in [9], S. 881) einmal analysiert hat:

> Daniel war entschlossen, sich nicht mit den Speisen und dem Wein der königlichen Tafel unrein zu machen, und er bat daher den Oberkämmerer darum, sich nicht unrein machen zu müssen. Gott ließ ihn beim Oberkämmerer Wohlwollen und Nachsicht finden. Der Oberkämmerer aber sagte zu Daniel: Ich fürchte mich vor meinem Herrn, dem König, der euch die Speisen und Getränke zugewiesen hat; er könnte finden, dass ihr schlechter ausseht als die anderen jungen Leute eures Alters; dann wäre durch eure Schuld mein Kopf beim König verwirkt. Da sagte Daniel zu dem Mann [. . .]: Versuch es doch einmal zehn Tage lang mit deinen Knechten! Lass uns nur pflanzliche Nahrung und Wasser zu trinken geben. Dann vergleiche unser Aussehen mit dem der jungen Leute, die von den Speisen des Königs essen.[. . .] Der Aufseher nahm ihren Vorschlag an und machte mit ihnen eine zehntägige Probe. Am Ende der zehn Tage sahen sie besser und wohlgenährter aus als all die jungen Leute, die von den Speisen des Königs aßen. Da ließ der Aufseher ihre Speisen und auch den Wein, den sie trinken sollten, beiseite und gab ihnen Pflanzenkost.

Der Text ist sehr aufschlussreich. Erkenntnis wird hier durch einen Versuch[1], genauer durch einen Vergleich[2], gewonnen.

Sollte man daraufhin zum Vegetarier werden? Für Daniel und seine Freunde ist das sicher der richtige Weg, aber gilt dies auch allgemein? Da gibt es Zweifel, denn das Ergebnis ist nicht zwingend: Daniel lehnte die nichtvegetarischen Speisen aus religiösen Gründen ab. Er wünschte sich eine vegetarische Ernährung, und es könnte durchaus sein, dass einem diejenigen Speisen gut bekommen, die man gerne essen möchte. Oder seine stärkere Religiosität könnte zur besseren Gesundheit geführt haben. Der Vergleich müsste für eine verallgemeinerungsfähige Aussage also anders gestaltet werden.

---

[1] Versuch macht klug.
[2] Vergleich macht reich.

Aus heutiger Sicht würde man zunächst eine Gruppe von Probanden suchen, die an einem entsprechenden Versuch teilnehmen würden. Diese Gruppe würde man dann in eine Kontrollgruppe und eine Behandlungsgruppe unterteilen. Die Kontrollgruppe würde wie bisher verpflegt, die Behandlungsgruppe mit vegetarischer Kost. Die Aufteilung darf nicht den Probanden selbst überlassen bleiben, damit sich deren Vorlieben nicht auswirken können. Sie muss also vom Versuchsleiter vorgenommen werden. Dies ist charakteristisch für ein sogenanntes kontrolliertes Experiment. Am besten geschieht die Aufteilung randomisiert, d. h. durch einen Zufallsmechanismus (z. B. Münzwurf), um jegliche Verzerrung soweit als möglich auszuschließen. Man wird weiterhin ausschließen wollen, dass Vorurteile der Beurteiler das Resultat verfälschen, und daher eine Verblindung vornehmen. Die Beurteiler wissen dann also nicht, ob ein Teilnehmer, dessen Zustand sie beurteilen, aus der Kontroll- oder der Behandlungsgruppe stammt. Wünschenswert wäre, dass auch die Versuchsteilnehmer selbst das nicht wissen. Bei Ernährungsversuchen ist das nicht durchführbar, bei Medikamententests kann es aber oft durch Gabe eines Scheinmedikamentes (Placebo) erreicht werden. Gesicherte Erkenntnisse gewinnt man also durch einen Vergleich unter möglichst (bis auf die zu untersuchende Behandlung) identischen Bedingungen.

Nicht immer lässt sich ein kontrolliertes Experiment durchführen. Soll etwa die Gefährlichkeit von Asbest untersucht werden, ist es wenig wahrscheinlich, dass sich Teilnehmer finden, die sich der Behandlungsgruppe zuweisen lassen. Man muss sich dann mit Beobachtungsstudien begnügen, bei denen die Zuordnung zur Behandlungs- oder Kontrollgruppe nicht in der Hand des Versuchsleiters liegt. Dadurch besteht aber die Gefahr, dass die beiden Gruppen sich auch in anderer Hinsicht als nur der zu untersuchenden Behandlung unterscheiden – nämlich zum Beispiel in den Kriterien, die die Aufteilung bewirkt haben. In Beobachtungsstudien können sich also weitere Einflüsse (sogenannte vermengende Faktoren) unauflösbar mit dem Behandlungseinfluss vermischen. Aus diesem Grunde kann man aus Beobachtungsstudien zwar nützliche Hinweise erhalten, aber keine beweiskräftigen Schlüsse ziehen. Auch das obige Bibelbeispiel ist eine Beobachtungsstudie. In diesem Fall hatte sich die Behandlungsgruppe durch Eigenauswahl gebildet, da Daniel und seine Freunde um vegetarische Ernährung gebeten hatten. Man kann aber z. B. nicht sagen, ob sich das bessere Aussehen wirklich aus der vegetarischen Ernährung oder einer stärkeren Beachtung religiöser Vorschriften ergab, die ja auch andere Lebensbereiche betreffen dürfte.

Um Entwicklungen im Zeitablauf zu betrachten, eignen sich besonders Längsschnittstudien, bei denen eine Gruppe im Zeitablauf beobachtet wird. Hat man etwa eine Gruppe von Menschen mit Geburtsjahr 1950 in den Zeitpunkten 1970 und 2010 untersucht, wird man feststellen, dass deren Haare im Zeitablauf vom Alter zwanzig bis zum Alter sechzig grauer geworden sind.

Hat man stattdessen im Rahmen einer Querschnittstudie im Jahre 2010 eine Gruppe von Sechzigjährigen und eine Gruppe von Zwanzigjährigen untersucht, wird man auch feststellen, dass die Haare der Sechzigjährigen grauer sind. Man kann aber nicht sagen, ob Menschen im Laufe ihres Lebens grauere Haare bekommen oder ob vielleicht Menschen im Jahre 1950 mit graueren Haaren zur Welt kamen als im Jahre 1990.

Kommentar: „Denken heißt Vergleichen" ist ein bekannter Aphorismus von Walther Rathenau ([12], S. 32). Dieser Spruch überrascht zunächst. Denn natürlich muss man beim Vergleichen denken, aber dass beides nahezu identisch ist, erschließt sich nicht sofort. Wenn der Leser aber zum Beispiel darüber nachdenkt, ob er „reich" ist, dann werden die meisten das mit Blick auf die Weltbevölkerung bejahen, mit Blick auf Fußballstars aber verneinen. Man sieht: Außer in Formalwissenschaften (Logik, Mathematik) ist relevantes Denken ohne Vergleichen in der Tat kaum möglich. Für uns hat das eine aufmunternde Konsequenz: Wenn relevantes Denken und Vergleichen identisch sind, dann ist die „Wissenschaft vom Vergleichen" (also die Statistik) eben auch die „Wissenschaft vom relevanten Denken" – ein erhebendes Gefühl!

2.1.2 Grundstruktur statistischer Überlegungen

Etwas abstrakter ist die Grundstruktur aller statistischen Überlegungen in der Abbildung 2.1 beschrieben:

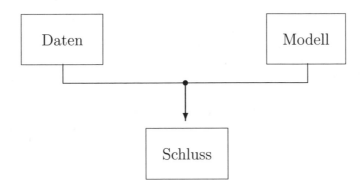

Abbildung 2.1: Grundmodell der Statistik

Im Wesentlichen ist es stets so, dass aus Daten mit Hilfe von Modellen ein Schluss gezogen wird. Man muss sich dabei jederzeit bewusst sein, in welchem Ausmaß Daten und Modell letztlich zur Schlussfolgerung beitragen. Insbesondere die Rolle des Modells wird häufig unterschätzt und muss daher jeweils genau diskutiert werden. Stellt man etwa durch Marktforschung fest, dass in einem Land niemand Taschenuhren besitzt, kann die Schlussfolgerung sein, dass dies kein Markt für Taschenuhren ist, da niemand welche kauft. Sie kann aber auch ganz im Gegenteil lauten, dass dies ein großartiger Markt für Taschenuhren ist, weil noch niemand eine hat. Trotz gleicher Daten gelangt man also zu völlig verschiedenen Schlüssen. Das Modell ist gewissermaßen der Scheinwerfer, mit dem die Daten beleuchtet werden. Je nach der Farbe des Scheinwerferlichtes erscheinen auch die Daten in der entsprechenden Farbe. Deswegen ist die Wahl des richtigen Modells von ausschlaggebender Bedeutung.

Kommentar: Ein bemerkenswerter Fall unterschiedlicher Modellannahmen ergab sich während des Zweiten Weltkrieges bei Studien zur besseren Panzerung amerikanischer Flugzeuge gegen Flakbeschuss. Der Statistiker A. Wald (vgl. [16]) ließ die Militärs zunächst feststellen, wo sich bei beschossenen Maschinen die Einschussstellen befanden. Anschließend schlug er zur allgemeinen Überraschung vor, diejenigen Stellen stärker zu panzern, an denen man keine Einschüsse festgestellt hatte. Der Grund für die Verwunderung der Militärs waren unterschiedliche Modellannahmen. Die Militärs gingen davon aus, dass die Flugzeuge eine Stichprobe aus den beschossenen Flugzeugen waren und dass daher Flugzeuge an den festgestellten Einschussstellen besonders häufig getroffen wurden. Wald ging dagegen davon aus, dass die Treffer in etwa gleichmäßig über das Flugzeug verteilt waren. Flugzeuge, die an wirklich gefährlichen Stellen getroffen wurden, kehrten aber nicht zurück, so dass an diesen Stellen auch keine Einschüsse festgestellt wurden. Die untersuchten Flugzeuge waren also seiner (realistischeren) Modellvorstellung nach eine Stichprobe von Flugzeugen, die nur an relativ unproblematischen Stellen getroffen worden waren. Je nach Modell markieren also die Daten (Einschussstellen) entweder besonders gefährdete oder relativ ungefährdete Flugzeugteile.

Mit den Daten und ihrer Aufbereitung beschäftigt sich die deskriptive Statistik. Die Ausarbeitung und Untersuchung von Modellen ist die Domäne der Wahrscheinlichkeitstheorie. In der analytischen Statistik werden dann beide Elemente zusammengeführt.

Daten begegnen dem Statistiker zumeist in numerisch kodierter Form. Es ist aber wesentlich, sich über das Messskalenniveau im Klaren zu sein, auf dem sie aufgenommen wurden. Auf einer Nominalskala werden einfach nur Eigenschaften nebeneinander gestellt wie z. B. „männlich" und „weiblich". Durch eine Ordinalskala ist hingegen eine Rangordnung vorgegeben, z. B. eine Klassifikation als „schwacher", „mittlerer" oder „starker" Raucher. Die Abstände zwischen den Kategorien müssen dabei nicht unbedingt interpretierbar sein. Sind sie dies, liegt eine Intervallskala vor. Den Unterschied kann man gut an

den Schulnotenskalen im angelsächsischen und im deutschen System veranschaulichen. Nach angelsächsischer Gepflogenheit werden diese mit „A" bis
„F", nach deutscher dagegen mit „1" bis „6" bezeichnet. Im angelsächsischen
System ist zwar ein „A" besser als ein „B" und dieses besser als ein „C", es
ist aber nicht gesagt, dass die Abstände gleich groß sind. Daher kann man die
Werte auch nicht mitteln; ein „A" und ein „C" sind nicht notwendigerweise
gleich gut wie zwei „B". Im deutschen System wird dies hingegen impliziert,
sofern es nicht nur als numerische Codierung für ordinale Daten verstanden
wird. Weitere typische Beispiele für Intervallskalen sind Temperaturskalen.
Hier ist noch zu beachten, dass Verhältnisaussagen wie diejenige, dass 20
Grad Celsius „doppelt so warm" wie 10 Grad Celsius wäre, nicht sinnvoll
sind, weil dies nach Umrechnung der Werte in Grad Fahrenheit nicht mehr
gilt. Falls hingegen ein fester Nullpunkt existiert – wie etwa bei Gewichten
oder Geldeinheiten –, so sind auch Verhältnisaussagen sinnvoll: Doppelt so
viel in Euro ist eben auch doppelt so viel in Dollar. Man spricht dann von
einer Ratioskala. Intervallskalen und Ratioskalen werden auch zusammenfas-
send als metrische Skalen bezeichnet.

Schließlich werden Merkmale, die auf einer metrischen Skala gemessen werden, auch als quantitativ bezeichnet; auf einer Nominal- oder Ordinalskala
gemessene Merkmale heißen auch qualitativ.

2.1.3   Statistik und Information

Information ist das Kernmaterial der Statistik: Stets wird Information aufgenommen, zu relevanter Information verdichtet und in dieser Form wei-
tervermittelt. Es ist daher sinnvoll, der Funktion von Informationsträgern
– insbesondere der Darstellung von Information durch Graphiken und Tabellen – gezielte Aufmerksamkeit zu widmen.

Die graphische Darstellung ist in dem Klassiker von E. R. Tufte [14] ausgiebig
untersucht. Tufte vertritt einen sehr substanzorientierten Ansatz. Demnach
soll Information mit „möglichst wenig Tinte" und so klar wie möglich präsentiert werden. Ein Beispiel soll diesen Ansatz verdeutlichen.

In der Frankfurter Allgemeinen Sonntagszeitung vom 11. April 2010, Seite 41,
findet man einen Artikel von Nadine Oberhuber mit dem Titel „Der Lock-
ruf der Versicherer", in dem darüber berichtet wird, dass bei Neuabschlüssen
von Lebensversicherungen der Anteil von Versicherungen gegen Einmalbei-
trag zu Lasten desjenigen mit laufender Beitragszahlung zugenommen hat.
Der Artikel enthält auch die in Abbildung 2.2 gezeigte Graphik. Betrachtet
man zunächst die linke der drei Teilgraphiken, so ist anzumerken, dass sich die
Kurvenwerte jeweils zu 100 % addieren und somit eine der Kurven überflüssig
ist. Zudem verbinden die Kurven nur einige wenige diskrete Werte. Denn ins-

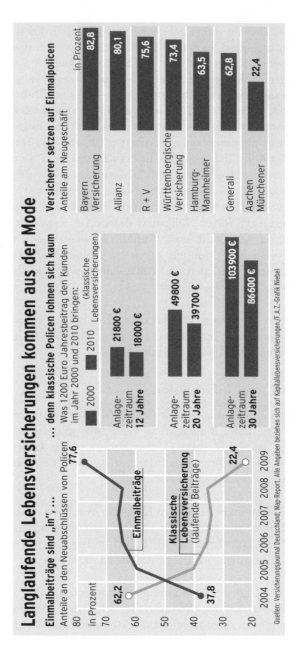

Abbildung 2.2: Beispiel einer Graphik
(Quelle: F.A.Z.–Grafik/Andreas Niebel, in: F.A.S., 11. April 2010, S. 41)

gesamt werden nur zwei numerisch angegebene Werte (37.8 % und 77.6 %)
oder – nach nicht ganz einfachem Ablesen – sechs Zahlenwerte dargestellt.
Dies ließe sich durch einen Satz („Der Anteil der Einmalbeiträge stieg im Zeitraum von 2004 bis 2009 von 37.8 % auf 77.6 %.") oder eine Tabelle vermutlich
klarer kommunizieren. Die meiste „Tinte" in der Graphik (sehr ausführliche Achsenbeschriftungen, Farbschattierungen als Hintergrund, zweite Kurve) bezieht sich nicht auf informationstragende Elemente.

Kommentar: Bei der Beurteilung von Graphiken muss man auch bedenken, dass die reine Informationsvermittlung nicht unbedingt das alleinige
Ziel sein muss. Gerade im Bereich des Journalismus kann es auch ein we-
sentliches Ziel sein, Aufmerksamkeit zu erwecken und vielleicht „Farbe"
hinein zu bringen. Dies mag erklären, weshalb manche Graphiken fast
„Cartoon-Charakter" haben.

In der rechten der drei Teilgraphiken ist ebenfalls fraglich, ob die Graphik-
elemente (Balken) zur Veranschaulichung der Information beitragen. Sie verwirren eher, weil die Länge der Balken nicht zu den dargestellten Werten
proportional ist. (Dies ist auch dann nicht der Fall, wenn man einen von 0
verschiedenen Startwert annimmt.) Überdies verwundert, dass der Wert für
die AachenMünchener abweichend angegeben ist (durch eine schwarze Zahl
hinter dem Balken statt durch eine weiße Zahl im Balken). Möglicherweise
ist dies gerade als Hinweis darauf gedacht, dass dieser Wert und sein Balken
auf einer anderen Skala dargestellt werden. Solche Brüche in der Datendar-
stellung führen aber fast immer zu (manchmal beabsichtigter!) Verwirrung
und sollten auf jeden Fall vermieden werden. Man kann sich probeweise abwechselnd einmal die Ziffern und einmal die Balken „wegdenken" und dann
beurteilen, welchen Anteil die beiden Elemente an der Informationsvermittlung haben. Den Beitrag der Balken wird man als negativ einstufen. Eine
Tabelle der sieben Werte wie etwa Tabelle 2.1 wäre sicherlich ausreichend.

Unternehmen	Prozent
Bayern Versicherung	83
Allianz	80
R + V	76
Württembergische Versicherung	73
Hamburg-Mannheimer	64
Generali	63
AachenMünchener	22

Tabelle 2.1: Anteile der Einmalpolicen am Neugeschäft in Prozent

Bei der Gestaltung einer solchen Tabelle können Techniken helfen, die A. S. C. Ehrenberg in [4] untersucht hat. Ein Kernpunkt seiner Aussagen ist, dass eine Tabelle nicht nur – vielleicht nicht einmal in erster Linie – archivarische Funktion hat. Die Zahlenwerte sollen also nicht akribisch genau, sondern möglichst deutlich vermittelt werden. Dazu ist Runden auf zwei signifikante Stellen fast immer besser als zu große numerische Genauigkeit, weil der Mensch nur mit etwa zwei Ziffern wirklich zu arbeiten vermag, während weitere Stellen eher ablenken. Man sollte also in diesem Beispiel auf die Dezimalstellen verzichten, die ohnehin kaum ins Gewicht fallen. (Wenn nötig, kann die Dokumentation der genauen Zahlen in einem Anhang oder einer Datenbasis erfolgen.) Wie sinnvoll dieser Ratschlag ist, kann man ersehen, wenn man unseren obigen Satz in diesem Sinne neu formuliert: „Der Anteil der Einmalbeiträge stieg im Zeitraum von 2004 bis 2009 von etwa 38 % auf etwa 78 %." Das Wesentliche (Differenz und Verhältnis der beiden Zahlen) tritt nun klarer hervor. Das wurde bei der Gestaltung von Tabelle 2.1 schon berücksichtigt. Zugleich wurde in Tabelle 2.1 eine Anordnung der Größe nach (und nicht etwa der nichtssagenden alphabetischen Reihenfolge nach) gewählt. Auf diese Weise wurde eine in der Graphik enthaltene und durchaus hilfreiche Idee auch in der Tabelle genutzt.

Selbstverständlich wird oft eine Graphik einer Tabelle auch in Hinsicht auf Informationsvermittlung weit überlegen sein. Einen interessanten Fall zeigt Abbildung 2.3, die ihrer Form nach eine Graphik, ihrer Struktur nach aber eher eine Tabelle ist. Sie gibt Gelegenheit, eine gerade zur Darstellung von Konzentration im Bereich der Wirtschaft sehr nützliche Graphik vorzustellen: die Lorenzkurve. Für die Daten aus Abbildung 2.3 ist diese in Abbildung 2.4 gegeben. Die farbig markierten Punkte • geben darin in kumulierter Form die Werte aus der Abbildung 2.3 wider. So tragen z. B. die untersten 37.1 % (= 22.7 % + 14.4 %) der Steuerzahler 2.5 % (= 0.1 % + 2.4 %) zur Einkommensteuer bei. Diese kumulierten Werte sind für alle in Abbildung 2.3 angegebenen Daten in Tabelle 2.2 zusammengefasst. Die ganze Kurve entsteht dann durch lineare Interpolation. Die Lorenzkurve zeigt auf einen Blick die gesamte Konzentration und ermöglicht auch leicht Vergleiche zwischen verschiedenen Situationen. Würden alle die gleiche Steuer entrichten, fiele die Lorenzkurve mit der Sehne von (0 %, 0 %) nach (100 %, 100 %) zusammen. Das wäre der Fall vollständiger Gleichheit. Umgekehrt würde im Fall vollständiger Konzentration (nur der Reichste zahlt alle Steuern) die Lorenzkurve beliebig weit in das Achsenkreuz hineingezogen. Die Fläche zwischen der Sehne und der beobachteten Lorenzkurve ist daher auch ein Maß für die Konzentration. Geeignet normiert – durch Multiplikation mit 2 und manchmal auch dem Faktor $(n/(n-1))$ – wird es als Gini-Koeffizient bezeichnet. Dabei bezeichnet n die Anzahl der Dateneinheiten, die den Prozentwerten zugrunde liegen, falls diese vorliegt. Im Beispiel wäre n die Gesamtzahl der Steuerpflichtigen, die aber nicht angegeben ist.

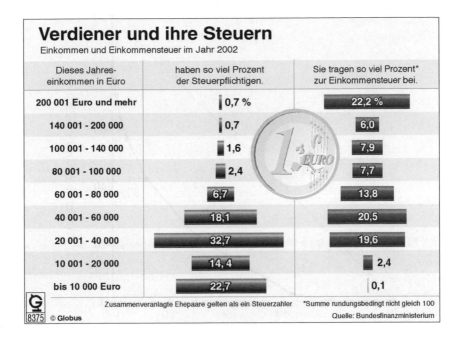

Abbildung 2.3: Einkommen und Einkommensteuer im Jahr 2002
(Quelle: picture alliance/Globus Infografik Bild-Nr. 11653953,
gesehen in: Nordbayerischer Kurier, 22./23. März 2003, S. 6)

Einkommen (in tausend EUR)	Anteil an den Steuer- pflichtigen (in %)	Anteil an der Steuer (in %)	kumulierter Anteil an den Steuerpflich- tigen (in %)	kumulierter Anteil an der Steuer (in %)
]0, 10]	22.7	0.1	22.7	0.1
]10, 20]	14.4	2.4	37.1	2.5
]20, 40]	32.7	19.6	69.8	22.1
]40, 60]	18.1	20.5	87.9	42.6
]60, 80]	6.7	13.8	94.6	56.4
]80, 100]	2.4	7.7	97.0	64.1
]100, 140]	1.6	7.9	98.6	72.0
]140, 200]	0.7	6.0	99.3	78.0
]200, ∞[	0.7	22.2	100.0	100.2

Tabelle 2.2: Arbeitstabelle für die Lorenzkurve

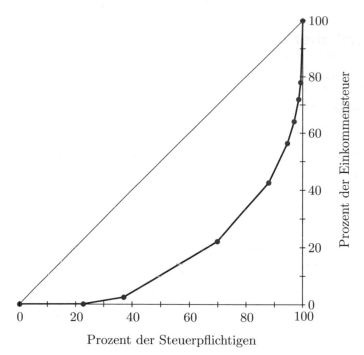

Abbildung 2.4: Lorenzkurve für die Einkommensteuer

2.2 Eindimensionale Daten

2.2.1 Deskriptive Techniken

Alle Daten lassen sich grundsätzlich numerisch kodieren. Umso wichtiger sind
daher Techniken, um numerische Daten darzustellen. Wir wollen zusätzlich
annehmen, dass die Daten sinnvoll auf einer Ratioskala gemessen wurden und
beginnen mit einem einfachen Beispiel. Wir haben das Körpergewicht von
zwanzig Personen (in kg) gemessen und dabei die in Tabelle 2.3 angegebenen
Werte erhalten.

84, 64, 69, 57, 52, 67, 93, 72, 61, 74,
74, 55, 79, 82, 65, 61, 88, 68, 63, 77.

Tabelle 2.3: Beispieldaten für deskriptive Techniken

Falls wir möglichst wenig Modellvorstellungen benutzen möchten, bietet es
sich an, Methoden der explorativen Datenanalyse zu benutzen. Diese Techniken haben die erklärte Absicht, die Daten weitgehend für sich selbst sprechen zu lassen und sie so aufzubereiten, dass man fast gezwungen ist, das

Wichtigste zur Kenntnis zu nehmen. Wir wollen uns auf drei Techniken beschränken und verweisen für mehr Details auf das grundlegende Buch von
J. W. Tukey [15].

Zunächst wollen wir die Daten ordentlich aufschreiben. Dazu eignet sich ein
Stem-and-Leaf-Display[1] wie in Abbildung 2.5.

$$
\begin{array}{c|l}
5 & 257 \\
6 & 11345789 \\
7 & 24479 \\
8 & 248 \\
9 & 3
\end{array}
$$

(5 | 2 bedeutet 52 kg)

Abbildung 2.5: Stem-and-Leaf-Display für die Beispieldaten

Die Grundidee ist darin, die Zehnerstelle als „Stamm" abzutrennen und die
Einerstelle als „Blätter" übersichtlich zu notieren. Natürlich kann man auch
andere Stellen als Stamm oder Blatt festsetzen, man muss seine Wahl nur
unterhalb der Darstellung genau angeben. Schon ein flüchtiger Blick zeigt die
Überlegenheit dieser Darstellung gegenüber einer einfachen Liste. Man hat
zwar nach wie vor die vollen Daten, aber zugleich sofort eine Art Histogramm
(s. u.), das die Besetzung verschiedener Bereiche andeutet. Besonders deutlich
wird das, wenn man die Darstellung um 90 Grad gegen den Uhrzeigersinn
dreht, so dass der Stamm zur Abszisse wird. Falls man viele Daten hat, kann
man den Stamm auch weiter untergliedern. Ein Beispiel ist Abbildung 2.6.

$$
\begin{array}{cc|l}
5 & * & 2 \\
5 & . & 57 \\
6 & * & 1134 \\
6 & . & 5789 \\
7 & * & 244 \\
7 & . & 79 \\
8 & * & 24 \\
8 & . & 8 \\
9 & * & 3
\end{array}
$$

(5 *| 2 bedeutet 52 kg)

Abbildung 2.6: Erweitertes Stem-and-Leaf-Display für die Beispieldaten

---

[1]Der Begriff ist in der Statistik eingeführt und soll deshalb unübersetzt bleiben.

Dort stehen jetzt hinter „$*$" die Einerstellen $0, \ldots, 4$ und hinter „." die Einerstellen $5, \ldots, 9$.

Für sehr große Datensätze sind Stem-and-Leaf-Displays nicht brauchbar. Man wird dann die Information ohnehin durch summarische Kennzahlen verdichten müssen. Allerdings sind Mittelwerte nicht für jeden Datensatz geeignet, da sie stark von Extremwerten beeinflusst sein können. Für den allgemeinen Fall haben sich daher Quantile sehr bewährt. Grob gesprochen versteht man unter dem $a\%$-Quantil den Wert, der den Datensatz so teilt, dass $a\%$ der Daten darunter und $(100 - a)\%$ der Daten darüber liegen. Das Zahlenbeispiel 1,2,2,3 zeigt aber, dass es gar nicht immer gelingt, einen solchen Wert zu finden. Sucht man etwa ein 50%-Quantil, so liegt „unter" der Zahl 2 beispielsweise nur der Wert 1. Unterhalb von 2.000001 (oder jeder anderen Zahl, die größer ist als 2) aber bereits drei der vier Werte. Umgekehrt hätte man im Datensatz 1,2,3,4 sogar ganz viele 50%-Quantile, nämlich alle Werte zwischen 2 und 3. Um für alle Datensätze jeweils eine eindeutige Lösung sicherzustellen, vereinbaren wir die folgende Definition:

Ein $a\%$-Quantil ist *ein* Wert, „unter" (im Sinne von „$\leq$") dem mindestens $a\%$ der Daten und „über" (im Sinne von „$\geq$") dem mindestens $(100 - a)\%$ der Daten liegen. Falls es mehrere solche Werte gibt, bilden diese ein Intervall. *Das $a\%$-Quantil ist der Intervallmittelpunkt.*

Kommentar: Diese Definition erscheint auf den ersten Blick sehr kompliziert, so dass mancher vielleicht lieber eine „Rechenvorschrift" hätte. Solche Vorschriften sind möglich, aber letztlich sogar komplizierter, weil viele Fälle unterschieden werden müssen. Die Vorteile der obigen Definition sind offensichtlich:

- Sie stellt sicher, dass das $a\%$-Quantil stets existiert und eindeutig ist.

- Sie zeigt immer klar auf, was die Funktion des $a\%$-Quantils ist.

- Sie gilt in dieser Form nicht nur für Datensätze, sondern auch für Verteilungen wie die Normalverteilung. Rechenvorschriften leisten dies nicht.

Es lohnt also, die kleine Komplexität der Definition in Kauf zu nehmen. Übrigens gibt es viele Witze über die Beschäftigung der Mathematiker mit den Fragen nach Existenz und Eindeutigkeit. In Wirklichkeit handelt es sich dabei jedoch keineswegs um eine weltfremde theoretische Spielerei. Menschen, die einen Lebenspartner suchen, werden sicher verstehen, dass die Frage nach Existenz und Eindeutigkeit eines solchen ziemlich relevant sein kann. Im gleichen Sinne versteht man den Bedeutungsunterschied der in der Definition bewusst in Schrägschrift gesetzten Pronomina „*ein*" und „*das*" genau richtig, wenn man an den Unterschied zwischen den Sätzen „Eva ist *eine* Freundin von Adam" und „Eva ist *die* Freundin von Adam" denkt. Die Definition ist dann gar nicht mehr so kompliziert wie sie zunächst aussieht.

Besonders interessante Quantile sind das untere Quartil (das 25 %-Quantil), der Median (das 50 %-Quantil) und das obere Quartil (das 75 %-Quantil). Im Zusammenspiel mit Minimum (kleinster Wert) und Maximum (größter Wert) eines Datensatzes ergeben diese fünf Zahlen schon einen guten ersten Überblick und werden wie in Abbildung 2.7 notiert.

Datensatz

	Median	
unteres Quartil		oberes Quartil
Minimum		Maximum

Abbildung 2.7: Aufbau einer 5-Number-Summary

Diese Darstellung heißt 5-Number-Summary[1]. Im konkreten Beispiel ergibt sich die Abbildung 2.8.

20 Gewichte

	68.5	
62		78
52		93

Abbildung 2.8: 5-Number-Summary für die Beispieldaten

Als drittes Konzept aus der explorativen Datenanalyse soll der Boxplot[1] vorgestellt werden. Dabei handelt es sich um eine Art zeichnerische Umsetzung der 5-Number-Summary, die man am besten am konkreten Beispiel versteht. Ein Boxplot wie in Abbildung 2.9 entsteht in drei Schritten:

1. Zunächst zeichnet man einen Kasten[2], der aus dem unteren Quartil, dem Median und dem oberen Quartil besteht.
   Dieser Kasten stellt die „inneren 50 % der Daten" dar und zeigt u. a. wie symmetrisch der Median in diesem Bereich liegt.

---

[1] Auch dieser Begriff ist in der Statistik eingeführt und soll deshalb unübersetzt bleiben
[2] engl. box, daher stammt auch der Name.

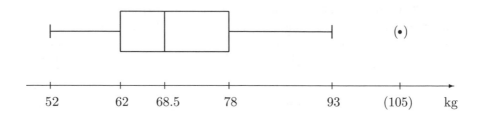

Abbildung 2.9: Boxplot für die Beispieldaten

2. Man liest dann den Quartilsabstand (Differenz zwischen dem oberen
   und dem unteren Quartil) ab und legt das 1.5-fache dieser Distanz „in
   Gedanken" nach links und rechts an den Kasten an. Diesen Bereich
   bezeichnet man auch als Normalbereich. Man zeichnet dann Striche bis
   zu den äußersten Datenpunkten innerhalb des Normalbereichs. In unserem Beispiel ist der Quartilsabstand $78 - 62 = 16$. Der Normalbereich
   erstreckt sich also nach unten bis $62 - 1.5 \times 16 = 38$ und nach oben
   bis $78 + 1.5 \times 16 = 102$. Man zeichnet aber die Linie nur bis zu den
   Datenpunkten, die man im Normalbereich auch tatsächlich vorfindet.
   In unserem Fall sind dies das Minimum 52 und das Maximum 93.
   Diese Linien (manchmal „whisker" genannt) zeigen die Lage und Symmetrie der Datenpunkte in den äußeren Bereichen.

3. Falls es noch Werte außerhalb des Normalbereichs gibt, trägt man diese
   als Punkte an der entsprechenden Stelle ein. Wäre im obigen Datensatz
   der siebzehnte Wert das Körpergewicht 105 kg statt 88 kg, ergäbe sich
   der in Klammern eingetragene Punkt. (Auch in diesem Fall zeichnet
   man die Linien im Normalbereich nicht bis an den Rand, sondern eben
   nur bis zum äußersten Datenwert *innerhalb* des Normalbereichs unter
   Ausblendung etwaiger außerhalb liegender Punkte.)
   Diese Punkte werden als potentielle Ausreißer angesehen.

Boxplots geben also einen Eindruck von der Lage (durch den Median), der
Streuung (durch die Kastenlänge und die Linienlänge), der Symmetrie und
dem Auftreten von Ausreißern in einem Datensatz. Sie eignen sich besonders
gut zum Vergleich mehrerer Datensätze, wenn man mehrere Boxplots als ver-
gleichende Boxplots in ein Koordinatensystem (horizontal übereinander oder
vertikal nebeneinander) einträgt.

Die Konzepte der explorativen Datenanalyse sind primär als Ergänzungen
und nicht als Ersatz für die entsprechenden Gegenstücke aus der klassischen
Statistik zu sehen. Die klassischen Kennzahlen sind natürlich Mittelwert und
Standardabweichung. Der Mittelwert einer Zahlenliste ist durch

$$\text{Mittelwert (MW)} = \frac{\text{Summe der Werte}}{\text{Anzahl der Werte}}$$

bestimmt und ergibt im obigen Beispieldatensatz 70.25. Für die Standardabweichung muss man etwas weiter ausholen. Es ist zunächst zweckmäßig,
die Wurzel aus dem mittleren Quadrat einer Liste von Zahlen zu definieren.
Diese erhält man, indem man

(1) alle Zahlen der Liste quadriert,

(2) den Mittelwert der Quadrate bildet,

(3) hieraus die Wurzel zieht.

Weil wir diesen Prozess gelegentlich als reine Rechenvorschrift benutzen werden, führen wir hierfür wie in [6] die englische Abkürzung „r.m.s." (für „root
mean square") ein. Die Standardabweichung einer Zahlenliste kann dann einfach definiert werden durch

Standardabweichung (SD) = r.m.s. der Abweichungen vom Mittelwert.

Man bildet also zuerst die Abweichungen vom Mittelwert und wendet hierauf
das r.m.s.-Rechenverfahren an. Die Standardabweichung gibt daher eine Art
durchschnittliche Abweichung der Werte von ihrem Mittelwert an und zeigt
wie stark die Werte um ihren Mittelwert streuen. Das Quadrat der Standardabweichung wird auch als Varianz bezeichnet. Für unsere Beispieldaten hat
die Standardabweichung den Wert 10.87.

Kommentar: Die Definition erscheint auf den ersten Blick sehr verwickelt.
Es erscheint näherliegend, statt des r.m.s.-Wertes aus den Abweichungen,
einfach das Mittel aus den Absolutbeträgen zu benutzen. In der Tat wird
auch dieses Schwankungsmaß zuweilen benutzt. Die Standardabweichung
hat aber viele Vorteile, die sich nicht zuletzt aus ihrer Rolle bei der Normalverteilung ergeben. Manchmal wird die Standardabweichung auch mit
dem Nenner $n - 1$ statt n gebildet, wobei n die Anzahl der Zahlen in der
Liste sein soll. Für die deskriptive Statistik ist jedoch n etwas konsequen-
ter, so dass wir dabei bleiben wollen. Für große Werte von n macht es
ohnehin kaum einen Unterschied.

Für spezielle Zwecke werden manchmal noch andere Kennzahlen verwendet. Der Modus einer Zahlenliste ist der am häufigsten auftretende Wert.
Er braucht nicht eindeutig zu sein. Ein typisches Beispiel für seine Anwendung wäre etwa die am häufigsten verkaufte Schuhgröße beim Umsatz eines
Schuhgeschäfts. Hier sind Mittelwert und Median offensichtlich weniger geeignet. Die Variation eines Datensatzes wird manchmal durch die Spannweite
einer Zahlenliste, also die Differenz zwischen Maximum und Minimum der
Datenliste, ausgedrückt. Weil Median, Mittelwert und Modus einen „typi-
schen" Wert des Datensatzes angeben und insofern einen Eindruck von der
Lage der Datenwerte vermitteln, werden sie auch als Lagemaße bezeichnet.

Entsprechend heißen Quartilsabstand, Standardabweichung und Spannweite auch Streuungsmaße, weil sie die Schwankung oder Streuung der Datenwerte beschreiben. Die folgende Tabelle 2.4 fasst die hier erwähnten Lage- und Streuungsmaße nochmals zusammen.

Hauptanwendungsgebiet	Lagemaß	Streuungsmaß
explorative Datenanalyse	Median	Quartilsabstand
klassische Statistik	Mittelwert	Standardabweichung
Spezialzwecke	Modus	Spannweite

Tabelle 2.4: Lagemaße und Streuungsmaße

Rechnet man eine Liste von x-Werten mit Mittelwert MWx und Standardabweichung SDx durch eine affin lineare Transformation

$$y = a \times x + b$$

(mit geeigneten Konstanten a und b) in eine neue Liste von y-Werten um, so ist der Mittelwert der y-Werte MW$y = a \times$ MW$x + b$ und die Standardabweichung der y-Werte SD$y = |a| \times$ SDx. Drücken wir etwa unsere Beispielgewichte in Pfund statt in Kilogramm aus, so ist $a = 2$ und $b = 0$ und daher der Mittelwert $2 \times 70.25 = 140.5$ [Pfund] und die Standardabweichung $2 \times 10.87 = 21.74$ [Pfund]. Man spricht auch von einem Skalenwechsel.

Die klassische Graphik zur Darstellung von Datensätzen ist das Histogramm. Für die obigen Beispieldaten zeigt Tabelle 2.5 eine Arbeitstabelle zur Erstellung eines Histogramms mit den Klassen [50 kg, 60 kg[, [60 kg, 85 kg[und [85 kg, 95 kg[. Dabei ist jeweils der linke Randpunkt eingeschlossen und der rechte Randpunkt ausgeschlossen. Wesentlich ist an einem Histogramm, dass darin die Prozentsätze in den einzelnen Klassenintervallen durch die Flächen

Klasse (in kg)	Anzahl	Fläche (in %)	Breite der Säule (in kg)	Höhe der Säule (in % pro kg)
[50, 60[	3	15	10	1.5
[60, 85[	15	75	25	3.0
[85, 95[	2	10	10	1.0

Tabelle 2.5: Arbeitstabelle für das Histogramm

(nicht durch die Höhen) der jeweiligen Säulen dargestellt werden. Die vertikale Achse trägt daher die Dichteskala, die die Prozentanteile pro Einheit der horizontalen Achse misst. Multipliziert mit der Grundseite ergibt sich für jedes Rechteck dann die Fläche in Prozent. Die Gesamtfläche des Histogramms beträgt 100 %. Das fertige Histogramm steht in Abbildung 2.10.

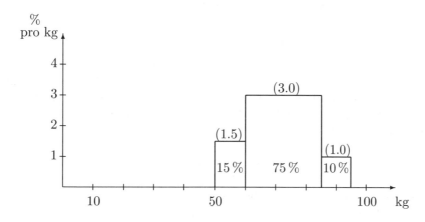

Abbildung 2.10: Histogramm für die Beispieldaten

Es ist manchmal nützlich, sich das Histogramm als Verteilung einer Gesamtmasse vom Betrag 1 entlang der horizontalen Achse und den Mittelwert als Schwerpunkt einer Massenverteilung vorzustellen. Für ein symmetrisches Histogramm ist leicht einzusehen, dass Mittelwert und Median mit dem Symmetriezentrum zusammenfallen. Ist das Histogramm dagegen rechtsschief, wie es in Teil (b) der Abbildung 2.11 skizziert ist, so wird der Median kleiner als das Mittel sein. Für linksschiefe Histogramme, wie eines in Teil (a) der Abbildung 2.11 skizziert ist, gilt genau das Gegenteil. Beides beruht darauf,

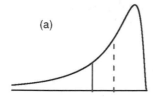

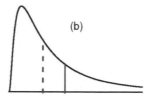

Abbildung 2.11: Skizze eines linksschiefen (a) und eines rechtsschiefen (b) Histogramms. (Die Lage des Mittelwertes ist jeweils durch eine durchgezogene Linie und die des Medians durch eine gestrichelte Linie eingezeichnet.)

dass es für den Median nur wichtig ist, dass darunter und darüber jeweils die
Hälfte der Masse zu liegen kommt. Es spielt jedoch keine Rolle, wo diese Masse platziert ist. Auf den Mittelwert (Schwerpunkt) wirken sich demgegenüber
kleine weit außen liegende Massen stark aus, weil sie bildlich gesprochen „am
langen Hebel" sitzen. Man kann sich das gut am Beispiel einer Kinderwippe
klar machen. Dies ist auch der Grund dafür, dass der Mittelwert viel emp-
findlicher gegen Ausreißer ist als der Median.

2.2.2 Die Normalverteilung

Viele Histogramme haben ein annähernd glockenförmiges Aussehen. Das liegt
daran, dass der zugrunde liegende Datensatz aus einer Normalverteilung
stammt. Als Standardnormalverteilung bezeichnet man den Spezialfall der
Normalverteilung mit Mittelwert 0 und Standardabweichung 1. Sie ist mathematisch durch die Formel

$$f(x) = \frac{1}{\sqrt{2\pi}} \exp\left(-\frac{x^2}{2}\right)$$

und graphisch durch die gaußsche Glockenkurve gegeben, die in Abbildung
2.12 gezeigt ist.

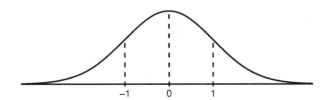

Abbildung 2.12: Gaußsche Glockenkurve

Falls ein Datensatz annähernd normalverteilt ist und somit ein glockenförmiges Histogramm besitzt, kann man das Histogramm durch die Glockenkurve
ersetzen. Dieses Verfahren wird auch als Normalapproximation von Histogrammen bezeichnet. Im Allgemeinen wird unser Datensatz aber nicht so be-
schaffen sein, dass er den Mittelwert 0 und die Standardabweichung 1 besitzt,
so dass die Anwendung der Standardnormalverteilung nicht direkt möglich
erscheint. Das Problem kann man jedoch lösen, indem man die Situation in
Standardeinheiten betrachtet. Dazu rechnet man alle interessierenden Größen
so um, dass man stattdessen angibt, wie viele Standardabweichungen sie vom
Mittelwert entfernt liegen. Nehmen wir an, wir haben für eine große Anzahl
von Menschen die Körpergröße gemessen und dabei einen Datensatz mit dem
Mittelwert 170 cm und der Standardabweichung 10 cm sowie dem in Abbildung 2.13 gezeigten Histogramm erhalten.

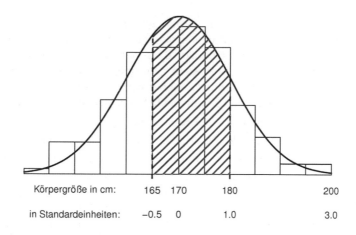

Abbildung 2.13: Normalapproximation von Histogrammen

Wir würden gerne den Anteil der Menschen mit Körpergröße zwischen 165 cm und 180 cm bestimmen. Umrechnen in Standardeinheiten liefert:

165 cm entspricht $\dfrac{165 \text{ cm} - 170 \text{ cm}}{10 \text{ cm}} = -0.5$ Standardeinheiten (denn 165 cm

liegt -0.5 Standardabweichungen der Länge 10 cm vom Mittelwert 170 cm entfernt).

180 cm entspricht $\dfrac{180 \text{ cm} - 170 \text{ cm}}{10 \text{ cm}} = 1.0$ Standardeinheiten (denn 180 cm

liegt 1.0 Standardabweichungen der Länge 10 cm vom Mittelwert 170 cm entfernt).

Abbildung 2.13 zeigt zusätzlich zu dem ursprünglichem Histogamm auch die Normalapproximation und die zu bestimmende Fläche in Standardeinheiten.

Mit Hilfe der Normalverteilungstabelle aus Anhang A ermittelt man, dass die Fläche zwischen -0.5 und 1.0 Standardeinheiten ca. $100\% - 30.85\% - 15.87\% = 53.28\%$ beträgt. Der gesuchte Anteil ist also ca. 53.28%. (Ganz genau liegen 76 von 150 Werten in diesem Bereich, also etwa 51%.)

Man beachte, dass man nun gar nicht mehr an die Klassengrenzen der Histogrammsäulen gebunden ist: Beliebige Bereiche lassen sich betrachten. Dazu benötigt man lediglich Mittelwert und Standardabweichung des zugrunde liegenden Datensatzes (und natürlich die Modellannahme, dass zumindest approximativ eine Normalverteilung vorliegt.)

Kommentar: Falls man im obigen Beispiel wissen möchte, wie groß eine Person ist, die bei 0.8 Standardeinheiten liegt, so geht man vom Mittelwert 170 cm genau 0.8 Schritte der Länge 10 cm nach rechts und erhält 170 cm + 0.8 × 10 cm = 178 cm. (Bei einem negativen Wert wie −0.5 Standardeinheiten würde man nach links gehen.) Beim Umrechnen in Standardeinheiten macht man genau die umgekehrten Schritte:

(1) Man subtrahiert zunächst den Mittelwert.

(2) Man dividiert anschließend durch die Standardabweichung.

Rechnet man eine ganze Zahlenliste mit Mittelwert m und Standardabweichung s ($\neq 0$) in Standardeinheiten um, so hat die neue Liste den Mittelwert 0 und die Standardabweichung 1. Dieses Vorgehen – die Daten an die Standardnormalverteilung anzupassen – ist für praktische Zwecke einfacher als umgekehrt die Standardnormalverteilung in eine neue Normalverteilung mit Mittelwert m und Standardabweichung s zu transformieren. Mathematisch sind beide Vorgehensweisen äquivalent. Für theoretische Betrachtungen ist es jedoch gelegentlich von Nutzen, dass es eigentlich für jeden Mittelwert m und jede Standardabweichung s eine eigene Normalverteilung mit der Formel

$$f(x) = \frac{1}{\sqrt{2\pi}s} \exp\left(-\frac{(x-m)^2}{2s^2}\right)$$

gibt, die aber bis auf die Achsenbeschriftung alle wie in Abbildung 2.12 aussehen. Man muss dort lediglich die Lage des Scheitelpunktes mit m (statt 0) und die Lage der Wendepunkte mit $-s$ (statt -1) und s (statt 1) bezeichnen.

2.3   Mehrdimensionale Daten

2.3.1   Zweidimensionale Daten: der standardisierte Fall

Besonders interessant sind Datensätze, an denen Zusammenhänge zwischen zwei Größen x und y studiert werden können. Ein Beispiel sind etwa Körpergröße x und Körpergewicht y einer Stichprobe von Personen aus einer bestimmten Population. Durch die zusätzliche zweite Dimension wird die statistische Analyse aber nicht nur interessanter, sondern auch komplexer. Wir werden deswegen hier nur Datensätze betrachten, die aus einer sogenannten zweidimensionalen Normalverteilung stammen. Derartige Datensätze zeigen die in Abbildung 2.14 illustrierte Grundstruktur. Zeichnet man ein Streuungsdiagramm der Daten, indem man die einzelnen Beobachtungen als Punkte in einem x-y-Koordinatensystem darstellt, so ergibt sich eine ellipsenförmige Datenwolke. Solche Streuungsdiagramme wollen wir „zwetschgenförmig" nennen.

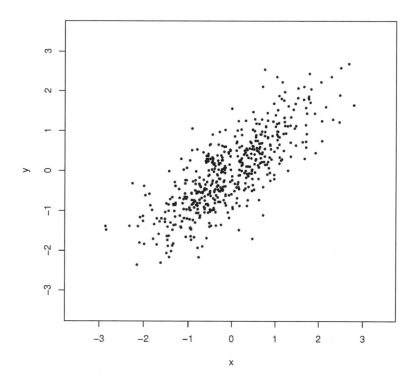

Abbildung 2.14: Zwetschgenförmiges Streuungsdiagramm

Kommentar: Dieser Begriff ist kein statistischer Fachbegriff. Ich habe ihn
von Herrn Prof. Dr. P. J. Huber übernommen, der ihn in seinen einführenden Vorlesungen benutzt hat. M. E. drückt er sehr anschaulich aus, was
man sich unter „zweidimensional normalverteilt" oder „ellipsenförmig"
vorstellen kann. In dem amerikanischen Lehrbuch [6] wird dafür übrigens
die Bezeichnung „football-shaped" verwendet. Für deutsche Leser ist diese
jedoch missverständlich, weil der Spielball (Pigskin) beim American Foot-
ball die Form eines Rotationsellipsoides und eben nicht die einer Kugel
hat. Die einem früheren Bundestrainer zugeschriebene und oft als banal
empfundene Feststellung über die Form des Balles („Der Ball ist rund")
erweist sich insofern im internationalen Vergleich als durchaus gehaltvoll
– von einer übertragenen Bedeutung ganz abgesehen.

Zur Vereinfachung wollen wir in diesem Abschnitt außerdem annehmen, dass
die x-Werte und die y-Werte jeweils in Standardeinheiten umgerechnet worden sind. Auch in Abbildung 2.14 ist dies bereits geschehen. Der allgemeine Fall wird im nächsten Abschnitt behandelt. Schließlich sei vorausgesetzt,
dass es mindestens zwei voneinander verschiedene x-Werte und mindestens

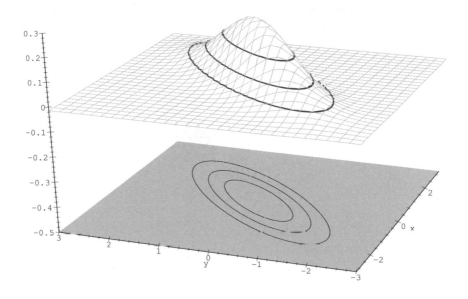

Abbildung 2.15: Zweidimensionale Normalverteilung

zwei voneinander verschiedene y-Werte geben soll, um langweilige Datensätze auszuschließen. Zwetschgenförmige Streuungsdiagramme kommen zustande, wenn der Datensatz aus einer zweidimensionalen Normalverteilung stammt. In Analogie zur eindimensionalen Glockenkurve wird die zweidimensionale Normalverteilung durch einen speziellen „Berg" über der x-y-Ebene beschrieben, wie er in Abbildung 2.15 illustriert ist. Das Gesamtvolumen unterhalb der Bergfläche ist wieder 1 und für jeden Bereich der x-y-Ebene gibt das Volumen darüber die Wahrscheinlichkeit dafür an, dass ein Datenpunkt aus diesem Bereich auftritt. Wir wollen die analytische Formel für die zweidimensionale Normalverteilung an dieser Stelle nicht besprechen, aber ausführlich die geometrischen Eigenschaften betrachten. Die Höhenlinien des Berges bilden eine Schar ineinander liegender Ellipsen. Drei dieser Höhenlinien sind in Abbildung 2.15 farbig eingetragen und im unteren Teil auf eine (beim Wert -0.5 auf der vertikalen Achse hinzugefügte) Ebene projiziert. Die gleichen Höhenlinien sind in Abbildung 2.16 zusammen mit dem Datensatz aus Abbildung 2.14 eingetragen. Man erkennt, dass die Zwetschgenform eine Folge der Tatsache ist, dass der Datensatz aus einer zweidimensionalen Normalverteilung stammt. Letzteres bedeutet allerdings nicht nur, dass der äußere Umriss der Datenwolke ellipsenförmig ist, sondern auch dass sich die Datenpunkte um den Mittelpunkt herum in einer ganz bestimmten Weise, die durch die inneren Ellipsen beschrieben wird, konzentrieren. Dies alles ist auch mit dem Begriff zwetschgenförmig gemeint.

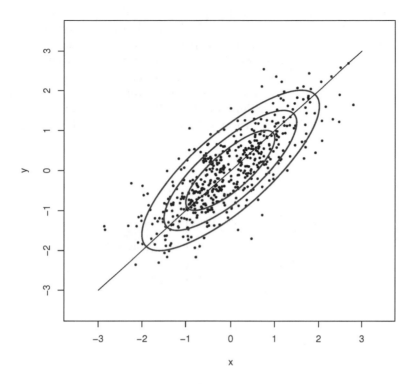

Abbildung 2.16: Zweidimensionaler Datensatz mit Höhenlinien

Die (in Standardeinheiten ausgedrückten) Punkte in einem zwetschgenförmigen Streuungsdiagramm sind mehr oder weniger stark um die Winkelhalbierende $y = x$ oder um die gespiegelte Winkelhalbierende $y = -x$ konzentriert.
Das Ausmaß der Häufung um diese Gerade wird durch den Korrelationskoeffizienten beschrieben. Bei standardisierten Werten kann er dadurch berechnet
werden, dass man für jeden Datenpunkt das Produkt des x-Wertes und des
y-Wertes bildet und den Mittelwert dieser Produkte berechnet. Es lässt sich
zeigen, dass ein Korrelationskoeffizient nur Werte aus dem Intervall $[-1, 1]$
annehmen kann. Dabei bedeutet ein positiver Wert, dass die Datenwolke von
links unten nach rechts oben geneigt ist. Ein negativer Wert gehört zu einer
Datenwolke, die von links oben nach rechts unten geneigt ist. Der Korrelationskoeffizient ist ein gutes Indiz für die Stärke des linearen Zusammenhangs
zwischen zwei Größen x und y. Man muss sich aber davor hüten, einen solchen Zusammenhang als Kausalzusammenhang anzusehen: Korrelation ist
nicht Kausalität. Dies ergibt sich schon aus dem Umstand, dass der Korrelationskoeffizient von x und y immer gleich dem Korrelationskoeffizienten von
y und x ist. Ein Kausalzusammenhang durchbricht hingegen die Symmetrie.
Trotzdem kann ein hoher Korrelationskoeffizient oftmals einen Hinweis auf

eine Kausalbeziehung geben, die aber dann inhaltlich überprüft werden muss. Ein Korrelationskoeffizient von -1 oder 1 bedeutet, dass alle Datenpunkte auf einer Geraden liegen. Dann herrscht ein perfekter linearer Zusammenhang. Andere Werte des Korrelationskoeffizienten lassen sich nur schwer interpretieren. Abbildung 2.17 gibt typische Streuungsdiagramme für einige Werte des Korrelationskoeffizienten r an. (Für negative Werte von r erhält man entsprechende Diagramme durch Spiegelung an der y-Achse.) Abbildung 2.15 zeigt noch eine weitere sehr bemerkenswerte Eigenschaft der zweidimensionalen

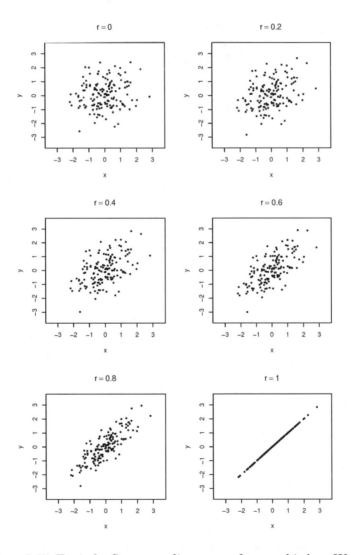

Abbildung 2.17: Typische Streuungsdiagramme für verschiedene Werte von r

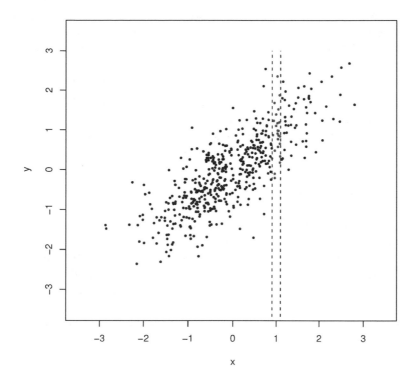

Abbildung 2.18: Normalverteilung der y-Werte in einem vertikalen Streifen

Normalverteilung. Hält man einen x-Wert fest (z. B. $x = 1.5$) und schneidet man bei diesem Wert den Berg durch, so hat die Schnittkurve die Form einer Glockenkurve. In der Tat ergibt sich – wenn man die Fläche unter dieser Schnittkurve zu 1 normiert – wieder eine eindimensionale Normalverteilung. Dies hat auch eine durchaus praktische Konsequenz. Betrachtet man in einem zwetschgenförmigen Streuungsdiagramm alle y-Werte in einem schmalen vertikalen Streifen für etwa $x = 1.0$, so haben diese y-Werte selbst eine eindimensionale Normalverteilung. Dieses Phänomen ist in Abbildung 2.18 angedeutet. Man kann sogar den Mittelwert und die Standardabweichung dieser neuen Normalverteilung angeben. Für die Situation standardisierter Werte und für einen Korrelationskoeffizienten r ergibt sich als Mittelwert $r \times x$ und als Standardabweichung $\sqrt{1 - r^2}$. Bemerkenswert ist, dass die Standardabweichung gar nicht von der Stelle x abhängt; sie ist an jeder Stelle gleich. Man spricht auch von Homoskedastizität im Gegensatz zu Heteroskedastizität, bei der die Standardabweichung in einem vertikalen Streifen von der Position x abhängt. Man beachte außerdem, dass sich für $|r| = 1$ die Standardabwei-

chung 0 ergäbe, da dann der y-Wert zwangsläufig auf der Winkelhalbierenden
(bzw. der gespiegelten Winkelhalbierenden) liegen muss. Entsprechendes gilt
selbstverständlich auch für feste y-Werte und schmale horizontale Streifen.

Diese Sachverhalte kann man auf vielfältige Weise statistisch nutzen.

1. Zunächst kann man bei betragsmäßig hoher Korrelation die Datenwolke näherungsweise durch die Winkelhalbierende (bzw. die gespiegelte
   Winkelhalbierende) zusammenfassen. Dies ist allerdings ein sehr gro-
   bes Vorgehen wie Abbildung 2.17 zeigt.

2. Falls man für einen gegebenen x-Wert den zugehörigen y-Wert vorhersagen möchte, ist der Wert auf der Winkelhalbierenden (bzw. auf der
   gespiegelten Winkelhalbierenden) nicht der beste Kandidat. Vielmehr
   wird man den Mittelwert der über einem schmalen vertikalen Streifen
   um den gegebenen x-Wert vorliegenden eindimensionalen Normalverteilung wählen. Dieser Mittelwert ist $r \times x$. Bemerkenswerterweise liegen
   alle diese Mittelwerte selbst wieder auf einer Geraden mit der Gleichung
   $y = r \times x$, die man auch als Regressionsgerade von y auf x bezeichnet.
   Abbildung 2.19 illustriert dies für den Fall $r = 0.8$. Die genannte Regressionsgerade ist dort mit langen Strichen eingetragen. Will man zum
   Wert $x = 1.5$ den y-Wert vorhersagen, so ergibt sich der Wert $y = 1.2$.
   Wir wollen noch erläutern, warum dies in zweierlei Hinsicht sehr plausibel ist. Geometrisch stellen wir uns dazu vor, dass wir entlang der Geraden $x = 1.5$ über den Berg aus Abbildung 2.15 wandern. Den höchsten
   Punkt unserer Wanderung erreichen wir dann dort, wo wir die höchste
   Höhenlinie touchieren. Dies ist nicht etwa auf der Winkelhalbierenden
   (also bei $y = 1.5$) der Fall, sondern bei $y = 1.2$. Intuitiv ist das Ergebnis ebenfalls plausibel, wenn man bedenkt, dass wir Standardeinheiten
   benutzen. Der Wert $x = 1.5$ bedeutet ja, dass unser Wert in Blick auf
   das Merkmal x 1.5 Standardabweichungen über dem Mittel liegt. Bei
   positiver Korrelation wird man erwarten, dass auch der y-Wert dann
   über dem Mittel liegt. Allerdings nicht genau $x = 1.5$ Standardabweichungen – das wäre nur bei perfekter Korrelation zutreffend –, sondern
   eben „abgemildert um den Korrelationskoeffizienten" $r \times x$ Standardabweichungen, also im Beispiel bei $y = 1.2$. Der Wert von x hilft also nur
   „im Ausmaß der Korrelation" bei der Vorhersage. Dies liefert auch eine
   nützliche quantitative Interpretation für den Korrelationskoeffizienten.

3. Vertauscht man die Rollen von x und y, ergibt sich auch eine Regressionsgerade von x auf y, die mit kurzen Strichen in Abbildung 2.19
   eingetragen ist.

4. Will man schließlich für einen gegebenen x-Wert nicht nur einen y-Wert
   vorhersagen, sondern Wahrscheinlichkeitsaussagen für verschiedene y-
   Werte treffen, kann man sich die eindimensionale Normalverteilung im

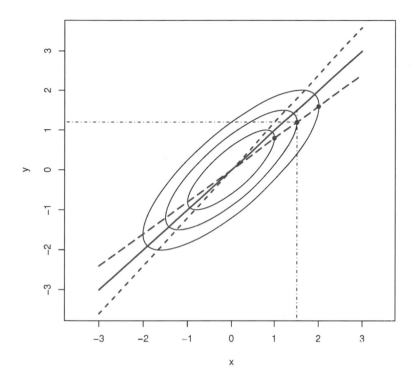

Abbildung 2.19: Die zwei Regressionsgeraden und die Winkelhalbierende

vertikalen Streifen um den x-Wert zunutze machen. In unserem Beispiel ist dort die Standardabweichung

$$\sqrt{1 - r^2} = \sqrt{1 - 0.8^2} = 0.6.$$

Beispielsweise werden also etwa $15.87\,\%$ aller Datenpunkte mit x-Wert 1.5 einen y-Wert von mehr als $1.2 + 0.6 = 1.8$ haben.

2.3.2 Zweidimensionale Daten: der allgemeine Fall

Grundsätzlich könnten wir für alle Daten mit zwetschgenförmigem Streuungsdiagramm so vorgehen, dass wir zunächst die x-Werte und y-Werte in Standardeinheiten umrechnen, dann die Analyse durchführen und anschließend die Ergebnisse in die ursprünglichen Werte transformieren. Es ist aber praktisch, für manche Zwecke auch direkte Rechenmöglichkeiten zur Hand zu haben. Dazu dient dieser Abschnitt. Wir benutzen darin die Notation

MWx: Mittelwert von x
MWy: Mittelwert von y
SDx : Standardabweichung von x
SDy : Standardabweichung von y
r   : Korrelationskoeffizient.

Wir setzen wieder voraus, dass es mindestens zwei voneinander verschiedene x-Werte und mindestens zwei voneinander verschiedene y-Werte geben soll, um banale Datensätze auszuschließen. Als einfaches Zahlenbeispiel wählen wir den in Tabelle 2.6 angegebenen Datensatz.

x	y
6	5
12	8
4	2
0	4
8	6

Tabelle 2.6: Beispieldaten für Korrelation und Regression

Hierfür ist:

MWx= 6
MWy= 5
SDx = 4
SDy = 2.

Der Korrelationskoeffizient ergibt sich nun aus Tabelle 2.7.

x	y	x in Standardeinheiten	y in Standardeinheiten	Produkt
6	5	0	0	0
12	8	1.5	1.5	2.25
4	2	−0.5	−1.5	0.75
0	4	−1.5	−0.5	0.75
8	6	0.5	0.5	0.25
			Summe der Produkte:	4.00

Tabelle 2.7: Arbeitstabelle für den Korrelationskoeffizienten

Der Korrelationskoeffizient ist also r = Mittel der Produkte = $\dfrac{4}{5}$ = 0.8.

Die Rolle der Winkelhalbierenden $y = x$ (bzw. der gespiegelten Winkelhalbierenden $y = -x$) übernimmt die SD-Gerade. Dies ist diejenige Gerade, die durch den Punkt (MWx, MWy) verläuft und im Falle nichtnegativer (bzw. negativer) Korrelation die Steigung (SDy/SDx) (bzw. $-($SDy/SDx)) besitzt.

> Kommentar: Die Bezeichnung „SD-Gerade" ist kein statistischer Standard. Sie wird in [6] vorgeschlagen und hier in Anlehnung daran benutzt. Die Benennung ergibt sich daraus, dass ihre Punkte ausgehend vom Punkt (MWx, MWy) durch genau gleich viele Schritte der Länge SDx nach rechts und der Länge SDy nach oben (bzw. unten) zu erreichen sind. Im standardisierten Fall fällt die SD-Gerade mit der Hauptachse der Ellipsen aus Abbildung 2.19 zusammen. Dies ist aber im allgemeinen Fall nicht unbedingt so.

Die allgemeine Formel für die SD-Gerade lautet bei nichtnegativer Korrelation:

$$y = \frac{\text{SD}y}{\text{SD}x}x + \text{MW}y - \frac{\text{SD}y}{\text{SD}x}\text{MW}x. \tag{1}$$

Bei negativer Korrelation ergibt sich:

$$y = -\frac{\text{SD}y}{\text{SD}x}x + \text{MW}y + \frac{\text{SD}y}{\text{SD}x}\text{MW}x. \tag{2}$$

Für die obigen Beispieldaten ist dies also die Gerade:

$$y = \frac{1}{2}x + 2.$$

Für die Regressionsgerade von y auf x lautet die Formel:

$$y = r\frac{\text{SD}y}{\text{SD}x}x + \text{MW}y - r\frac{\text{SD}y}{\text{SD}x}\text{MW}x. \tag{3}$$

Für $r = 1$ oder $r = -1$ ergibt sich hieraus die Gleichung der SD-Geraden. Für die obigen Beispieldaten ergibt sich:

$$y = 0.4x + 2.6.$$

Die Regressionsgerade von x auf y ist gegeben durch:

$$x = r\frac{\text{SD}x}{\text{SD}y}y + \text{MW}x - r\frac{\text{SD}x}{\text{SD}y}\text{MW}y. \tag{4}$$

Im Beispiel errechnet man:

$$x = 1.6y - 2.$$

Man beachte, dass man Formel (4) nicht dadurch erhält, dass man Formel (3) nach x auflöst. Durch Auflösen von Formel (3) nach x oder von Formel (4) nach y erhält man keine andere Gerade, sondern eine andere Darstellung der gleichen Geraden. Das kann ebenfalls gelegentlich nützlich sein, etwa wenn man die Regressionsgerade von x auf y im üblichen Koordinatensystem (mit x als Abszisse und y als Ordinate) darstellen möchte. In diesem üblichen Koordinatensystem ergibt sich in einem vertikalen Streifen um x_0 wieder eine Normalverteilung mit dem neuen Mittelwert

$$r\frac{\text{SD}y}{\text{SD}x}x_0 + \text{MW}y - r\frac{\text{SD}y}{\text{SD}x}\text{MW}x \tag{5}$$

(also dem durch die Regressionsgerade (3) gegebenen Wert) und der neuen Standardabweichung

$$\sqrt{1 - r^2} \times \text{SD}y. \tag{6}$$

Für einen horizontalen Streifen um y_0 erhält man entsprechend eine Normalverteilung mit dem neuen Mittelwert

$$r\frac{\text{SD}x}{\text{SD}y}y_0 + \text{MW}x - r\frac{\text{SD}x}{\text{SD}y}\text{MW}y \tag{7}$$

(also dem durch die Regressionsgerade (4) gegebenen Wert) und der neuen Standardabweichung

$$\sqrt{1 - r^2} \times \text{SD}x. \tag{8}$$

Die vielen Formeln können leicht verwirren. Eigentlich ist aber alles ganz einfach: Man möchte bei der linearen Regression eine Zielgröße, die auch als Regressand bezeichnet wird, aus einer anderen Größe, die man auch Regressor nennt, vorhersagen. Dann gilt:

$$(\text{Regressand in Standardeinheiten}) = r \times (\text{Regressor in Standardeinheiten}). \tag{9}$$

Oder verbal: „Der Regressand wird im Mittel bei genau so viel Standardeinheiten liegen wie der Regressor, aber abgemildert um den Korrelationskoeffizienten." Die Abmilderung durch den Korrelationskoeffizienten bezeichnet man auch als Regressionseffekt. Eine „Topgruppe" hinsichtlich des Regressors, die etwa dort bei 3 Standardeinheiten liegt, ist demnach beim Regressanden immer noch „top", liegt dort aber nur noch im Mittel bei $r \times 3$ Standardeinheiten. Aus Gleichung (9) kann man alles Nötige leicht herleiten. Ist zum Beispiel eine Vorhersage von x aus y erwünscht, so ergibt sich

$$\left(\frac{x - \text{MW}x}{\text{SD}x}\right) = r \times \left(\frac{y - \text{MW}y}{\text{SD}y}\right) \tag{10}$$

und hieraus durch Auflösen nach x sogleich die Gleichung (4). Voraussetzung für die Nutzung der Regressionsmethode ist aber ein zwetschgenförmiges Streuungsdiagramm.

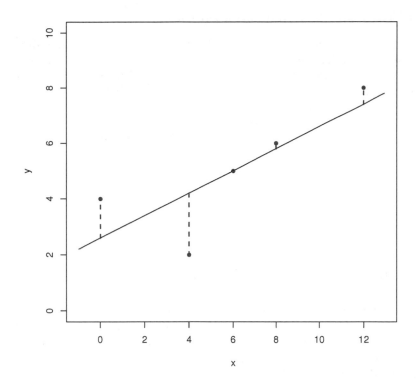

Abbildung 2.20: Residuen für den Beispieldatensatz

In Abbildung 2.20 ist abschließend noch einmal der Beispieldatensatz aus Tabelle 2.6 und die zugehörige Regressionsgerade von y auf x dargestellt. Ebenfalls eingetragen sind die vertikalen Distanzen der einzelnen Datenpunkte von der Regressionsgeraden. Solche (mit Vorzeichen versehenen) vertikalen Distanzen zwischen Datenpunkten und einer Geraden werden Residuen genannt. Die Regressionsgerade von y auf x ist zugleich auch diejenige Gerade, die die Summe der Quadrate der Residuen minimiert. Man sagt daher auch, sie sei nach der Methode der kleinsten Quadrate bestimmt. Für die Regressionsgerade von y auf x ist der Mittelwert der Residuen 0, und die Standardabweichung der Residuen ist – wie die Standardabweichung in jedem schmalen vertikalen Streifen eines zwetschgenförmigen und damit auch homoskedastischen Streuungsdiagramms – nach Formel (6) durch $\sqrt{1 - r^2} \times \mathrm{SD}y$ gegeben. Diesen Wert bezeichnet man auch als r.m.s.-Fehler der Regressionsgeraden von y auf x. Entsprechendes gilt auch für horizontal gemessene Residuen und die Regressionsgerade von x auf y.

2.3.3 Drei- und höherdimensionale Daten

Für drei- oder noch höherdimensionale Daten ändert sich für unsere Zwecke
nicht viel. Wir wollen davon ausgehen, dass für jedes Paar von zwei Variablen
ein zwetschgenförmiges Streuungsdiagramm vorliegt. Ein Beispiel ist der Datensatz aus Tabelle 2.8, der Daten von fünf Personen enthält.

x_1 Größe in cm	x_2 Gewicht in kg	x_3 Intelligenzquotient (IQ)
175	78	106
168	65	107
188	80	103
191	82	109
178	76	101

Tabelle 2.8: Beispiel für einen dreidimensionalen Datensatz

Die charakteristischen Kenngrößen sind dann die drei Mittelwerte, die drei
Standardabweichungen und die Korrelationskoeffizienten zwischen je zwei Variablen. Die Mittelwerte und Standardabweichungen wird man in übersichtlicher Weise jeweils als dreidimensionale Vektoren aufschreiben. Für die Beispieldaten aus der Tabelle 2.8 ergibt sich:

$$\text{Mittelwertvektor} = \begin{pmatrix} 180.0 \\ 76.2 \\ 105.2 \end{pmatrix}$$

und

$$\text{Standardabweichungsvektor} = \begin{pmatrix} 8.46 \\ 5.95 \\ 2.86 \end{pmatrix}.$$

Die Korrelationskoeffizienten fasst man am besten in einer Art Tabelle zusammen. Dazu definiert man: Die Matrix $R = (r_{ij})$, wobei r_{ij} der Korrelationskoeffizient von x_i und x_j ist, heißt Korrelationsmatrix. Im Beispiel ergibt
sich:

$$R = \begin{pmatrix} 1.00 & 0.87 & 0.06 \\ 0.87 & 1.00 & -0.05 \\ 0.06 & -0.05 & 1.00 \end{pmatrix}.$$

Daraus kann man beispielsweise bereits ablesen, dass die „Körpermaße" x_1
(Größe) und x_2 (Gewicht) stark positiv miteinander korreliert sind, aber
nahezu keine Korrelation zum „Geistesmaß" x_3 (IQ) aufweisen. Allgemein
hat jede Korrelationsmatrix die folgenden Eigenschaften:

- In Zeile i und Spalte j von R steht der Korrelationskoeffizient von x_i und x_j.

- Die Diagonalelemente von R sind 1.

- R ist symmetrisch, d. h. es ist $r_{ij} = r_{ji}$.

Man braucht daher auch nur die untere Dreiecksmatrix von R anzugeben.

Kommentar: Die Korrelationsmatrix ähnelt in ihrem Aufbau also einer Entfernungstabelle, wie man sie oft in Straßenatlanten findet. Die Diagonale liefert keine Information und man benötigt nur eine Hälfte. Allerdings steht bei der Korrelation der Wert 1 (nicht 0) für einen engen Zusammenhang.)

Aus mathematischer Sicht kann man die Darstellung aber noch verbessern. Da die Diagonale einer Korrelationsmatrix nicht genutzt wird, könnte man dort noch die Standardabweichungen „unterbringen". Man kann sie aber nicht einfach hineinschreiben, weil eine Matrix nur gleichartige Elemente enthalten darf. Den Ausweg bietet ein neuer Begriff, der in gewisser Weise einen „Hut" darstellt, unter den sowohl eine Standardabweichung als auch ein Korrelationskoeffizient passen. Die (– hier in selbsterklärender Notation aufgeschriebene –) Größe

$$\mathrm{cov}(x, y) = r(x, y) \times \mathrm{SD}(x) \times \mathrm{SD}(y)$$

heißt Kovarianz von x und y. Im Falle $x = y$ ist $\mathrm{cov}(x, y)$ das Quadrat der Standardabweichung von x, und im Falle $x \neq y$ kann man aus $\mathrm{cov}(x, y)$ durch Division durch die Standardabweichungen von x und von y den Korrelationkoeffizienten erhalten. Analog zur Korrelationsmatrix definiert man: Die Matrix $C = (c_{ij})$, wobei c_{ij} die Kovarianz von x_i und x_j ist, heißt Kovarianzmatrix. Im Beispiel ergibt sich:

$$C = \begin{pmatrix} 71.60 & 44.00 & 1.40 \\ 44.00 & 35.36 & -0.84 \\ 1.40 & -0.84 & 8.16 \end{pmatrix}.$$

Anders als die Korrelationsmatrix kann man die Kovarianzmatrix nicht direkt interpretieren. Allgemein hat jede Kovarianzmatrix die folgenden Eigenschaften:

- In Zeile i und Spalte j von C steht die Kovarianz von x_i und x_j.

- C ist symmetrisch, d. h. es ist $c_{ij} = c_{ji}$.

- Die Wurzel aus dem i-ten Diagonalelement von C ist die Standardabweichung von x_i, also $\mathrm{SD}(x_i) = \sqrt{c_{ii}}$. Im Beispiel ist etwa $\mathrm{SD}(x_2) = \sqrt{35.36} \approx 5.95$.

- Das $(i,\,j)$-te Element dividiert durch die Wurzel aus dem i-ten Diagonalelement und die Wurzel aus dem j-ten Diagonalelement ist der Korrelationskoeffizient zwischen x_i und x_j, also

$$r_{ij} = \frac{c_{ij}}{\sqrt{c_{ii}}\sqrt{c_{jj}}} \left(= \frac{c_{ij}}{\mathrm{SD}(x_i) \times \mathrm{SD}(x_j)} \right).$$

Im Beispiel ist etwa $r_{13} = \dfrac{1.40}{\sqrt{71.60} \times \sqrt{8.16}} \approx 0.06.$

Wegen der Symmetrie braucht man nur die untere Dreiecksmatrix (allerdings einschließlich der Diagonalen) von C anzugeben. Mathematisch ist die Kovarianzmatrix eigentlich sogar das grundlegendere Konzept. Die in den Abbildungen 2.15 und 2.16 eingezeichneten Höhenellipsen lassen sich beispielsweise direkt mit Hilfe der Kovarianzmatrix angeben.

2.4 Analytische Statistik

2.4.1 Wahrscheinlichkeit

Insbesondere bei Rückschlüssen aus Zufallsstichproben sind einige Grundlagen aus der Wahrscheinlichkeitsrechnung unverzichtbar. Allerdings reichen für unsere Zwecke ganz elementare Überlegungen aus, auf die tiefliegenden mathematischen und philosophischen Aspekte der Wahrscheinlichkeit wird daher hier nicht eingegangen. Ein naiver, aber für unsere Zwecke hinreichender Zugang geht davon aus, dass ein Zufallsexperiment betrachtet wird. Darunter versteht man einen Vorgang, der in identischer Weise beliebig oft wiederholt werden kann, dessen Ergebnis bei jeder Wiederholung aber vom Zufall abhängt. Die möglichen Ergebnisse werden auch als Elementarereignisse bezeichnet. Man geht davon aus, dass sie alle mit der gleichen Chance auftreten. Komplexere Ereignisse lassen sich als Mengen von Elementarereignissen ansehen; sie bestehen also aus einem oder mehreren Elementarereignissen. Die Wahrscheinlichkeit P(A) für ein Ereignis A bestimmt man dann durch

$$P(A) = \frac{\text{Anzahl der in A zusammengefassten Elementarereignisse}}{\text{Anzahl aller möglichen Elementarereignisse}}. \tag{1}$$

An dieser Formel kann man auch erkennen, dass die Summe der Wahrscheinlichkeiten aller Elementarereignisse immer gerade 1 ergibt. Weiter gibt es zu jedem Ereignis A das Gegenereignis $\overline{A}$, das das Nichteintreten von A beschreibt und die Wahrscheinlichkeit $1-P(A)$ besitzt. Das klassische Beispiel ist der Wurf eines fairen Würfels. Hier sind die Elementarereignisse gerade die Würfelresultate von „1" bis „6" und die Wahrscheinlichkeit für das Ereignis, dass eine gerade Zahl herauskommt, ist nach der obigen Formel $3/6 = 0.5$. Führt man ein Zufallsexperiment sehr oft durch, wird die relative Häufigkeit des Auftretens eines Ereignisses A sich an die Wahrscheinlichkeit P(A) annähern.

Für zwei Ereignisse A und B notieren wir noch einige weitere Vertiefungen:

Falls $P(A) > 0$ ist, so versteht man unter der bedingten Wahrscheinlichkeit von B bei gegebenem A die Wahrscheinlichkeit, dass Ereignis B eintritt, wenn Ereignis A bereits eingetreten ist. In Formeln:

$$P(B \mid A) = \frac{P(A \text{ und B treten gemeinsam ein})}{P(A)}. \tag{2}$$

Dabei stellt man sich also auf den Standpunkt, dass A bereits zutrifft, und ermittelt, wie wahrscheinlich es dann ist, dass unter diesen Umständen nunmehr B zutrifft. Die bedingte Wahrscheinlichkeit bei einmaligem Würfeln eine „2" zu würfeln unter der Bedingung, dass eine gerade Zahl gewürfelt wurde, ist somit 1/3. Die bedingte Wahrscheinlichkeit dafür, dass bei zweimaligem Würfeln beim zweiten Wurf eine „6" erscheint unter der Bedingung, dass beim ersten Wurf eine „6" erschien, ist 1/6 (nicht 1/36). Hier stellt man sich vor, dass der erste Wurf bereits passiert ist, und fragt nach dem Auftreten einer „6" im nunmehr folgenden zweiten Wurf. 1/36 ist demgegenüber die Wahrscheinlichkeit dafür, dass zuerst beim ersten Wurf eine „6" eintritt und dann zusätzlich beim zweiten Wurf eine weitere „6" folgt. Man betrachtet also – anders als bei der bedingten Wahrscheinlichkeit – das Eintreten beider Ereignisse zugleich. Es gilt die Multiplikationsregel

$$P(A \text{ und B treten gemeinsam ein}) = P(A) \times P(B \mid A), \tag{3}$$

die im Wesentlichen eine Umschreibung von Formel (2) ist.

Zwei Ereignisse A und B heißen unabhängig, falls die Wahrscheinlichkeit für das Eintreten des einen Ereignisses nicht davon beeinflusst wird, ob das andere eingetreten ist. Es gilt die Multiplikationsregel bei Unabhängigkeit

$$P(A \text{ und B treten gemeinsam ein}) = P(A) \times P(B), \tag{4}$$

die ein Spezialfall von Formel (3) ist. Sie besagt, dass die Wahrscheinlichkeit, dass zwei unabhängige Ereignisse zugleich eintreten, gerade gleich dem Produkt der Einzelwahrscheinlichkeiten ist. Trotz dieser abstrakten Formulierung wird sie auch außerhalb der Wahrscheinlichkeitsrechnung – leider manchmal ganz zu Unrecht – gar nicht so selten benutzt. Sind etwa in einem Land 10 % der Bevölkerung Alkoholiker und 20 % der Bevölkerung unter 18 Jahre, so würden nicht wenige hieraus einen Anteil von 2 % minderjähriger Alkoholiker in diesem Land errechnen. Bei einer Bevölkerungsgröße von 10 Millionen wären dies dann 200 000 Menschen. Bei einer solchen Rechnung wird strenggenommen obige Formel benutzt und einfach die Unabhängigkeit von Alkoholismus und Lebensalter unterstellt. Glücklicherweise dürfte die Unabhängigkeit in diesem Beispiel nicht gelten.

Kommentar: Man muss stets sehr vorsichtig prüfen, ob Unabhängigkeit wirklich vorliegt. Die Wahrscheinlichkeit, dass ein Bauherr eine Hypothek nicht zurückzahlen kann, mag sehr klein sein und etwa 0.01 betragen. Bei Unabhängigkeit wäre dann die Wahrscheinlichkeit, dass dies drei Bauherren zugleich widerfährt, 0.000001. Aber das gilt eben nicht, wenn die drei Bauherren beim selben Arbeitgeber beschäftigt sind und der insolvent wird. Optimistische Annahmen der Banken zur Unabhängigkeit sollen in ähnlicher Weise zur Unterschätzung von Risiken und somit zur Hypothekenkrise in den USA beigetragen haben.

Falls A und B kein Elementarereignis gemeinsam haben und daher nie gleichzeitig eintreten können, so sagt man, A und B schließen sich gegenseitig aus, und nennt die Ereignisse unvereinbar. Die Additionsregel für unvereinbare Ereignisse besagt: Falls sich zwei Ereignisse gegenseitig ausschließen, so ist die Wahrscheinlichkeit, dass eines von beiden eintritt, gerade gleich der Summe ihrer jeweiligen Einzelwahrscheinlichkeiten, oder als Formel:

$$P(\text{eines der Ereignisse A oder B tritt ein}) = P(A) + P(B). \qquad (5)$$

Auch hierzu eine praktische (nicht wahrscheinlichkeitstheoretische) Einkleidung: Bei einem Empfang werden 20 Lachsbrötchen und 15 Schinkenbrötchen verzehrt. Daraus kann man nun nicht schließen, dass insgesamt 20 + 15 = 35 Leute anwesend waren. Denn da sich die Ereignisse nicht gegenseitig ausschließen, dürften es deutlich weniger gewesen sein ...

Kommentar: Auch Unvereinbarkeit wird sehr oft unreflektiert unterstellt. So liest man beispielsweise in dem Artikel „Tödliches Souvenir" von C. Gottschling und M. Krischer im Magazin Focus (Nr. 48/1995) vom 27.11.1995, S. 196, über die Gefährlichkeit eines neuen Aidsvirus:

Vorsichtige Hochrechnungen beziffern deren Ansteckungswahrscheinlichkeit auf 1:1 000: Ein HIV-positiver Mann muß also rein statistisch 1 000mal mit einer Frau schlafen, um sie mit Sicherheit anzustecken.

Das stimmt genauso wenig wie die Überlegung, dass man mit sechs Würfelwürfen mit Sicherheit eine Sechs würfelt. In beiden Fällen liegt Unvereinbarkeit nicht vor.

Das Beispiel aus dem obigen Kommentar kann man nutzen, um das Zusammenspiel der verschiedenen Regeln zu illustrieren. Nehmen wir an, es erfolgen 1 000 Sexualkontakte. Dann gilt für die Wahrscheinlichkeit einer Ansteckung:

P(wenigstens einmal eine Übertragung)

$\overset{(a)}{=}$ 1 − P(niemals eine Übertragung)

= 1 − P(keine Übertragung beim 1. Mal,...,

...,keine Übertragung beim 1 000. Mal)

$\overset{(b)}{=}$ 1 − P(nicht beim 1. Mal) × ... × P(nicht beim 1 000. Mal)

$$= 1 - \frac{999}{1\,000} \times \ldots \times \frac{999}{1\,000}$$

$$= 1 - \left(\frac{999}{1\,000} \right)^{1\,000}$$

$$\approx 0.63.$$

An der Stelle (a) wurde dabei zur einfacheren Berechnung auf die Gegenwahrscheinlichkeit übergegangen, und an der Stelle (b) wurde die Unabhängigkeit benutzt. Letzteres erscheint für unsere Modellrechnung gerechtfertigt.

In komplexen Situationen kann man sich die Sachlage oftmals gut durch ein Baumdiagramm wie in Abbildung 2.21 veranschaulichen. Zudem ist es manchmal einfacher mit absoluten Zahlen (statt Wahrscheinlichkeiten) zu rechnen. Ein Beispiel mag diese Bemerkungen verdeutlichen. Nehmen wir dazu an, es sei bekannt, dass von einer Bevölkerung von 100 Millionen Men-

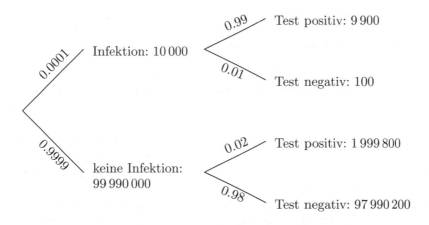

Abbildung 2.21: Baumdiagramm zur Virusinfektion

schen 10 000 mit einem Virus infiziert seien. Zur Feststellung einer Infektion steht ein zuverlässiger Test zur Verfügung, der im Falle einer Infektion mit Wahrscheinlichkeit 0.99 (= 99 %) ein positives Resultat liefert und mit Wahrscheinlichkeit 0.01 einen (falschen) negativen Befund ergibt. Die sogenannte Sensitivität des Tests ist also hoch. Aber auch die Spezifität ist gut, denn für einen Gesunden löst der Test nur mit Wahrscheinlichkeit 0.02 einen (falschen) positiven Alarm aus, mit Wahrscheinlichkeit 0.98 (= 98 %) verläuft er negativ. Für einen zufällig aus der Bevölkerung ausgewählten Patienten ergibt sich ein positives Testresultat. Was bedeutet dies? Wie groß ist in diesem Fall die bedingte Wahrscheinlichkeit, dass der Patient tatsächlich infiziert ist, also P(Infektion | positives Resultat)? Ein durchaus verbreiteter Irrtum ist es, dies mit P(positives Resultat | Infektion) = 0.99 zu verwechseln. Das Baumdiagramm aus Abbildung 2.21 klärt den Sachverhalt. Damit ergibt sich:

$$P(\text{Infektion} \mid \text{positives Resultat})$$

$$= \frac{9\,900}{9\,900 + 1\,999\,800}$$

$$\approx 0.0049$$

$$\approx 0.5\,\%.$$

Die gesuchte Wahrscheinlichkeit ist also trotz der Qualität des Testes noch sehr klein. Das liegt daran, dass wegen der Größe der nicht infizierten Bevölkerungsgruppe auch die meisten positiven Testresultate aus dieser Gruppe kommen. Die obige Rechnung ist eine Anwendung des Bayes-Theorems, bei dem ursprüngliche A-priori-Wahrscheinlichkeiten (in unserem Fall P(Infektion) = 0.0001) durch neue Daten (positives Testresultat) zu neuen A-posteriori-Wahrscheinlichkeiten aufdatiert werden. Man sieht, dass die neue Wahrscheinlichkeit 0.0049 zwar noch klein, aber doch größer als die Ausgangswahrscheinlichkeit 0.0001 ist. Dies hat man durch den Test „hinzugelernt".

Kommentar: Ein positives Resultat besagt also nicht unbedingt sehr viel. Eine wichtige Voraussetzung ist dabei aber, dass der Patient zufällig für den Test ausgewählt wurde. Im medizinischen Bereich ist das oft nicht so. Man hat hier zwei mögliche Missverständnisse. Einerseits besteht die Gefahr, die obigen bedingten Wahrscheinlichkeiten zu verwechseln und vorschnell auf eine Erkrankung zu schließen. Andererseits gibt es die Gefahr – nicht zuletzt gestützt auf im Prinzip richtige Warnungen vor der ersten Gefahr – die Wahrscheinlichkeit nach der Bayes-Formel zu berechnen und zu übersehen, dass es u. U. einen Grund für die Durchführung des Testes gab. (Ein Beispiel wäre ein Aids-Test bei allen Patienten, die von einem Aids-infizierten Chirurgen operiert wurden.) Dann ist die Voraussetzung der zufälligen Auswahl nicht gegeben und die Wahrscheinlichkeit einer Erkrankung bei einem positiven Testresultat kann beträchtlich höher sein.

Das Bayes-Theorem gibt eine sehr nützliche und in sich geschlossene Methode an, um Vorwissen (ausgedrückt durch A-priori-Wahrscheinlichkeiten) mit neuen Daten zu einem neuen Wissenstand (ausgedrückt durch A-posterirori-Wahrscheinlichkeiten) zu kombinieren. Es entspricht insofern dem natürlichen „Lernprozess". Ein Problem ist allerdings, dass stets A-priori-Wahrscheinlichkeiten als Ausgangspunkt vorhanden sein müssen. Im obigen Beispiel wurde angenommen, dass sie als objektive relative Häufigkeiten bekannt wären. Oftmals ist das aber nicht der Fall. Dann müssen die A-priori-Wahrscheinlichkeiten mehr oder weniger subjektiv festgelegt werden. Das ist natürlich nicht unproblematisch, so dass die Benutzung des Bayes-Theorems in solchen Situationen sehr umstritten ist. (Eine genauere Diskussion und Illustration dieses Punktes findet man im Zusammenhang mit der Aufgabe 3 aus der Klausur in Abschnitt 3.13.)

Kommentar: Manchmal kann die Anwendung des Bayes-Theorems durch Abschätzung gerechtfertigt werden, auch wenn über die A-priori-Wahrscheinlichkeiten wenig bekannt ist. Nehmen wir z. B. an, dass man im obigen Beispiel die Zahl der Infizierten in der Bevölkerung zwar nicht kennt, aber ausschließen kann, dass sie über 10 000 liegt. Dann würde die obige Analyse ergeben, dass die gesuchte Wahrscheinlichkeit *höchstens* 0.5 % betragen kann, was für die betrachtete Fragestellung vielleicht schon eine ausreichend genaue Information ist.

Abschließend notieren wir noch die sogenannte Binomialformel. Dazu benötigen wir den wohlbekannten Binomialkoeffizienten

$$\binom{n}{k} = \frac{n!}{k!(n-k)!},$$

der die Anzahl von Auswahlmöglichkeiten von k Plätzen aus einer Reihe von n Plätzen angibt. (Dabei ist $n! = n \times (n-1) \times \ldots \times 1$ und $0! = 1$ zu setzen.) Falls ein Zufallsexperiment n-mal in identischer Weise und unabhängig voneinander ausgeführt wird und die Wahrscheinlichkeit für das Eintreten eines bestimmten Ereignisses A gerade p beträgt, so ist die Wahrscheinlichkeit, dass das Ereignis A insgesamt genau k mal eintritt gegeben durch

$$\binom{n}{k} p^k (1-p)^{n-k}.$$

Hiermit lassen sich viele Wahrscheinlichkeiten in Standardsituationen direkt angeben.

2.4.2 Schachtelmodelle

Schachtelmodelle, wie sie etwa in [6] benutzt werden, sind die vielleicht anschaulichste Art, Zufallsgeschehen zu beschreiben. Darunter hat man sich ganz konkret eine mit Zetteln gefüllte Schachtel vorzustellen, aus der mit Zurücklegen einzelne Zettel gezogen werden. Die Chance soll dabei für jeden Zettel gleich groß sein. Auf den Zetteln stehen Zahlen; die Zahlen auf den gezogenen Zetteln geben das Resultat eines Zufallsereignisses an. Trotz der Einfachheit dieses Modells kann man damit schon nahezu alle für uns interessanten Phänomene erfassen. Einmaliges Ziehen aus der Schachtel

$$\boxed{1}\quad\boxed{2}\quad\boxed{3}\quad\boxed{4}\quad\boxed{5}\quad\boxed{6}$$

beschreibt etwa das Würfeln mit einem fairen Würfel. Entsprechend kann man das n-malige Werfen einer fairen Münze durch das n-malige Ziehen aus der Schachtel

$$\boxed{0}\quad\boxed{1}$$

beschreiben, wenn dabei $\boxed{0}$ für „Zahl" und $\boxed{1}$ für „Kopf" steht.

Besonders aufschlussreich ist oftmals die Summe der Ziehungen. Hierfür definiert man durch die Formeln

$$\text{Erwartungswert der Summe} = \text{Anzahl der Ziehungen} \times \text{Mittelwert der Schachtel} \tag{1}$$

und

$$\text{Standardfehler der Summe} = \sqrt{\text{Anzahl der Ziehungen}} \times \text{Standardabweichung der Schachtel} \tag{2}$$

zwei neue Größen, die eine analoge Funktion haben wie Mittelwert und Standardabweichung für Zahlenlisten. (Mittelwert und Standardabweichung einer Schachtel sind als Mittelwert und Standardabweichung der Zahlen in der Schachtel zu verstehen.) Der Erwartungswert der Summe gibt an, um welchen Wert die Summe schwanken wird, der Standardfehler der Summe beschreibt das Ausmaß der Schwankung. Aus den grundlegenden Formeln (1) und (2) kann man auch entsprechende Formeln für das Mittel aus n Ziehungen ableiten. Man erhält:

$$\text{Erwartungswert des Mittels} = \text{Mittelwert der Schachtel} \tag{3}$$

und

$$\text{Standardfehler des Mittels} = \frac{\text{Standardabweichung der Schachtel}}{\sqrt{\text{Anzahl der Ziehungen}}} \quad (4)$$

Für 0-1-Schachteln ist die Summe der Ziehungen gerade die absolute Häufigkeit (Anzahl) und das Mittel der Ziehungen gerade die relative Häufigkeit (oftmals ausgedrückt als Prozentsatz), mit der ein Zettel des Typs $\boxed{1}$ gezogen wird. Zudem lässt sich in diesem Spezialfall – und allgemeiner für jede Schachtel mit nur zwei verschiedenen Typen von Zetteln $\boxed{a}$ und $\boxed{b}$ – die Standardabweichung (SD) der Schachtel leicht durch die vereinfachte Formel

$$\text{SD der Schachtel} = |a - b| \times \sqrt{\text{Anteil der } \boxed{a} \times \text{Anteil der } \boxed{b}}$$

berechnen. Für das n-malige Werfen einer fairen Münze ergibt sich mittels der Formeln (1) bis (4) sogleich die Tabelle 2.9.

	Anzahl von „Kopf"		Prozentsatz von „Kopf"	
Anzahl n der Würfe	Erwartungswert (Formel (1))	Standardfehler (Formel (2))	Erwartungswert (Formel (3))	Standardfehler (Formel (4))
25	12.5	2.5	50 %	10.0 %
100	50	5	50 %	5.0 %
2 500	1 250	25	50 %	1.0 %
10 000	5 000	50	50 %	0.5 %
250 000	125 000	250	50 %	0.1 %

Tabelle 2.9: Werfen einer fairen Münze

Tabelle 2.9 illustriert zugleich das sogenannte Gesetz der großen Zahlen. Man sieht, dass sich bei einer höheren Anzahl von Würfen der Prozentsatz von „Kopf" immer stärker bei 50 % stabilisiert. Genauer gilt nach Formel (2), dass der Standardfehler der Summe aus n Ziehungen mit wachsendem n zwar ansteigt, jedoch langsamer als n. Der Standardfehler des Mittels nimmt nach (4) daher sogar ab. Für eine große Anzahl von Ziehungen wird deshalb der Mittelwert der Ziehungen mit hoher Wahrscheinlichkeit „sehr nahe" beim wahren Mittelwert der Schachtel liegen.

Kommentar: Das Gesetz der großen Zahlen wird häufig falsch interpretiert. So nehmen manche Roulettespieler an, dass nach einer Serie mit ungewöhnlich vielen roten Werten nunmehr vermehrt schwarze Zahlen auftreten müssten, um für den auf lange Sicht nötigen Ausgleich zu sorgen. Dabei wird übersehen, dass dies eben eine Betrachtung „auf lange Sicht" erfordert. Nehmen wir etwa an, in einer

Sequenz von 10 Rouletteresultaten hätte es acht rote Zahlen gegeben. Es ist mit großer Wahrscheinlichkeit zu erwarten, dass sich das Verhältnis von 8:2 in den nächsten 90 Spielen abmildert, so dass sich für die insgesamt dann 100 Spiele ein ziemlich ausgewogenes Verhältnis ergibt. Dazu bedarf es aber keineswegs eines Übermaßes von schwarzen Resultaten etwa in den Spielen 11 bis 20. Sind in den folgenden 90 Spielen etwa 45 rote und 45 schwarze Resultate zu beobachten, so ergibt sich für die 100 Spiele insgesamt ein ziemlich ausgeglichenes Verhältnis von 53 roten zu 47 schwarzen Zahlen. Der Ausgleich geschieht also nicht durch ein vermehrtes Auftreten schwarzer Zahlen, sondern dadurch, dass das ungewöhnliche Resultat für die ersten 10 Spiele durch eine Flut „normaler" Resultate verwässert wird und darin schlichtweg untergeht.

Ein Hobby-Philosoph, ein Hobby-Mathematiker und ein Hobby-Statistiker spielen zum Zeitvertreib Roulette und setzen als einfache Strategie jeweils abwechselnd einen Euro auf Rot und Schwarz. Nach 1 030 Spielen haben sich in offenbar regelloser Folge 600 rote und 400 schwarze Zahlen sowie 30-mal die Null eingestellt. Der Hobby-Philosoph verweist auf die ausgleichende Gerechtigkeit des Zufalls und schlägt vor, nunmehr nur auf Schwarz zu setzen. Der Hobby-Mathematiker erläutert korrekt das Gesetz der großen Zahlen und schließt daraus, dass man die Strategie nicht zu ändern brauche. Der Hobby-Statistiker stimmt zu, dass die Daten wegen der Regellosigkeit zwar wohl unabhängig voneinander seien, gibt dann aber zu bedenken, dass die Annahme eines idealen Roulettes durch die Daten in Zweifel gezogen werden müsste. Er vermutet eine Unausgewogenheit des Spielapparates zu Gunsten von Rot und schlägt vor, nunmehr auf Rot zu setzen. (Der Leser mag in diesem Zusammenhang nochmals Abbildung 2.1 konsultieren. Roulettekessel werden nach Kenntnis des Verfassers übrigens regelmäßig ausgewechselt.)

Stellt man die gezogenen Werte selbst in einem Histogramm dar, so ergibt sich ein Datenhistogramm, das die beobachteten relativen Häufigkeiten der Datenwerte zeigt. Da diese relativen Häufigkeiten sich mit wachsendem n immer mehr an die entsprechenden Wahrscheinlichkeiten annähern, wird sich auch das Datenhistgramm immer mehr an sein theoretisches Gegenstück, das Wahrscheinlichkeitshistogramm, annähern. Letzteres stellt die Wahrscheinlichkeiten für die betrachteten Zufallsereignisse durch Flächen dar. In Abbildung 2.22 sind drei Datenhistogramme für das 25-fache, das 100-fache und das 2 500-fache Werfen einer fairen Münze enthalten. Das vierte Teilbild zeigt das zugehörige Wahrscheinlichkeitshistogramm. Betrachtet man die Summe aus dem k-fachen Ziehen aus einer Schachtel und führt man diesen Prozess n-mal durch, so wird das Datenhistogramm für wachsendes n gegen das Wahrscheinlichkeitshistogramm streben. Noch bemerkenswerter ist allerdings, dass auch die Wahrscheinlichkeitshistogramme für wachsendes k eine Entwicklung

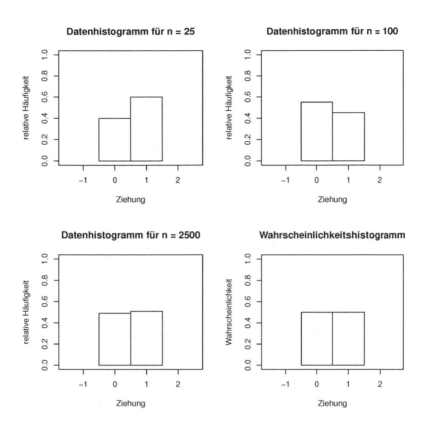

Abbildung 2.22: Illustration zum Gesetz der großen Zahlen

zeigen: Nach dem Zentralen Grenzwertsatz werden sie immer glockenförmiger. Abbildung 2.23 zeigt die Wahrscheinlichkeitshistogramme für die Summe von 5-maligem, 10-maligem, 20-maligem und 40-maligem Ziehen aus der schon bekannten Schachtel

$$\boxed{\;\boxed{0}\quad\boxed{1}\;}\;.$$

Die Tendenz zur Glockenform gilt ganz allgemein für die Summe aus hinreichend vielen Ziehungen aus jeder Schachtel. Voraussetzung ist lediglich, dass die Standardabweichung der Schachtel nicht null ist. Allerdings spielt der Inhalt der Schachtel eine entscheidende Rolle für die Anzahl der Summanden, die für eine gute Annäherung an die Glockenform benötigt werden. Hierüber lassen sich nur schwer allgemeine Aussagen machen. Für annähernd glockenförmige Wahrscheinlichkeitshistogramme kann wieder die Normalapproximation benutzt werden. Dabei übernehmen der Erwartungswert und der

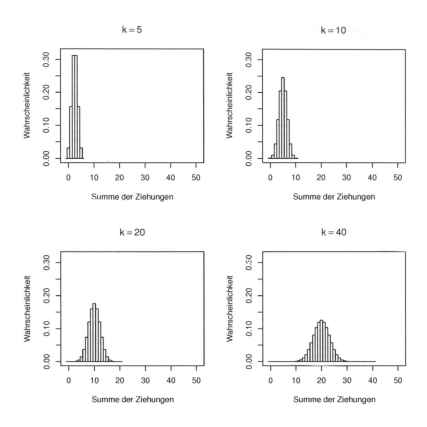

Abbildung 2.23: Illustration zum Zentralen Grenzwertsatz

Standardfehler die Rolle von Mittelwert und Standardabweichung. Für $k =$ 40 ist nach Abbildung 2.23 schon eine recht gute Annäherung an die Normalverteilung gegeben. Wenn man also etwa die Wahrscheinlichkeit dafür berechnen möchte, dass man bei 40-fachem Werfen mit einer fairen Münze zwischen 20 und 22 (jeweils einschließlich) Mal „Kopf" erhält, so muss man die Gesamtfläche der Säulen über den Werten 20, 21 und 22 bestimmen. Einfacher ist es, stattdessen die Fläche unter der entsprechenden Normalverteilung zwischen 19.5 und 22.5 zu ermitteln. Dabei wurde berücksichtigt, dass die Säule über dem Wert 20 bereits bei 19.5 beginnt und die Säule über 22 erst bei 22.5 endet. Eine solche präzise Behandlung der Randpunkte des Bereichs bezeichnet man auch als Stetigkeitskorrektur. Die Rechnung ergibt:

Erwartungswert der Summe $= 40 \times 0.5 = 20$

Standardfehler der Summe $= \sqrt{40} \times 0.5 = 3.16$.

Umrechnen in Standardeinheiten liefert:

19.5 entspricht $\dfrac{19.5 - 20}{3.16} = -0.16$ Standardeinheiten

22.5 entspricht $\dfrac{22.5 - 20}{3.16} = 0.79$ Standardeinheiten.

Die folgende Skizze zeigt die zu bestimmende Fläche:

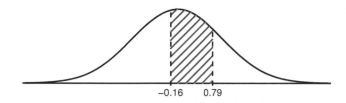

Die gesuchte Wahrscheinlichkeit beträgt ca. $100\% - 44.04\% - 21.19\% = 34.77\%$. Der exakte Wert nach der Binomialformel ist 34.789%.

Das Gesetz der großen Zahlen und der Zentrale Grenzwertsatz wirken oftmals im Zusammenspiel. Dies ist in Abbildung 2.24 für den Fall des Werfens einer fairen Münze bzw. des Ziehens aus der Schachtel

$$\boxed{\;\boxed{0}\quad\boxed{1}\;}$$

illustriert, wobei hier wieder $\boxed{0}$ für „Zahl" und $\boxed{1}$ für „Kopf" steht. Die erste Spalte gibt dabei die Entwicklung des Datenhistogramms an, wenn das einmalige ($k = 1$) Ziehen n-mal wiederholt wird. Bei der ersten Versuchsdurchführung ($n = 1$) ergab sich $\boxed{1}$, bei der zweiten Durchführung $\boxed{0}$. Für wachsendes n wird sich das Datenhistogramm wie in Abbildung 2.22 an das entsprechende Wahrscheinlichkeitshistogramm annähern. In analoger Weise zeigt die zweite Spalte die Entwicklung des Datenhistogramms für die Summe aus zweimaligen ($k = 2$) Ziehen. Hierbei können nun die Summenwerte 0, 1 und 2 auftreten, und sie werden dies auf lange Sicht mit den relativen Häufigkeiten 25 %, 50 % und 25 % tun. In der unteren Spalte kann man die Entwicklung der Wahrscheinlichkeitshistogramme für wachsendes k entsprechend Abbildung 2.23 verfolgen: Die Wahrscheinlichkeitshistogramme enthalten immer mehr (nämlich $k + 1$) Säulen und werden immer glockenförmiger. Kurz gesagt gilt: Für „große" Werte von n wird das Datenhistogramm nahe bei dem zuständigen Wahrscheinlichkeitshistogramm liegen. Für „große" Werte von k wird das Wahrscheinlichkeitshistogramm nahe bei einer Normalverteilung liegen. Für „große" Werte von n und von k wird daher das Datenhistogramm nahe bei einer Normalverteilung liegen.

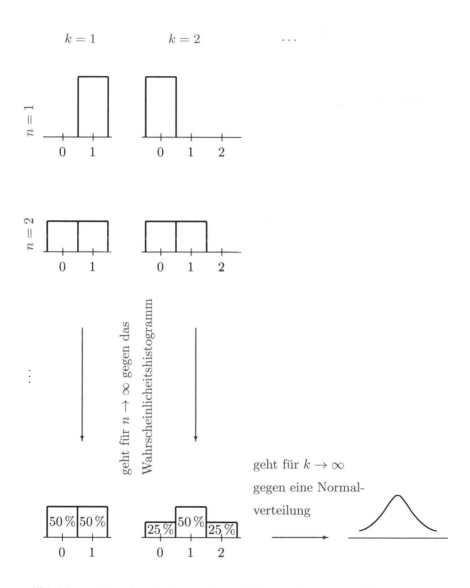

Abbildung 2.24: Gesetz der großen Zahlen und Zentraler Grenzwertsatz

Kommentar: Diese Überlegungen gelten nicht nur für das Werfen einer fairen Münze, sondern in sehr viel allgemeinerem Rahmen für viele Zufallsgrößen, die sich als Summe von vielen kleinen Zufallseinflüssen darstellen lassen. Beispielsweise kann die Körpergröße eines bestimmten Mannes als Resultat vieler sich addierender Zufallseinflüsse – wie Gene,

Ernährung, Umwelt, Sport – angesehen werden. Hier hätte k also einen großen Wert. Ermittelt man nun die Körpergröße für eine große Anzahl (d. h. ein großes n) von Männern, so wird das resultierende Datenhistogramm recht gut durch eine Normalverteilung approximierbar sein. Dies liefert auch ein Erklärungsmodell dafür, dass viele Datensätze durch die Normalverteilung beschrieben werden können.

2.4.3 Stichproben

Eine Stichprobe ist ein ausgewählter Teil einer Grundgesamtheit. Im Allgemeinen soll sie zutreffende Rückschlüsse auf die Grundgesamtheit ermöglichen und insofern möglichst „repräsentativ" für die Grundgesamtheit sein. Ob das zutrifft, kann man freilich erst beurteilen, wenn man die Grundgesamtheit kennt, und dann braucht man eigentlich keine Stichprobe mehr. Als Ausweg aus dieser etwas zirkulären Situation bietet es sich an, die Methoden zu untersuchen, nach denen die Stichprobe ausgewählt wurde. Dabei zeigt sich, dass einige Methoden mit großer Zuverlässigkeit Rückschlüsse ermöglichen, während andere sehr fragwürdig sind.

Keine gute Idee ist es, einfach irgendeine Datensammlung als Stichprobe zu betrachten. Eine solche Bequemlichkeitsstichprobe ist keine Stichprobe im eigentlichen Sinne, und sie führt fast zwangsläufig zu Verzerrungen. Ebenfalls problematisch sind Quotenstichproben. Hierbei wird dem Erheber (z. B. einem Interviewer) lediglich eine Quote hinsichtlich eines bestimmten Kriteriums vorgegeben (z. B. 50 % der Befragten sollen Frauen sein); ansonsten ist er aber in der Auswahl frei. Auch dies gibt der Willkür und den meist sogar unbewussten Präferenzen des Erhebers zuviel Raum und kann zu starken Verzerrungen führen. Das Verfahren sieht viel besser aus, als es tatsächlich ist, weil es mit Blick auf das Quotenkriterium „Repräsentativität" erzwingt. Das ist aber nur dann ein Vorteil, wenn dieses Kriterium mit dem Untersuchungsgegenstand stark verbunden ist.

Damit man überhaupt statistisch begründete Aussagen über die Stichprobe treffen und auch entsprechende Rückschlüsse ziehen kann, muss die Stichprobe nach einem Wahrscheinlichkeitsverfahren gezogen worden sein. Charakteristische Eigenschaft für ein Wahrscheinlichkeitsverfahren ist es, dass für jedes Element aus der Grundgesamtheit die Wahrscheinlichkeit dafür bestimmt werden kann, dass es in die Stichprobe aufgenommen wird. Solche Methoden nutzen also den Zufall explizit und in planvoller Weise zur Stichprobenerhebung aus. Sie haben sich als weit besser erwiesen als nicht zufällige Verfahren. Zugleich haben sie den Vorteil, dass sich ihre Ungenauigkeit mit statistischen Methoden analysieren lässt.

Das bekannteste Beispiel aus dem Bereich der Wahrscheinlichkeitsverfahren ist das Ziehen einer einfachen Zufallsstichprobe (simple random sample). Eine solche entsteht, indem man ohne Zurücklegen Elemente mit jeweils gleicher Chance aus der Grundgesamtheit zieht. Das Verfahren ist einfach und aus statistischer Sicht nahezu ideal. Es ist allerdings nicht immer praktikabel, weil die Grundgesamtheit oftmals gar nicht vollständig erfasst werden kann. In solchen Fällen kann manchmal eine mehrstufige Auswahl weiterhelfen. Dabei wird etwa zunächst eine Stadt, dann eine Straße, dann ein Haus und dann dort ein bestimmter Anwohner ausgewählt. Besonders aus Kostengründen finden häufig auch Klumpenverfahren Anwendung. Hier ermittelt man etwa zufällig ein Haus und befragt dann dort alle Hausbewohner als Elemente der Stichprobe. Nicht selten bietet es sich an, Mehrstufigkeit und Klumpenverfahren zu kombinieren und den Klumpen (z. B. ein Haus oder ein Unternehmen) als Ende einer mehrstufigen Kette zu wählen. Ist schließlich die Grundgesamtheit in Schichten unterteilt und zieht man aus jeder Schicht eine eigene Stichprobe, so spricht man vom Ziehen einer geschichteten Stichprobe. Ein Beispiel wären getrennte Erhebungen für Männer und Frauen.

Es gibt noch viele weitere Verfahren oder Kombinationsmöglichkeiten. Die Auswahl wird in der Regel nach Kostengesichtspunkten, nach dem Ziel der Untersuchung und nach der Art der Erhebungstechnik getroffen.

Die in Abschnitt 2.4.2 eingeführten Schachtelmodelle eignen sich gut zur Beschreibung von Stichproben, insbesondere von einfachen Zufallsstichproben. Die Schachtel bildet die Grundgesamtheit, die gezogenen Zettel sind die Stichprobe. Mit den Formeln (1)–(4), dem Gesetz der großen Zahlen, dem Zentralen Grenzwertsatz und der Normalapproximation von Wahrscheinlichkeitshistogrammen haben wir auch bereits alle zur statistischen Analyse benötigten Hilfsmittel zur Verfügung. Eine kleine Abweichung liegt noch insofern vor, als in der Praxis normalerweise *ohne* Zurücklegen gezogen wird, während man von der Theorie her meist *mit* Zurücklegen rechnet. Der Unterschied ist aber völlig unbedeutend, solange die Stichprobe nicht einen Großteil (etwa mehr als 10 %) der Grundgesamtheit ausmacht. Rein mathematisch reduziert sich beim Ziehen *ohne* Zurücklegen der Standardfehler aus Formel (2) bzw. Formel (4) aus Abschnitt 2.4.2 durch Multiplikation mit dem Korrekturfaktor

$$\sqrt{\frac{N-n}{N-1}},$$

wobei N die Größe der Grundgesamtheit und n den Stichprobenumfang bezeichnet.

Der Korrekturfaktor hilft auch, ein Phänomen zu erklären, das manchen Laien verwundert: Der Standardfehler für das Mittel der Ziehungen hängt normalerweise nicht von der Größe der Grundgesamtheit ab. Betrachten wir dazu eine Meinungsumfrage in einem Bundesland A mit 1.25 Millionen Wahlberechtigten und in einem Bundesland B mit 12.5 Millionen Wahlberechtigten. Nehmen wir weiterhin an, dass die Partei X jeweils einen Wähleranteil von 50 % hat. Das Meinungsforschungsinstitut befragt eine einfache Zufallsstichprobe von 2 500 Wählern in A. Wie viele Wähler muss man in B befragen, wenn die Umfrage die gleiche Genauigkeit wie in A aufweisen soll? Die zunächst verblüffende Antwort ist: 2 500 Wähler. Denn der Standardfehler für das Land A ist nach Formel (4) aus Abschnitt 2.4.2

$$\frac{0.5}{\sqrt{2\,500}} = 1\,\%.$$

Der gleiche Wert ergibt sich auch für Land B, wobei jeweils der Korrekturfaktor vernachlässigt werden kann. In der Tat entspricht das Vorgehen in beiden Bundesländern annähernd dem Ziehen *mit* Zurücklegen, für das die Größe der Schachtel keine Rolle spielt. Aus dieser Perspektive ist die Antwort sehr plausibel.

Es bleibt noch der Rückschluss von der Stichprobe auf die Grundgesamtheit zu behandeln. Nehmen wir dazu an, dass das mittlere Jahreseinkommen in TEUR (tausend Euro) für die Mitglieder einer bestimmten Berufsgruppe festgestellt werden soll. Wir können nicht alle 100 000 Mitglieder der Gruppe befragen, sondern haben eine einfache Zufallsstichprobe vom Umfang 400 gezogen. Das Schachtelmodell sieht also so aus, dass aus einer Schachtel mit 100 000 Zetteln, auf denen die Jahreseinkommen der einzelnen Personen stehen, eine Stichprobe von 400 Zetteln gezogen wurde. Für diese 400 Ziehungen ergab sich ein Mittelwert von 52 TEUR und eine Standardabweichung von 6 TEUR. Selbstverständlich wird man das gesuchte mittlere Jahreseinkommen durch den Mittelwert der Stichprobe als 52 TEUR schätzen. Aber was lässt sich über die Ungenauigkeit dieses Wertes sagen? Wir könnten den Standardfehler des Mittels mit Formel (4) aus Abschnitt 2.4.2 berechnen – aber dazu benötigen wir die Standardabweichung der Schachtel. Diese liegt zwar nicht vor, aber wir können sie näherungsweise durch die bekannte Standardabweichung der Stichprobe ersetzen. Dieser Trick ähnelt dem Vorgehen von Münchhausen, der sich an den eigenen Haaren aus einem Sumpf zog. In der amerikanischen Version dieser Geschichte zieht sich der Held an den eigenen Stiefelschlaufen hoch. Wir wollen dieses Verfahren daher – in Anlehnung an [6] – als Bootstrap-Methode[1] bezeichnen. Somit erhalten wir für den (geschätzten) Standardfehler des Mittels

$$\frac{6\ \text{TEUR}}{\sqrt{400}} = 0.3\ \text{TEUR}.$$

---

[1]In der Statistik wird mit „bootstrap" meist ein sehr allgemeines auf B. Efron zurückgehendes Verfahren bezeichnet, dessen Grundidee aber durchaus ähnlich ist.

Wir schätzen das gesuchte mittlere Jahreseinkommen daher als 52 TEUR
mit einem Standardfehler von 0.3 TEUR. Meistens gibt man diesen Sachverhalt noch in etwas anderer Form an. Dazu geht man davon aus, dass
das unbekannte mittlere Jahreseinkommen etwa m sei. Das Wahrscheinlichkeitshistogramm für das Mittel aus 400 Ziehungen aus dieser Schachtel wird
– wegen der Größe der Stichprobe – recht normalverteilt sein. Folglich wird
das Mittel einer Stichprobe vom Umfang 400 mit Wahrscheinlichkeit von etwa 95 % zwischen $m - 2 \times 0.3$ TEUR und $m + 2 \times 0.3$ TEUR liegen.[1] Wenn
das unbekannte mittlere Jahreseinkommen der Grundgesamtheit m etwa 50
TEUR ist, so ist es mithin sehr unwahrscheinlich, dass wir in unserer Stichprobe 52 TEUR beobachtet hätten. Bei einem Wert von $m = 51.8$ TEUR
wäre dies hingegen durchaus möglich. Wenn wir alle Werte für m, die in diesem Sinne zu unserem beobachteten Mittel 52 TEUR hätten führen können
und damit vereinbar sind, in einem Intervall zusammenfassen, erhalten wir
das Intervall

$$[52 \text{ TEUR} - 2 \times 0.3 \text{ TEUR}, \ 52 \text{ TEUR} + 2 \times 0.3 \text{ TEUR}]. \tag{1}$$

Man spricht von einem approximativen 95 %-Konfidenzintervall für m. Entsprechende Konfidenzintervalle kann man natürlich auch für andere Kon-
fidenzniveaus als 95 % bilden, wenn man den Faktor 2 in (1) durch einen
anderen Wert ersetzt.

Wird allgemein aus einer Schachtel mit N Zetteln eine einfache Zufallsstichprobe von n Zetteln gezogen und hat diese Stichprobe den Mittelwert MW
und die Standardabweichung SD, so lautet die Formel für ein approximatives
a %-Konfidenzintervall für den unbekannten Mittelwert m der Schachtel

$$\left[\text{MW} - z \left(\frac{100 - a}{2} \right) \times \frac{\text{SD}}{\sqrt{n}}, \ \text{MW} + z \left(\frac{100 - a}{2} \right) \times \frac{\text{SD}}{\sqrt{n}} \right]. \tag{2}$$

Hierbei ist der Faktor $z \left(\frac{100-a}{2} \right)$ der obere $\left(\frac{100-a}{2} \right)$-Prozentpunkt – bzw. das
$\left(\frac{100+a}{2} \right)$ %-Quantil – der Standardnormalverteilung. Diesen Wert kann man
aus Anhang A entnehmen; für das Konfidenzniveau 80 % ergibt sich etwa der
Faktor 1.3.

Bei der Interpretation von Intervall (2) ist allerdings Vorsicht geboten. Die
Vermutung, dass der wahre Wert m mit Wahrscheinlichkeit a % in diesem
Intervall liegt, ist falsch, da ja der wahre Wert festliegt und nicht vom Zufall abhängig ist. Vom Zufall abhängig ist vielmehr das Intervall (2), denn
dieses wird aus den vom Zufall abhängigen Stichprobenwerten MW und SD
gebildet. Man kann also sagen, dass das vom Zufall abhängige Intervall (2)

---

[1]Präziser könnte man den Faktor 1.95 statt 2 verwenden. Als Faustregel wird aber meist
2 benutzt.

mit Wahrscheinlichkeit $a\%$ den wahren Wert m überdeckt. Eine alternative Formulierung wäre, dass auf lange Sicht $a\%$ der so gebildeten Intervalle den wahren Wert m enthalten. Das Konfidenzniveau ist also eine Aussage über die Güte des Verfahrens und nicht über das konkrete Einzelergebnis.

Das Intervall (2) ist in dreierlei Hinsicht nur approximativ:

- Man benutzt die Normalapproximation für das Mittel der n Ziehungen.

- Man vernachlässigt den Korrekturfaktor für das Ziehen ohne Zurücklegen.

- Man verwendet SD als Schätzung für die unbekannte Standardabweichung der Schachtel.

Alle drei Approximationen müssen natürlich gerechtfertigt sein. Dies ist etwa dann der Fall, wenn das Datenhistogramm für den Inhalt der Schachtel nicht zu schief ist und die Anzahl n zwar absolut recht groß, aber im Vergleich zu N relativ klein ist.

Falls speziell ein Konfidenzintervall für einen Anteil p (oftmals ausgedrückt als Prozentsatz) gebildet werden soll, kann man die dritte Approximation, also die Schätzung der unbekannten Standardabweichung $\sqrt{p(1-p)}$ der Schachtel durch die Bootstrap-Methode, dadurch vermeiden, dass man diese durch den maximalen Wert $\sqrt{p(1-p)} \leq \sqrt{0.5 \times 0.5} = 0.5$ abschätzt. Eine solche Worst-Case-Betrachtung ist vorsichtiger und für nicht extreme Werte von p nicht wesentlich ungenauer. Für $p = 0.35$ wäre etwa der exakte Wert $\sqrt{0.35 \times 0.65} \approx 0.477$ und somit kaum von der Abschätzung 0.5 verschieden.

3 Übungsklausuren

Bitte beachten Sie folgende Hinweise zur Bearbeitung der Klausur:

1. Lesen Sie zunächst einmal gründlich die Abschnitte 1.2 und 1.3 durch. Dort sind viele wichtige Erläuterungen und Tipps zusammengestellt.

2. Eine Normalverteilungstabelle befindet sich im Anhang A. Bei der Benutzung der Tabelle sollte stets der nächste in der Tabelle verzeichnete Wert (ohne Interpolation) herangezogen werden. (Eine Ausnahme bildet nur ein 95 %-Konfidenzintervall, das als Faustregel konventionellerweise mit dem Faktor 2 gebildet wird.) Weitere Hilfsmittel werden nicht benötigt.

3. Als Dezimaltrennzeichen wird (außer gegebenenfalls in wörtlichen Zitaten) ein Punkt statt eines Kommas verwendet.

4. Viel Erfolg!

3.1 Klausur „Zeitungen"

1. (a) Hobby-Statistiker W. O. hat kürzlich eine Anzahl von Kleinanzeigen aus einer Lokalzeitung statistisch ausgewertet und dabei die Anzahlen der Wörter in den Anzeigen gezählt. Diese betragen:

27, 44, 61, 24, 71, 62, 54, 51, 46, 32, 41, 42.

Stellen Sie diese Daten in einem sinnvollen Stem-and-Leaf-Display dar. Ordnen Sie dabei die Blätter in aufsteigender Reihenfolge an.

(b) Geben Sie das 10%-Quantil und das 70%-Quantil der Daten aus (a) an. Benutzen Sie dabei die Konventionen dieses Buches.

(c) Vervollständigen Sie die folgende Skizze zu einem Histogramm für die Daten aus (a) mit den Klassen [10 Wörter, 35 Wörter[, [35 Wörter, 55 Wörter[und [55 Wörter, 105 Wörter[. Dabei soll jeweils der linke Randpunkt eingeschlossen und der rechte Randpunkt ausgeschlossen sein. Geben Sie jeweils die Höhe der Histogrammsäulen genau an, und ergänzen Sie auch die Achsenbeschriftung.

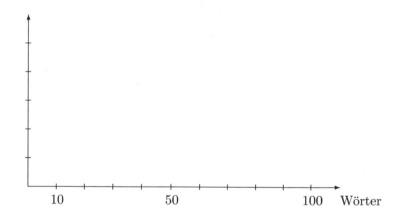

(d) Von einem Redakteur einer überregionalen Zeitung erhielt Hobby-Statistiker W. O. folgende Prozentangaben über die dort veröffentlichten Stellenanzeigen:

20% der Anzeigen richten sich (u. a.) auch an Berufsanfänger

5% der Anzeigen betreffen Spitzenjobs mit über 300 000 DM Jahresgehalt.

Der Redakteur schließt hieraus, dass 20% × 5% = 1% der Stellenanzeigen in seiner Zeitung somit Spitzenjobs auch schon für Berufsanfänger anbieten und dass es der Jugend hierzulande demzufolge „recht gut gehe". Hat er aus statistischer Sicht recht? Falls ja, begründen Sie genau warum. Falls nein, zeigen Sie den Fehler auf, und geben Sie eine begründete Vermutung darüber an, ob der fragliche Anteil von Anzeigen mit Spitzenjobs, die auch Berufsanfängern offen stehen, eher höher oder eher niedriger als 1 % sein wird.

$$(4+3+5+4 = 16 \text{ Punkte})$$

2. Im Nachrichtenmagazin *Der Spiegel* (Nr. 37/1998, S. 43) findet Hobby-Statistiker W. O. in dem Artikel „Der Blitz vom Bodensee" folgenden Text über die Genauigkeit von Meinungsumfragen:

> Auf eine mathematisch zu berechnende beträchtliche Fehler-spanne weisen die Institute meist nur im Kleingedruckten hin. Wenn bei einer 1 000er Umfrage[1] 40 Prozent zum Beispiel für die CDU und 5 Prozent für die PDS gemeldet werden, dann besagt dies, daß die Anteile der CDU bei 37 bis 43, die Anteile der PDS bei 4 bis 6 Prozent liegen.

Hobby-Statistiker W. O. wundert sich insbesondere darüber, dass die Schwankungsbereiche offenbar unterschiedlich groß sind. Leider gibt *Der Spiegel* keine Herleitung an. Helfen Sie daher Hobby-Statistiker W. O. die Aussagen zu überprüfen, indem Sie genau angeben, welche Annahmen und Rechenwege den obigen Ergebnissen zugrunde liegen.[2] Sie können dabei davon ausgehen, dass es sich um zwei *getrennte* Umfragen für die CDU und die PDS handelt, um etwaige Abhängigkeiten auszuschließen, und dass zufälliges Ziehen *mit* Zurücklegen benutzt wurde. Sind die Aussagen nach Ihren Überlegungen korrekt?

(*Hinweis:* $\sqrt{240} \approx 15$, $\sqrt{47.5} \approx 7$. Die Prozentzahlen im Text sind auf ganze Zahlen gerundet.)

$$(15 \text{ Punkte})$$

3. Für eine Regionalzeitung hat Hobby-Statistiker W. O. den Zusammenhang der Variablen „Körpergröße" (x) und „Körpergewicht" (y) anhand eines großen Datensatzes von Männern aus einer bestimmten Region untersucht. Das Streuungsdiagramm dieser Daten war sehr schön zwetsch-genförmig.

---

[1] Gemeint ist damit eine Befragung von 1 000 zufällig ausgewählten Personen (Anm. des Aufgabenstellers)

[2] Führen Sie alle Einzelschritte explizit und in sauberer Darstellung auf, und halten Sie das Ergebnis deutlich fest.

Hobby-Statistiker W. O. hat die Daten sowohl für die x-Werte als auch für die y-Werte zunächst in Standardeinheiten umgerechnet. Für diese umgerechneten Werte werden hier die Bezeichnungen $\tilde{x}$ (für die umgerechneten x-Werte) und $\tilde{y}$ (für die umgerechneten y-Werte) benutzt. Weiterhin hat Hobby-Statistiker W. O. die Regressionsgerade von $\tilde{y}$ auf $\tilde{x}$ berechnet. Er erhielt dafür die Gleichung $\tilde{y} = 0.6\tilde{x}$.

(a) Welcher (ungefähre) Prozentsatz von Männern mit einer Größe von $+1$ Standardeinheit hat ein Gewicht von mindestens -0.2 Standardeinheiten?[1]

(b) Wie lautet die Regressionsgerade von $\tilde{x}$ auf $\tilde{y}$?[1]

(c) Nehmen Sie an, dass x einer Normalverteilung mit Mittelwert 170 [cm] und Standardabweichung 10 [cm] folgt und dass y einer Normalverteilung mit Mittelwert 70 [kg] und Standardabweichung 5 [kg] folgt. Wie lautet dann die Regressionsgerade von y auf x?[1]

$(6+3+4 = 13$ Punkte)

4. Bei Lesen einer alten Zeitung findet Hobby-Statistiker W. O. den folgenden Datensatz:

x	y
x_1	8
0	4
x_3	y_3
1	2
2	y_5

Leider sind darin die Werte x_1, x_3, y_3 und y_5 unleserlich.

(a) Kann man für die Werte x_1, x_3, y_3 und y_5 Zahlen finden, so dass der Korrelationskoeffizient des Datensatzes -1 wird?[1] Falls ja, geben Sie solche Zahlen an. Falls nein, begründen Sie genau, warum das nicht geht.[1]

---

[1]Führen Sie alle Einzelschritte explizit und in sauberer Darstellung auf, und halten Sie das Ergebnis deutlich fest.

(b) Kann man für die Werte x_1, x_3, y_3 und y_5 Zahlen finden, so dass der Korrelationskoeffizient des Datensatzes $+1$ wird?[1] Falls ja, geben Sie solche Zahlen an. Falls nein, begründen Sie genau, warum das nicht geht.[1]

$$(8+3 = 11 \text{ Punkte})$$

5. In der Wochenzeitung *Die Zeit* (Nr. 36 vom 31. August 2000, S. 27) findet Hobby-Statistiker W. O. in einem Artikel von David Dodwell mit dem Titel „Die Magie der Zahl. Statistiken sind wichtig für Anleger – aber trauen darf man ihnen nicht" folgenden Text:

> Wie brisant die richtige Interpretation von Statistiken ist, zeigt sich zurzeit besonders in Japan. Vor zwei Wochen löste der Präsident der japanischen Notenbank einen annähernd einstimmigen Aufschrei aus, als er beschloss, die langjährige Null-Zins-Phase zu beenden. Er begründete diesen Schritt damit, dass es Anzeichen für eine Erholung der Wirtschaft gebe.
> Nun muss man wissen, dass die Landesmedien derzeit gegen Fehler in den BIP[2]-Daten des Landes Sturm laufen – insbesondere wegen der Erfassung der Verbraucherausgaben. Deren Berechnungen basieren auf Interviews mit 8 000 Haushalten – bei einer Bevölkerung von 125 Millionen eine bemerkenswert kleine Basis. Und: die Konsumausgaben sind für rund 60 Prozent des Sozialprodukts verantwortlich, also eine ungeheuer wichtige Größe.

(Ende des Zitats)

(a) Nehmen Sie an, die Verbraucherausgaben würden dadurch erfasst, dass man eine Zufallsstichprobe von 8 000 Haushalten (aus allen Haushalten in Japan) zieht, alle Mitglieder dieser Haushalte nach ihren Konsumausgaben befragt und daraus die mittleren Konsumausgaben pro Kopf schätzt. Mit welchem Fachbegriff würde man eine derartige Stichprobe bezeichnen?

(*Hinweis:* Angabe des Begriffes genügt, Erläuterungen sind nicht erforderlich.)

---

[1] Führen Sie alle Einzelschritte explizit und in sauberer Darstellung auf, und halten Sie das Ergebnis deutlich fest.

[2] Bruttoinlandsprodukt (Anm. des Aufgabenstellers)

(b) Nehmen Sie nun zur Vereinfachung an, dass statt 8 000 Haushalten eine einfache Zufallsstichprobe (simple random sample) von 8 100 Einzelpersonen aus der Bevölkerung von 125 Millionen gezogen wurde. Die mittleren Konsumausgaben dieser Personen seien (umgerechnet) 40 000 DM, die Standardabweichung betrage 18 000 DM. (Diese Daten sind rein hypothetisch.) Wie groß ist dann der Standardfehler für die mittleren Konsumausgaben pro Person?[1]

(c) Nehmen Sie wieder die Vereinfachungen aus Aufgabenteil (b) an. Nehmen Sie zusätzlich an, die Größe der Bevölkerung sei nur 5 Millionen (also um den Faktor 25 kleiner). Wie würde sich dies auf den Standardfehler der mittleren Konsumausgaben pro Person auswirken?[1]

(d) Der Artikel deutet an, dass 8 000 Haushalte im Verhältnis zu einer Bevölkerung von 125 Millionen recht wenig seien. Dieses Verhältnis ist insbesondere dann von Belang, wenn der

(i) _____

der

(ii) _____

betrachtet wird.

Füllen Sie die Lücken (i) und (ii) mit einem möglichst gut passenden Begriff aus den nachfolgenden Listen.

Liste für (i):   prozentuale Standardfehler
absolute Fehler
relative Fehler

Liste für (ii):   mittleren Konsumausgaben pro Kopf
hochgerechneten gesamten Konsumausgaben
erwarteten prozentualen Konsumausgaben
pro Person

(2+6+3+5 = 16 Punkte)

6. In der Tageszeitung *Die Welt* (vom 08.12.2000, S. 1) findet Hobby-Statistiker W. O. in einem Artikel von Jochen Förster mit dem Titel „Macht Alkohol schlau? Neue Studie: Mäßige Trinker haben einen höheren Intelligenz-Quotienten" folgenden Text:

---

[1]Führen Sie alle Einzelschritte explizit und in sauberer Darstellung auf, und halten Sie das Ergebnis deutlich fest.

Jetzt allerdings dürfte den Medizinern das Lächeln über die Stammtischsprüche vergangen sein. Wissenschaftler des staatlichen Instituts für Langlebigkeit im japanischen Aichi fanden nämlich heraus, dass der Intelligenzquotient von mäßigen Alkoholtrinkern höher liegt als der von Abstinenzlern. Bei einem täglichen Konsum, der dem Alkoholgehalt eines halben Liters Wein entspricht, lag unabhängig von der Art des alkoholischen Getränks der IQ bei 2 000 Versuchspersonen rund drei Punkte über dem von Nicht-Trinkern.

(Ende des Zitats)

(a) Hobby-Statistiker W. O. überlegt, ob dies einfach eine Zufallsschwankung sein kann. Da der Artikel keine genaueren Informationen gibt, stellt er eine eigene Modellrechnung hierzu an. Er geht bei seinen Berechnungen von folgenden Annahmen aus:

  (i) Es wird eine Grundgesamtheit betrachtet, in der der IQ einer Normalverteilung mit dem Mittelwert 100 und der Standardabweichung 15 folgt.

  (ii) Aus dieser Grundgesamtheit werden 2 025 Personen zufällig (mit Zurücklegen) gezogen.

  Wie groß ist dann die Wahrscheinlichkeit, dass der Mittelwert der Intelligenzquotienten dieser 2 025 Personen größer als 103 ist?[1] Was schließen Sie daraus mit Blick auf die Erklärung als Zufallsschwankung?

  (*Hinweis:* 2 025 ist eine Quadratzahl.)

(b) Nehmen Sie an, im Teil (a) ergäbe sich eine Wahrscheinlichkeit von 50 %. Würde dies bedeuten, dass eine Wirkung des Alkohols auszuschließen ist? Erklären Sie *kurz*.

(c) Nehmen Sie an, im Teil (a) ergäbe sich eine Wahrscheinlichkeit von 0.001 %. Würde dies beweisen, dass Alkohol nahezu mit Sicherheit die Intelligenz erhöht? Wenn nein, welche Art von Versuch wäre dazu erforderlich? Welche Art liegt hier vermutlich vor? Erklären Sie *kurz*.

(9+3+5 = 17 Punkte)

---

[1] Führen Sie alle Einzelschritte explizit und in sauberer Darstellung auf, und halten Sie das Ergebnis deutlich fest.

7. Im Feuilleton einer Lokalzeitung findet Hobby-Statistiker W. O. ein Quiz, das aus 25 Fragen besteht. Die einzelnen Fragen sind unabhängig voneinander, und W. O. kennt die Antwort auf jede einzelne Frage mit der Wahrscheinlichkeit 0.2. (Die Fragen wurden nämlich zufällig (mit Zurücklegen) aus dem großen Fragenpool eines Gesellschaftsspiels ausgewählt, den er zu 20 % kennt.)

(a) Mit welcher Wahrscheinlichkeit kennt er die richtige Antwort auf *mehr als zwei* Fragen?

   (*Hinweis:* Angabe eines Stichwortes zur Begründung und eines mathematisch exakten Ausdrucks reichen aus; numerische Auswertung ist nicht erforderlich.)

(b) Mit welcher Wahrscheinlichkeit kennt er die richtige Antwort auf die fünfte *und* die sechste Frage?

   (*Hinweis:* Geben Sie ein Stichwort zur Begründung und ein exaktes Resultat an.)

(c) Wie groß ist die bedingte Wahrscheinlichkeit dafür, dass er die Antwort zur dritten Frage nicht kennt, unter der Bedingung, dass er die Antwort zur vierten Frage kennt?

   (*Hinweis:* Geben Sie ein Stichwort zur Begründung und ein exaktes Resultat an.)

(d) Hobby-Statistiker W. O. überlegt vor Bearbeitung des Quiz, auf wie viele Fragen er die Antwort wohl schon kennen dürfte. Die Anzahl dieser Fragen ist eine Zufallsgröße, die mit X bezeichnet werde. Berechnen Sie den Erwartungswert und den Standardfehler von X.[1] Stellen Sie dazu zunächst die Situation in geeigneter Weise durch ein Schachtelmodell dar.[2]

(e) Die Größe X aus (d) besitzt ein Wahrscheinlichkeitshistogramm. Ist dieses Wahrscheinlichkeitshistogramm linksschief, symmetrisch oder rechtsschief? Begründen Sie *kurz* Ihre Antwort.

(f) Tatsächlich handelt es sich bei den einzelnen Fragen um Multiple-Choice-Fragen, bei denen *genau eine* von vier vorgegebenen Alternati-

---

[1]Führen Sie alle Einzelschritte explizit und in sauberer Darstellung auf, und halten Sie das Ergebnis deutlich fest.
[2]Das Schachtelmodell ist präzise und deutlich zu beschreiben. Für unklare Darstellungen und fehlende Erläuterungen gibt es starken Punktabzug.

ven richtig ist. Falls Hobby-Statistiker W. O. die richtige Antwort auf eine Frage nicht schon kennt, rät er durch zufälliges Auswählen einer der vier Alternativen. (Es gibt also nur die zwei Fälle, dass er die Antwort *schon kennt* oder dass er sie nicht kennt und dann *rät*.) Stellen Sie die Beantwortung einer *einzelnen* Frage durch Hobby-Statistiker W. O. auf die angegebene Weise zunächst durch ein Baumdiagramm dar, und beantworten Sie dann die folgenden beiden Fragen:

(i) Mit welcher Wahrscheinlichkeit gibt Hobby-Statistiker W. O. auf eine einzelne Frage die richtige Antwort (d. h. kennt er die Antwort oder rät er die richtige Antwort)?[1]

(ii) Mit welcher Wahrscheinlichkeit war ihm die richtige Antwort nicht bekannt (sondern wurde nur geraten), wenn er auf eine Frage die richtige Antwort gegeben hat?[1]

$$(2+2+2+7+4+8 = 25 \text{ Punkte})$$

8. In der Rätselecke einer Tageszeitung stößt Hobby-Statistiker W. O. auf die folgenden drei Zahlenlisten:

Liste (i):   1, 2, 3, ..., 99 (also die Zahlen von 1 bis 99)
Liste (ii): 49-mal der Wert 1, einmal der Wert 50, 49-mal der Wert 99
Liste (iii): einmal der Wert 1, 97-mal der Wert 50, einmal der Wert 99.

Beantworten Sie hierzu die folgenden Fragen.

(*Hinweis:* Angabe der Antwortziffern oder Werte genügt; Begründungen oder Erläuterungen sind nicht erforderlich.)

(a) Welche Liste hat die größte Standardabweichung?

(b) Welche Liste hat den größten Quartilsabstand? (Legen Sie hierbei die Konventionen dieses Buches zugrunde.)

(c) Wie groß sind die Mittelwerte der drei Listen?

$$(2+2+3 = 7 \text{ Punkte})$$

---

[1]Führen Sie alle Einzelschritte explizit und in sauberer Darstellung auf, und halten Sie das Ergebnis deutlich fest.

Zusatzfrage (ohne Wertung)

Der Aufgabensteller dieser Klausur beschäftigte sich in letzter Zeit vermutlich mit

☐   Maniküre

☐   Zeitungslektüre

☐   Konfitüre

☐   _____[1]

---

[1] Bitte beachten Sie, dass die Beantwortung der Zusatzfrage *nicht* anonym erfolgt.

3.2 Klausur „Euro"

1. In einer Statistikvorlesung am 07.01.2002 hat Hobby-Statistiker W. O. über die Kopfwahrscheinlichkeit der neuen Euro-Münzen spekuliert. Einige Tage später machten ihn Studierende auf einen entsprechenden Artikel von Tobias Hürter in der Tageszeitung *Süddeutsche Zeitung* (vom 09.01.2002, S. 12) aufmerksam, in dem über entsprechende Experimente berichtet wurde. Dabei zeigte sich bei einem Versuch in Polen, bei dem die belgische Euro-Münze (mit dem Bildnis König Alberts II.) und „Kreiseln" (statt „Werfen") benutzt wurde, eine auffallend hohe Kopfzahl. Weiter heißt es:

> Doch in einem von der SZ durchgeführten Test erwies sich der Euro auch beim Werfen als berechenbar – diesmal die einheimische Version der Münze. Von 250 Würfen lag 141-mal der Adler oben, der auf dem deutschen Geldstück die Stelle des königlichen Hauptes einnimmt.

Benutzen Sie im folgenden zur Vereinfachung der Rechnungen stets die Näherung $\sqrt{250} \approx \sqrt{256}$. Beachten Sie ferner die Beziehung $1/250 = 4/1\,000$, und rechnen Sie ansonsten so exakt wie möglich.

(a) Nehmen Sie zunächst an, der Euro sei eine faire Münze. Stellen Sie ein Schachtelmodell für diesen Fall auf, und berechnen Sie damit die Wahrscheinlichkeit, dass sich in 250 Würfen mindestens 141-mal Kopf zeigt. Verzichten Sie dabei zur Vereinfachung auf die sogenannte Stetigkeitskorrektur.[1]

(b) Ermitteln Sie ein (approximatives) 68 %-Konfidenzintervall für die Kopfwahrscheinlichkeit der Euromünze.[1] Schätzen Sie dabei die Standardabweichung der zugrunde liegenden Schachtel geeignet nach oben ab, wobei Sie bekannte Resultate ohne erneute Herleitung benutzen dürfen.

(*Hinweis:* Rechnen Sie bis auf die oben angegebenen Vereinfachungen exakt, und geben Sie das Intervall in ausgerechneter Form durch eine untere und eine obere Grenze an. Runden Sie *anschließend* das Ergebnis auf zwei signifikante Ziffern.)

(c) Wie groß müsste der Stichprobenumfang ungefähr gewählt werden, damit sich (bei sonst unveränderten Verhältnissen) ein 95 %-Konfidenzintervall ergäbe, dass nur halb so lang ist wie das Intervall aus

---

[1] Führen Sie alle Einzelschritte explizit und in sauberer Darstellung auf, und halten Sie das Ergebnis deutlich fest.

Teil (b)? Geben Sie hierfür eine Herleitung oder Rechnung an.

(d) Falls man in (a) nicht auf die Näherung $\sqrt{250} \approx \sqrt{256}$ zurückgreifen würde, so würde das Resultat aus dem Artikel der *Süddeutschen Zei-*

tung eher _____ gegen die „Fairness" der Euromünze sprechen. Ergänzen Sie eines der Worte „weniger" oder „mehr". Begründungen sind nicht erforderlich.

$$(8+7+5+2 = 22 \text{ Punkte})$$

2. Eine Datensammlung (keine Zufallsstichprobe!) von Hobby-Statistiker W. O. unter Passanten auf dem Marktplatz am 3. Januar 2002 ergab folgende Resultate über den im Portemonnaie befindlichen EUR-Betrag (in Euro, gerundet auf den nächsten ganzzahligen Wert):

57, 42, 0, 0, 12, 23, 72, 30, 5, 0, 31, 17, 50, 45, 58.

(a) Erstellen Sie ein sinnvolles Stem-and-Leaf-Display. Ordnen Sie dabei die Blätter in aufsteigender Reihenfolge an.

(b) Geben Sie eine 5-Number-Summary dieser Daten an. Benutzen Sie dabei die Konventionen dieses Buches.

(c) Erstellen Sie einen (liegenden) Boxplot für diese Daten. Benutzen Sie dabei die Konventionen dieses Buches.

(*Hinweis:* Es gibt nur Punkte für eine saubere und klare Darstellung.)

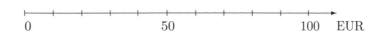

0   50   100   EUR

(d) Vervollständigen Sie die folgende Skizze zu einem Histogramm für diese Daten mit den Klassen [0 EUR, 20 EUR[, [20 EUR, 40 EUR[

und [40 EUR, 90 EUR[. Dabei soll jeweils der linke Randpunkt eingeschlossen und der rechte Randpunkt ausgeschlossen sein. Geben Sie
jeweils die Höhe der Histogrammsäulen genau an, und ergänzen Sie
auch die Achsenbeschriftung.

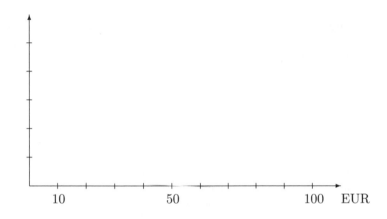

(5+4+4+5 = 18 Punkte)

3. Es wird viel darüber nachgedacht, ob die Einführung des Euro das Käufer-
verhalten ändern wird (z. B. durch psychologisch „günstigere" Preise).

Hobby-Statistiker W. O. wird von den Steuerbehörden um Mitarbeit an einer ähnlichen Studie für die Einkommensteuererklärungen einer bestimmten Bevölkerungsgruppe in Deutschland gebeten, mit der untersucht werden soll, ob die Einführung des Euro hier in der Zukunft Veränderungen
bewirken wird. Um die Ausgangslage vor der Euro-Umstellung festzustel-
len, hat Hobby-Statistiker W. O. für eine sehr große Zufallsstichprobe von
Steuererklärungen des Jahres 2001 dazu jeweils die nominale Steuer entsprechend den ungeprüft übernommenen Angaben des Steuerpflichtigen
(Variable x) und die reale Steuer nach detaillierter Prüfung aller Angaben
durch das Finanzamt (Variable y) ermittelt. Dabei ergaben sich folgende
Resultate (in TDM = tausend DM für die ersten vier Kenngrößen):

arithmetisches Mittel der nominalen Steuer (MWx)	=	20
Standardabweichung der nominalen Steuer (SDx)	=	4
arithmetisches Mittel der realen Steuer (MWy)	=	25
Standardabweichung der realen Steuer (SDy)	=	6
Korrelationskoeffizient r	=	0.8

Das Streuungsdiagramm der Variablen x und y war sehr schön zwetschgenförmig.

(a) Berechnen Sie die Regressionsgerade von y auf x.[1]

(b) Man betrachte die Leute mit nominaler Steuer 25 [TDM]. Welcher Prozentsatz hiervon muss eine reale Steuer zahlen, die mehr als 27.4 [TDM] beträgt?[1]

(c) Hobby-Statistiker W. O. hat außerdem die Steuern (sowohl nominal wie real) von TDM (tausend DM) auf TEUR (tausend Euro) umgerechnet. Zu dieser Umrechnung hat er durchweg die Beziehung 1 EUR = 2 DM benutzt. Geben Sie an, wie nunmehr die im folgenden genannten Größen lauten. (Angabe der Werte genügt, Begründungen sind nicht erforderlich.)

$$MWx \quad =$$

$$SDx \quad =$$

$$MWy \quad =$$

$$SDy \quad =$$

$$r \quad =$$

Regressionsgerade von y auf x:

(d) Eine vergleichbare Studie wurde bereits vor zehn Jahren angefertigt. Damals ergab sich der Korrelationskoeffizient $r = 0.9$. Die übrigen Kenngrößen (MWx, SDx, MWy, SDy) sind unbekannt. Kann man daraus schließen, dass die „Steuermoral" schlechter geworden ist?

(*Hinweis:* Es geht hier ausschließlich um Kommentierung aus statistischer Sicht. Antworten Sie in Aufsatzform, d. h. in einigen vollständigen Sätzen. Andere Antworten – insbesondere bloße Stichwörter – werden nicht gewertet.)

$$(4+6+6+5 = 21 \text{ Punkte})$$

---

[1]Führen Sie alle Einzelschritte explizit und in sauberer Darstellung auf, und halten Sie das Ergebnis deutlich fest.

4. In der Zeitschrift *UnicumBeruf* (Nr. 6, November/Dezember 2001, S. 6) stößt Hobby-Statistiker W. O. in der Rubrik *Sprüche* auf folgende Anmerkung zum Euro:

> Die Einführung des Euro ist eine höchst sozialdemokratische Aufgabe: Die Zahl der Millionäre wird halbiert.

Walter Hoffmann, Stadtdirektor von Hildesheim

Hinweis: Benutzen Sie in dieser Aufgabe durchweg die Umrechnung 1 EUR = 2 DM.

(a) Hobby-Statistiker W. O. wundert sich über diese Aussage hinsichtlich ihres statistischen Inhalts. Warum? Erklären Sie!

(*Hinweis:* Es geht hier in keiner Weise um politische Äußerungen, beschränken Sie sich daher auf statistische Anmerkungen. Antworten Sie in Aufsatzform, d. h. in einigen vollständigen Sätzen. Andere Antworten – insbesondere bloße Stichwörter – werden nicht gewertet.)

(b) Hobby-Statistiker W. O. spricht mit einem Kollegen über seine Verwunderung. Der Kollege betont, dass die Aussage von Herrn Hoffmann für seinen Club, den CdEM (Club der extravaganten Menschen), annähernd zutreffe. Das Vermögen der Clubmitglieder sei nämlich ziemlich exakt normalverteilt mit dem Mittelwert m und der Standardabweichung s, und es gäbe etwa 29.12 % DM-Millionäre und etwa 14.69 % EUR-Millionäre. (Zur Erklärung: In diesen Club werden auch Mitglieder mit negativem Vermögen (d. h. Schulden) aufgenommen. Sogar m könnte negativ sein. Die Normalverteilung widerspricht also nicht Ihnen eventuell bekannten anderslautenden Resultaten über *reale* Vermögensverteilungen.) Kann Hobby-Statistiker W. O. aus dieser leichtsinnigen Anmerkung des Kollegen schon m und s bestimmen? Falls ja, tun Sie es für ihn.[1] Falls nein, erklären Sie genau, warum das nicht geht.[1]

$$(7+11 = 18 \text{ Punkte})$$

5. In der Tageszeitung *International Herald Tribune* (11. Januar 2002, S. 12), die er wegen der neuesten Berichte zur Euro-Einführung liest, findet Hobby-Statistiker W. O. in einem Artikel von Floyd Norris mit dem Titel „Early Days Hint at Bullish Market" folgenden Text:

---

[1] Führen Sie alle Einzelschritte explizit und in sauberer Darstellung auf, und halten Sie das Ergebnis deutlich fest.

One of Wall Street's most noted indicators – the first five trading days of January – has sent its signal. And it says that this will be a good year for the stock market.

When the market goes up during the first five days, "it almost always indicates that the market will go up" during the year, said John McGinley, the Editor of Technical Trends, a newspaper published in Wilton, Connecticut.

[...]

Mr. McGinley, who noted that the five-day indicator was first proposed by Yale Hirsch, the editor of the Stock Market Almanac, said that from 1942 through last year, the first five days of new years have shown gains in the Dow in 39 years and declines in 21. Of the 39 rises, the Dow went on to show gains in 32 of the years, while falling just seven times.

[...]

There is no particular reason to think that any period as short as five days should provide a reliable market forecast. And the five-day January indicator is not as strong as it looks when one considers that the market goes up in most years.

Still there is a correlation. Over the last 60 years, 44 have shown gains for the Dow. That works into a 73 percent rate. But on years when the first five days were up, 82 percent of the years showed gains.

Similarly, in years when the first five days were down, 44 percent of them have turned out to be down years. That is well above the overall average of 27 percent down years.

[frei übersetzt etwa:
Einer der am meisten beachteten Indikatoren der Wall Street – die ersten fünf Handelstage im Januar – liegt nun vor. Und er besagt, dass dieses Jahr ein gutes Jahr für den (amerikanischen, Anm. von Hobby-Statistiker W. O.) Aktienmarkt werden wird. Wenn die Börse in den ersten fünf Tagen steigt, „ist das fast immer ein Anzeichen, dass die Börse (im ganzen Jahr) steigen wird", sagte John McGinley, der Herausgeber von Technical Trends, einer in Wilton, Connecticut, erscheinenden Aktionärszeitung.

[...]

Mr. McGinley, der ausführte, dass der Fünf-Tage-Indikator zuerst von Yale Hirsch, dem Herausgeber des Stock Market Almanac, vorgeschlagen worden war, sagte, dass von 1942 bis zum letzten Jahr die ersten fünf Tage eines neuen Jahres in

39 Jahren Gewinne und in 21 Jahren Verluste für den Dow
(US-Aktienindex, Anm. von Hobby-Statistiker W. O.) gebracht
hätten. Von diesen 39 Gewinnfällen stieg der Dow in 32 Fällen
im Gesamtjahr, während er nur in 7 Fällen im Gesamtjahr
zurückging.
[...]
Es gibt keinen besonderen Grund anzunehmen, dass eine so kur-
ze Zeitspanne wie fünf Tage eine verlässliche Marktvorhersage
liefern sollte. Und der Fünf-Tage-Januar-Indikator ist nicht so
stark, wie er aussieht, wenn man bedenkt, dass die Börse in den
meisten Jahren steigt.
Trotzdem gibt es eine Korrelation. In den letzten 60 Jahren haben 44 eine Steigerung des Dow gebracht. Daraus errechnet sich
ein Anteil von 73 %. Aber von den Jahren, in denen die ersten
fünf Tage nach oben wiesen, zeigten 82 % Gewinne im Gesamtjahr.
Umgekehrt stellten sich von den Jahren, in denen die ersten fünf
Tage nach unten wiesen, 44 % als Verlustjahre heraus. Das ist
deutlich mehr als der Durchschnitt von 27 % Verlustjahren.]

(Ende des Zitats)

(a) Stellen Sie zunächst die im Text gegebenen Daten über den Verlauf
des Dow für das Gesamtjahr bzw. in den ersten fünf Handelstagen
(Fünf-Tage-Indikator) während der letzten 60 Jahre übersichtlich zusammen. Füllen Sie dazu die folgende Tabelle aus, und ergänzen Sie
auch die Randsummen. Begründungen sind nicht erforderlich.

		Dow für das Gesamtjahr		Summe
		gestiegen	gefallen	
Fünf-Tage-Indikator	gestiegen			
	gefallen			
Summe				60

(b) Nehmen Sie an, eines der 60 Jahre 1942 bis 2001 wird zufällig ausgewählt. Wie groß sind dann die folgenden Wahrscheinlichkeiten?

(*Hinweis:* Angabe der Wahrscheinlichkeiten als vollständig gekürzte
Brüche reicht aus; numerische Auswertung oder Begründungen sind
nicht erforderlich.)

   (i) Wahrscheinlichkeit, dass im gewählten Jahr der Dow für das Gesamtjahr gestiegen und zugleich der Fünf-Tage-Indikator gefallen
ist

  (ii) Wahrscheinlichkeit, dass im gewählten Jahr wenigstens eine der
beiden betrachteten Größen (Dow für das Gesamtjahr, Fünf-Tage-Indikator) gestiegen ist

 (iii) Wahrscheinlichkeit, dass im gewählten Jahr genau eine der beiden betrachteten Größen (Dow für das Gesamtjahr, Fünf-Tage-
Indikator) gestiegen ist

 (iv) bedingte Wahrscheinlichkeit, dass im gewählten Jahr der Fünf-
Tage-Indikator gestiegen ist unter der Bedingung, dass der Dow
für das Gesamtjahr gefallen ist

(c) Nehmen Sie an, eines der 60 Jahre 1942 bis 2001 wird zufällig ausgewählt. Sind die Ereignisse

$$D: \text{Der Dow ist im Gesamtjahr gestiegen}$$

und

$$I: \text{Der Fünf-Tage-Indikator ist gefallen}$$

unabhängig?[1]

(d) In den letzten Absätzen des Textes ist von Korrelation die Rede. Welcher Korrelationskoeffizient ist hier gemeint, wenn man sich nur auf
die im Text gegebenen Informationen stützt? Geben Sie möglichst genau die beteiligten Variablen (in geeigneter Kodierung) an, und zeichnen Sie – so genau wie möglich – das fehlende Steuungsdiagramm.
Kommentieren Sie kurz.

$$(8+8+4+8 = 28 \text{ Punkte})$$

6. Ein Student hat eine Ringvorlesung zum Thema „Euro" gehört, die aus
insgesamt acht Veranstaltungen (= Themenkreisen) bestand. Für die Ab-
schlussklausur werden genau drei Themenkreise zur Wahl gestellt, aus

---

[1]Führen Sie alle Einzelschritte explizit und in sauberer Darstellung auf, und halten Sie
das Ergebnis deutlich fest.

denen der Student einen auswählen und bearbeiten muss. Er möchte seine Vorbereitungszeit minimieren und – mit Mut zum Risiko – sich nur auf genau zwei zufällig gewählte Themenkreise vorbereiten. (Würde er mindestens sechs Themenkreise von den acht vorbereiten, so würde er natürlich mit Wahrscheinlichkeit 1 auf (wenigstens) ein vorbereitetes Thema stoßen.) Er fragt Hobby-Statistiker W. O. um Rat, wie groß die Wahrscheinlichkeit bei seiner Strategie ist, wenigstens ein vorbereitetes Thema vorzufinden.

(a) Wie groß ist die Anzahl der „möglichen" Fälle?[1]

(b) Wie groß ist die Anzahl der „günstigen" Fälle?[1]

(c) Wie groß ist die gesuchte Wahrscheinlichkeit?[1]

$$(3+8+2 = 13 \text{ Punkte})$$

Zusatzfrage (ohne Wertung)

Der Aufgabensteller dieser Klausur ist offensichtlich ziemlich

☐   neurotisch

☐   eurotisch

☐   idiotisch

☐   _____[2]

---

[1]Führen Sie alle Einzelschritte explizit und in sauberer Darstellung auf, und halten Sie das Ergebnis deutlich fest.
[2]Bitte beachten Sie, dass die Beantwortung der Zusatzfrage *nicht* anonym erfolgt.

3.3 Klausur „Urlaub"

1. Bei der Einreise in ein bestimmtes Land beobachtet Hobby-Statistiker
W. O., dass die Einreisenden von der dortigen Zollverwaltung offenbar
mittels einer Durchleuchtungsschleuse und eines standardisierten Pro-
gramms als „Schmuggler" oder „kein Schmuggler" vorklassifiziert werden.
Die potentiellen „Schmuggler" lösen einen Alarm aus und werden dann
auf nichtdeklarierte Waren durchsucht. Er findet über einen Freund heraus, dass mittels dieses Verfahrens ein „Schmuggler" mit Wahrscheinlichkeit 0.9 den Alarm auslöst, während dies bei „Nichtschmugglern" nur mit
Wahrscheinlichkeit 0.1 passiert. Ferner sind exakt 10 % der Einreisenden
„Schmuggler".

(a) Stellen Sie diese Situation in einem Baumdiagramm übersichtlich dar.
(Benutzen Sie dabei an den Pfaden die Wahrscheinlichkeiten selbst,
keine absoluten Häufigkeiten. Begründungen sind nicht erforderlich.)

(b) Überlegen Sie nun, welche absoluten Häufigkeiten zu erwarten sind,
wenn das Verfahren auf genau 1 000 Einreisende angewendet wird.
Füllen Sie dazu die folgende Tabelle aus, und ergänzen Sie auch die
Randsummen. Begründungen sind nicht erforderlich.

		Alarm		Summe
		ja	nein	
„Schmuggler"	ja			
	nein			
	Summe			1 000

(c) Nehmen Sie an, ein Einreisender wird zufällig ausgewählt. Wie groß
sind dann die folgenden Wahrscheinlichkeiten?

(*Hinweis:* Angabe der Wahrscheinlichkeiten als vollständig gekürzte
Brüche reicht aus; numerische Auswertung oder Begründungen sind
nicht erforderlich.)

(i) Wahrscheinlichkeit, dass der Alarm ausgelöst wird

(ii) Wahrscheinlichkeit, dass der Einreisende richtig vorklassifiziert wird

(iii) bedingte Wahrscheinlichkeit, dass der Einreisende ein „Schmuggler" ist, obwohl kein Alarm ausgelöst wurde

(d) Wie groß müsste der Anteil der „Schmuggler" sein, wenn bei ansonsten unveränderten Daten, die Wahrscheinlichkeit (i) aus Teil (c) den Wert 0.3 annehmen soll?[1]

(4+4+6+4 = 18 Punkte)

2. Hobby-Statistiker W. O. bemerkt beim Einkaufsbummel an einem Urlaubstag vormittags eine überraschend hohe Anzahl von Schülern in den Geschäften. Er erinnert sich in diesem Zusammenhang an den Artikel „Tausende Schüler schwänzen den Unterricht" aus der Zeitung *Nordbayerischer Kurier* (vom 22. Februar 2002, S. 1). Dort heißt es unter anderem:

> Tausende Schüler gehen täglich nicht zur Schule, ergab eine am Rande der „Bildungsmesse 2002" in Köln vorgelegte Studie. Danach gaben acht Prozent von mehr als 1 800 befragten Schülern an, sich regelmäßig vor dem Unterricht zu drücken.

Hobby-Statistiker W. O. überlegt, wie ein Konfidenzintervall auf der Basis solcher Daten ungefähr aussähe. Zur Vereinfachung geht er von folgenden Annahmen aus:

- Es wurden genau 1 600 Schüler befragt.
- Genau 160 Schüler gaben an, die Schule regelmäßig zu schwänzen.
- Die 1 600 befragten Schüler bilden eine (mittels einfacher Zufallsauswahl gezogene) Stichprobe aus der Zielgruppe (Schülerschaft eines Gebietes).

Ist es möglich, hieraus ein approximatives 68 %-Konfidenzintervall für den Prozentsatz der Schüler in der Zielgruppe, die Schulschwänzen zugeben, zu berechnen? Falls ja, tun Sie dies.[1] Falls nein, begründen Sie, warum dies nicht geht.

(8 Punkte)

---

[1] Führen Sie alle Einzelschritte explizit und in sauberer Darstellung auf, und halten Sie das Ergebnis deutlich fest.

3. Ein Club für Abenteuerreisen möchte eine Saharadurchquerung organisieren. Aus Vorsicht möchte man dabei alle Fahrzeuge nur mit der halben Nutzlast beladen, damit die Tour auch dann noch erfolgreich zu Ende geführt werden kann, wenn bis zur Hälfte der Fahrzeuge ausfallen. Es stellen sich (unter Beachtung weiterer Nebenbedingungen) daher schließlich folgende zwei Alternativen:

- Variante A: Man benutzt zwei Lastwagen.

- Variante B: Man benutzt vier Geländewagen.

Man geht davon aus, das jedes einzelne Fahrzeug (unabhängig von der Bauart und voneinander) im Rahmen der Tour mit Wahrscheinlichkeit p ausfällt. Die Clubmitglieder fragen Hobby-Statistiker W. O. um Rat. Helfen Sie ihm bei seinen Berechnungen.[1]

(a) Wie groß ist die Erfolgswahrscheinlichkeit $W_A(p)$ für Variante A, d. h. mit welcher Wahrscheinlichkeit fällt wenigstens einer der beiden Lastwagen nicht aus? (Geben Sie mit kurzer Begründung einen exakten mathematischen Ausdruck in Abhängigkeit von p an.)

(b) Wie groß ist die Erfolgswahrscheinlichkeit $W_B(p)$ für Variante B, d. h. mit welcher Wahrscheinlichkeit fallen wenigstens zwei der vier Geländewagen nicht aus? (Geben Sie mit kurzer Begründung einen exakten mathematischen Ausdruck in Abhängigkeit von p an.)

(c) Bilden Sie nun die Differenz $D(p) = W_B(p) - W_A(p)$, und bestätigen Sie durch einige algebraische Umformungen, dass gilt:

$$D(p) = p^2(1 - p)(1 - 3p).$$

(d) Diskutieren Sie ausführlich die Ergebniss aus (a)–(c). Für welche Werte von p ist welche Variante vorzuziehen?[2] Was lässt sich in den einzelnen Fällen über die Erfolgswahrscheinlichkeit der Saharadurchquerung sagen?[2]

(2+3+5+8 = 18 Punkte)

---

[1] Mit einer anderen Einkleidung über zweimotorige und viermotorige Flugzeuge findet sich diese Aufgabe in [3], S. 255.

[2] Führen Sie alle Einzelschritte explizit und in sauberer Darstellung auf, und halten Sie das Ergebnis deutlich fest.

4. Eine Datensammlung (keine Zufallsstichprobe!) von Hobby-Statistiker W. O. unter Reisenden an einer Autobahnraststätte ergab folgende Resultate über das Gewicht des Reisegepäcks (in Kilogramm, gerundet auf den nächsten ganzzahligen Wert):

55, 27, 22, 60, 0, 8, 12, 80, 15, 0, 42, 6, 20, 33, 90, 37.

(a) Erstellen Sie ein sinnvolles Stem-and-Leaf-Display. Ordnen Sie dabei die Blätter in aufsteigender Reihenfolge an.

(b) Geben Sie eine 5-Number-Summary dieser Daten an. Benutzen Sie dabei die Konventionen dieses Buches.

(c) Vervollständigen Sie die folgende Skizze zu einem Histogramm für diese Daten mit den Klassen [0 kg, 10 kg[, [10 kg, 50 kg[und [50 kg, 100 kg[. Dabei soll jeweils der linke Randpunkt eingeschlossen und der rechte Randpunkt ausgeschlossen sein. Geben Sie jeweils die Höhe der Histogrammsäulen genau an, und ergänzen Sie auch die Achsenbeschriftung.

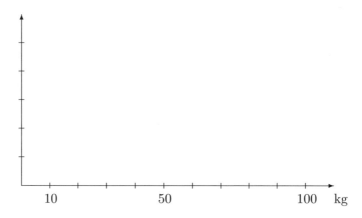

$$(5+4+5 = 14 \text{ Punkte})$$

5. Eine Studie über den Zusammenhang von Einkommen (x) und Ausgaben für Urlaub (y) von 1 000 Hobby-Statistikern ergab folgendes Resultat (in geeigneten, hier nicht interessierenden Einheiten):

arithmetisches Mittel der Urlaubsausgaben (MWy): 100
Regressionsgerade von y auf x: $y = 4x - 700$
r.m.s.-Fehler der Regressionsgeraden von y auf x: 30.

Das Streuungsdiagramm der 1 000 Punkte war sehr schön zwetschgenförmig.

(a) Man betrachte die Hobby-Statistiker mit Einkommen 210. Welcher Prozentsatz hiervon hat Urlaubsausgaben, die größer sind als 125?[1]

(b) Wie groß ist das arithmetische Mittel des Einkommens (MWx)?[1]

(c) Hobby-Statistiker W. O. hat auch eine Liste der Residuen erstellt, um einen Residuenplot anzufertigen. Er hat die Liste aber leider nicht beschriftet und irgendwie verlegt. Auf seinem Schreibtisch findet er eine Liste von 1 000 Zahlen, die wie folgt beginnt:

$$-500, \ 2\,000, \ -700, \ \ldots$$

Kann das die fragliche Liste der Residuen sein? Antworten Sie mit „Ja" oder „Nein", und begründen Sie *genau* Ihre Antwort![1]

(5+3+6 = 14 Punkte)

6. (a) Ein großes Konferenzhotel besitzt 832 Einzelzimmer, die bei einem Kongress alle leicht vergeben werden können. In der Tat nimmt der Manager sogar eine gewisse Überbelegung in Kauf, da er aus Erfahrung mit etlichen kurzfristigen Stornierungen rechnet. Er geht dabei davon aus, dass jede Buchung (unabhängig von allen anderen) mit einer Wahrscheinlichkeit von 0.1 storniert wird, und akzeptiert insgesamt 900 Buchungen. Er fragt Hobby-Statistiker W. O. nach der Wahrscheinlichkeit, dass es unter diesen Umständen zu einem Engpass während des Kongresses kommt. Stellen Sie ein Schachtelmodell für diese Situation auf, und berechnen Sie die gesuchte Wahrscheinlichkeit.[1] Wenden Sie dabei die Stetigkeitskorrektur an.

(b) Auch andere Hotelmanager hören von Hobby-Statistiker W. O.'s Berechnungen. Ein Manager verwaltet unter sonst gleichen Bedingungen ein Hotel mit 2496 Zimmern und meint, dass er dieselbe Überbuchungswahrscheinlichkeit wie in (a) erzielt, wenn er 2 700 Buchungen akzeptiert. Hat er recht? Geben Sie an, ob seine Überbuchungswahrscheinlichkeit größer, ungefähr gleich groß oder kleiner ist als die Wahrscheinlichkeit aus (a), und begründen Sie *kurz* Ihre Antwort.

---

[1]Führen Sie alle Einzelschritte explizit und in sauberer Darstellung auf, und halten Sie das Ergebnis deutlich fest.

(c) Ein weiterer Manager verwaltet unter sonst gleichen Bedingungen ein Hotel mit 1 664 Zimmern und meint, dass er dieselbe Überbuchungswahrscheinlichkeit wie in (a) erzielt, wenn er 1 732 Buchungen akzeptiert. Hat er recht? Geben Sie an, ob seine Überbuchungswahrscheinlichkeit größer, ungefähr gleich groß oder kleiner ist als die Wahrscheinlichkeit aus (a), und begründen Sie *kurz* Ihre Antwort.

(*Hinweis:* Beachten Sie auch Aufgabenteil (b).)

(10+4+4 = 18 Punkte)

7. Während einer Urlaubsfahrt in die Fränkische Schweiz beschäftigt sich Hobby-Statistiker W. O. mit folgendem Datensatz:

x	y
-12	-3
-4	-1
-12	-1
-12	3
-16	2
-16	0

Helfen Sie ihm bei seinen Berechnungen.

(a) Berechnen Sie zunächst den Korrelationskoeffizienten von x und y.[1] Rechnen Sie hier ganz exakt, d. h. ohne Rundung.

(b) Wie lautet die Regressionsgerade von y auf x?[1] Rechnen Sie hier ganz exakt, d. h. ohne Rundung.

(c) Wie lautet die Kovarianzmatrix dieses Datensatzes?[1] Rechnen Sie hier ganz exakt, d. h. ohne Rundung.

(8+4+4 = 16 Punkte)

---

[1] Führen Sie alle Einzelschritte explizit und in sauberer Darstellung auf, und halten Sie das Ergebnis deutlich fest.

8. Hobby-Statistiker W. O. hat die Vermutung, dass die „Urlaubsreife" der Dozenten am Ende des Semesters auch mit der Belastung durch die Studentenzahlen zusammenhängt. In diesem Zusammenhang liest er den Artikel „Zehn Minuten Zeit zum Essen" aus der Studentenzeitung *Der Tip* (Nummer 228 vom 24. Oktober 2002, S. 1). Dort heißt es unter anderem:

> Auch ein anderes Zahlenbeispiel spricht für sich. Ein Professor (C3 und C4) betreut durchschnittlich 43,6 Studenten. Ist man jedoch in der Fakultät III (Rechts (sic!) und Wirtschaft) zuhause, dann kommen auf einen Professor 108 Studenten. Beinahe paradiesische Zustände herrschen dagegen bei den Mathematikern und Physikern in der Fakultät I. Hier kommen auf einen Professor gerade mal 17 Studenten (siehe Grafik).

Die erwähnte Graphik sieht ungefähr so aus:[1]

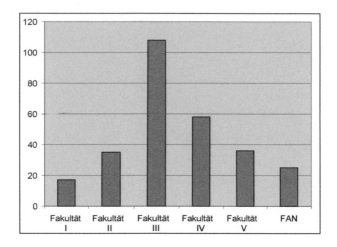

Handelt es sich bei dieser Graphik um ein Histogramm? Wenn nicht, wie könnte man den Typ der Graphik sonst bezeichnen? Wie müsste eine Darstellung der gleichen Information nach den statistisch-methodischen Empfehlungen von E. R. Tufte (vgl. E. R. Tufte: The Visual Display of Quantitative Information, Cheshire, 1985) aussehen?[2] Legen Sie dabei die Argumente jeweils klar dar!

(14 Punkte)

---

[1] Aus drucktechnischen Gründen wurde diese Graphik nicht vom Original reproduziert, sondern nach der Vorlage neu erstellt.

[2] Damit soll nicht impliziert werden, dass die obige Graphik ungeeignet ist. Gegen die Betrachtung von Alternativvorschlägen ist aber sicher nichts einzuwenden.

Zusatzfrage (ohne Wertung)

Der Aufgabensteller dieser Klausur denkt offensichtlich ziemlich oft an

   ☐   Whiskey

   ☐   Schwaben

   ☐   Urlaub

   ☐   _____[1]

---

[1]Bitte beachten Sie, dass die Beantwortung der Zusatzfrage *nicht* anonym erfolgt.

3.4 Klausur „Aktien"

Gemeinsamer Hintergrund zu den Aufgaben 1 bis 3:

Sparmaßnahmen und Kürzungen überall: Es wird immer härter an den Universitäten! Kein Wunder, dass Hobby-Statistiker W. O. gelegentlich von finanzieller Unabhängigkeit träumt.... Leider sieht es damit nicht so gut aus: Magere 12 000 EUR hat er derzeit auf diversen Sparkonten angespart. Die möchte er aber umso effektiver nutzen und hat zu diesem Zweck die Samstagsausgabe der *Frankfurter Allgemeine Zeitung* vom 24.01.2004 studiert. Auf Seite 22 findet er dort Listen der Aktienkurse deutscher Unternehmen. Er interessiert sich insbesondere für drei Gruppen: DAX30, M-Dax und Tec-Dax. Damit sind hier nicht so sehr die entsprechenden Aktienindizes selbst, sondern die darin enthaltenen Unternehmen gemeint. Im Einzelnen:

- Im DAX30 sind die 30 wichtigsten deutschen Aktiengesellschaften enthalten.

- Im M-Dax sind die nächstfolgenden 50 Aktiengesellschaften enthalten.

- Im Tec-Dax sind 30 technologie-orientierte Werte enthalten.

Kriterien für die Aufnahme sind also Größe und Ausrichtung, die genauen Abgrenzungen sind aber etwas schwierig und hier nicht von Bedeutung. Man beachte aber, dass die Gruppen unterschiedlich viele Unternehmen umfassen.

1. *Hinweis:* Lesen Sie zunächst den gemeinsamen Hintergrund zu den Aufgaben 1 bis 3 zu Beginn dieser Klausur.
   Hobby-Statistiker W. O. möchte aus den insgesamt 110 im DAX30, M-Dax und Tec-Dax gelisteten Werten 6 auswählen und dort jeweils etwa 2 000 EUR investieren. Da er sich nicht sehr kompetent fühlt, möchte er die 6 Werte zufällig wählen und fasst dafür folgende Strategien ins Auge:

   - Strategie A: sechsmaliges zufälliges Ziehen ohne Zurücklegen aus allen 110 Werten.

   - Strategie B: zweimaliges zufälliges Ziehen ohne Zurücklegen aus jeder der drei Gruppen in der Reihenfolge DAX30, M-Dax, Tec-Dax.

   - Strategie C: zufälliges Auswählen mit Zurücklegen einer der drei Gruppen (d. h. eines der drei Indizes), anschließend einmaliges zufälliges Ziehen mit Zurücklegen eines einzelnen Wertes aus der gewählten Gruppe. Dieses Vorgehen wird insgesamt sechsmal wiederholt.

   - Strategie D: sechsmaliges zufälliges Ziehen mit Zurücklegen aus allen 110 Werten.

(a) Ist Strategie A eine Wahrscheinlichkeitsmethode? Mit welchem technischen Begriff aus der Statistik könnte man sie am besten bezeichnen?

   (*Hinweis:* Antworten Sie mit „Ja" oder „Nein", und geben Sie den Begriff an.)

(b) Ist Strategie B eine Wahrscheinlichkeitsmethode? Mit welchem technischen Begriff aus der Statistik könnte man sie am besten bezeichnen?

   (*Hinweis:* Antworten Sie mit „Ja" oder „Nein", und geben Sie den Begriff an.)

(c) Ist Strategie C eine Wahrscheinlichkeitsmethode? Mit welchem technischen Begriff aus der Statistik könnte man sie am besten bezeichnen?

   (*Hinweis:* Antworten Sie mit „Ja" oder „Nein", und geben Sie den Begriff an.)

(d) Die Aktie von VW ist im DAX30 enthalten. Geben Sie für jede der vier Strategien A, B, C und D die Wahrscheinlichkeit dafür an, dass VW als erster Wert gewählt wird.

   (*Hinweis:* Angabe der Wahrscheinlichkeiten als vollständig gekürzte Brüche reicht aus; numerische Auswertung oder Begründungen sind nicht erforderlich.)

   Bei Strategie A:

   Bei Strategie B:

   Bei Strategie C:

   Bei Strategie D:

(e) Der Mittelwert der Kurse der sechs gezogenen Unternehmen ist eine Schätzung für das arithmetische Mittel aller 110 Kurse. Wie groß ist der Standardfehler des Mittelwertes der sechs gezogenen Aktienkurse bei der Strategie A? Geben Sie hierfür einen exakten mathematischen Ausdruck an, der als einzige Unbekannte den Ausdruck SD für die nicht angegebene Standardabweichung der 110 Kurse enthalten soll.

   (*Hinweis:* Numerische Auswertung oder Begründungen sind nicht erforderlich.)

$$(3+3+3+6+2 = 17 \text{ Punkte})$$

2. *Hinweis:* Lesen Sie zunächst den gemeinsamen Hintergrund zu den Aufgaben 1 bis 3 zu Beginn dieser Klausur.

(a) Hobby-Statistiker W. O. geht alle 110 Unternehmen durch und stellt fest, dass ihm 38 davon bereits dem Namen nach bekannt sind. Er benutzt Ziehen ohne Zurücklegen, um sechs Unternehmen zufällig aus diesen 110 Unternehmen auszuwählen. Leiten Sie einen mathematischen Ausdruck für die Wahrscheinlichkeit dafür her, dass unter den sechs gezogenen Unternehmen genau vier ihm bereits bekannte sind.[1] Dieser Ausdruck soll nicht numerisch ausgewertet werden.

(*Hinweis:* Betrachten Sie die „günstigen" und die „möglichen" Fälle.)

(b) Am 24.01.2004 um 15.30 Uhr stand der aus den DAX30-Werten berechnete DAX30-Index bei 4 151.63 Punkten. Eine entscheidende Frage ist: Wo wird er am Jahresende stehen? Hobby-Statistiker W. O. hat in der Internetausgabe der Tageszeitung *Handelsblatt* (vom 17.12. 2003, 12.30 Uhr) unter dem Titel „Dax-Aufwärtstrend könnte sich ausbremsen" einen Artikel überflogen, in dem es u. a. heißt:

> Im Schnitt erwarten 13 befragte Banken einen Dax-Stand [gemeint ist der DAX30-Index, Anm. des Aufgabenstellers] von 4 365 Punkten zum Ende des kommenden Jahres.
> [...]
> Am vorsichtigsten ist HSBC Trinkaus & Burkhardt mit der Dax-Prognose von 4 000 Punkten.

Leider hat er die ebenfalls angegebene höchste Prognose sowie die als Tabelle angegebenen Einzelwerte vergessen. Er ist sich aber sicher, dass mindestens 10 der 13 Banken wenigstens 4 300 Punkte prognostiziert haben. Was kann er aus diesen Informationen über die höchste Prognose für den DAX30-Index schließen?[1]

(*Hinweis:* Sie können davon ausgehen, dass nur ganzzahlige Prognosen abgegeben werden. Außerdem ist 52 740 = 48 000 + 4 800 − 60.)

(7+10 = 17 Punkte)

3. *Hinweis:* Lesen Sie zunächst den gemeinsamen Hintergrund zu den Aufgaben 1 bis 3 zu Beginn dieser Klausur.

---

[1]Führen Sie alle Einzelschritte explizit und in sauberer Darstellung auf, und halten Sie das Ergebnis deutlich fest.

Für die 30 Kurse aus dem DAX30 vom 23.01.2004 um 15.30 Uhr erhält
Hobby-Statistiker W. O. folgende Werte (in Euro, gerundet auf den nächsten ganzzahligen Wert):

$$96, 112, 47, 45, 24, 22, 35, 16, 32, 39, 64, 47, 18, 16, 52,$$

$$56, 65, 11, 45, 15, 28, 36, 98, 33, 133, 45, 66, 18, 20, 41.$$

(a) Erstellen Sie ein sinnvolles Stem-and-Leaf-Display. Ordnen Sie dabei
    die Blätter in aufsteigender Reihenfolge an.

(b) Geben Sie eine 5-Number-Summary dieser Daten an. Benutzen Sie
    dabei die Konventionen dieses Buches.

    (*Hinweis:* Begründungen sind nicht erforderlich.)

(c) Erstellen Sie einen (liegenden) Boxplot für diese Daten. Benutzen Sie
    dabei die Konventionen dieses Buches.

    (*Hinweis:* Es gibt nur Punkte für eine saubere und klare Darstellung.)

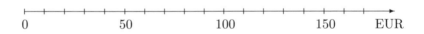

```
0              50            100            150        EUR
```

(d) Hobby-Statistiker W. O. möchte ein Histogramm für diese Daten mit
    den beiden Klassen [a EUR, 40 EUR[und [40 EUR, b EUR[zeichnen.
    Dabei soll jeweils der linke Randpunkt eingeschlossen und der rech-
    te Randpunkt ausgeschlossen sein. Ferner sollen a und b so gewählt
    werden, dass alle 30 Werte zwischen a und b (jeweils ausschließlich)
    liegen und dass die Säule über [a EUR, 40 EUR[die Höhe 1.25 % pro
    EUR und diejenige über [40 EUR, b EUR[die Höhe 0.5 % pro EUR
    hat. Wie müssen a und b gewählt werden?[1]

    (6+4+5+4 = 19 Punkte)

4. Vielleicht sollte Hobby-Statistiker W. O. sein Glück lieber im Spielcasino
   versuchen. Er stößt auf ein Internetcasino, in dem ein „faires" Lottospiel
   angeboten wird: Eine virtuelle Lostrommel enthält 10 Kugeln, die mit

---

[1]Führen Sie alle Einzelschritte explizit und in sauberer Darstellung auf, und halten Sie
das Ergebnis deutlich fest.

den Ziffern $0, 1, \ldots, 9$ beschriftet sind. Hieraus wird einmal (mit Zurück-
legen) zufällig gezogen. Kommen die Ziffern „0" oder „9", so erhält der
Spieler seinen Einsatz zurück und gewinnt zusätzlich das Vierfache seines
Einsatzes hinzu; andernfalls verliert er seinen Einsatz. Allerdings hat die
„Fairness" ihren Preis: Die Teilnahme kostet pro Spiel 5 Cent.

(a) Hobby-Statistiker W. O. plant 6 400-mal mitzuspielen und dabei je-
    weils einen Einsatz von 1 EUR zu wagen. Stellen Sie zunächst expli-
    zit ein Schachtelmodell für den Nettogewinn in dieser Situation *ohne*
    Berücksichtigung der Teilnahmegebühr auf. Berechnen Sie anschlie-
    ßend damit die Wahrscheinlichkeit dafür, dass ihm *nach* Abzug der
    Teilnahmegebühr noch ein positiver Reingewinn verbleibt.[1] Verzich-
    ten Sie dabei auf die Stetigkeitskorrektur.

(b) Hobby-Statistiker W. O. spielt viermal und setzt jeweils 1 EUR ein.
    Mit welcher Wahrscheinlichkeit verbleibt Hobby-Statistiker W. O.
    dann *nach* Abzug der Teilnahmegebühr ein Reingewinn von 10.80
    EUR (zehn Euro achtzig)? Leiten Sie hierfür mit genauer Begründung
    einen exakten mathematischen Ausdruck her[1], der aber nicht nume-
    risch ausgewertet werden soll.

$$(10+5 = 15 \text{ Punkte})$$

5. Hobby-Statistiker W. O. vermutet, dass man für gewisse Branchen eben
   doch die Aktienkurse zuverlässig vorhersagen kann. Er hat zu diesem
   Zweck eine Studie erstellt, in der er für einen großen Datensatz von
   10 000 Unternehmen den Abschlusskurs des Jahres 1999 (Variable x) mit
   demjenigen des Jahres 2000 (Variable y) verglichen hat. Das Streuungsdiagramm der 10 000 Punkte (x_i, y_i), $i = 1, \ldots, 10\,000$, war sehr schön
   zwetschgenförmig.
   Ferner ergaben sich folgende Resultate (in geeigneten, hier nicht interessierenden Einheiten):

arithmetisches Mittel der Abschlusskurse 1999 (MWx)	=	40
Standardabweichung der Abschlusskurse 1999 (SDx)	=	5
arithmetisches Mittel der Abschlusskurse 2000 (MWy)	=	42
Standardabweichung der Abschlusskurse 2000 (SDy)	=	5
Korrelationskoeffizient r	=	0.2

---

[1]Führen Sie alle Einzelschritte explizit und in sauberer Darstellung auf, und halten Sie
das Ergebnis deutlich fest.

(a) Berechnen Sie die Regressionsgerade von y auf x.[1]

(b) Sie sollen ohne weitere Information den Abschlusskurs 2000 eines zufällig aus den 10 000 Unternehmen ausgewählten Unternehmens vorhersagen. Leiten Sie dazu mit *genauer* Begründung ein Intervall her, in dem für ungefähr 80 % der beteiligten Unternehmen die Abschlusskurse 2000 liegen.[1]

(c) Sie sollen erneut den Abschlusskurs 2000 eines zufällig aus den 10 000 Unternehmen ausgewählten Unternehmens vorhersagen. Es steht Ihnen aber noch die zusätzliche Information zur Verfügung, dass der Abschlusskurs 1999 des Unternehmens 35 war. Leiten Sie mit *genauer* Begründung ein Intervall her, in dem für ungefähr 80 % der Unternehmen mit Abschlusskurs 1999 von ungefähr 35 die Abschlusskurse 2000 liegen.[1]

(*Hinweis:* Benutzen Sie an geeigneter Stelle die Näherung $\sqrt{0.96} \approx 0.98$.)

(d) Vergleichen Sie kurz die Intervalllängen aus den Aufgabenteilen (b) und (c) und kommentieren Sie den Nutzen der Zusatzinformation. Warum ist er relativ gering?

$$(4+4+6+3 = 17 \text{ Punkte})$$

6. In Aufgabe 5 hat Hobby-Statistiker W. O. eine Studie erstellt, in der er für einen großen Datensatz von 10 000 Unternehmen den Abschlusskurs des Jahres 1999 (Variable x) mit demjenigen des Jahres 2000 (Variable y) verglichen hat. Das Streuungsdiagramm der 10 000 Punkte (x_i, y_i), $i = 1, \ldots, 10 000$, war sehr schön zwetschgenförmig.
Ferner ergaben sich folgende Resultate (in geeigneten, hier nicht interessierenden Einheiten):

arithmetisches Mittel der Abschlusskurse 1999 (MWx)	=	40
Standardabweichung der Abschlusskurse 1999 (SDx)	=	5
arithmetisches Mittel der Abschlusskurse 2000 (MWy)	=	42
Standardabweichung der Abschlusskurse 2000 (SDy)	=	5
Korrelationskoeffizient r	=	0.2

---

[1] Führen Sie alle Einzelschritte explizit und in sauberer Darstellung auf, und halten Sie das Ergebnis deutlich fest.

Hobby-Statistiker W. O. hat inzwischen für alle 10 000 Unternehmen aus ihrem Abschlusskurs 1999 (x_i) eine Schätzung für den jeweiligen Abschlusskurs 2000 mittels der Regressionsgeraden aus Aufgabe 5 (a) berechnet und diese mit $\tilde{y}_i$ bezeichnet. (Es ist also $\tilde{y}_i = ax_i + b$ für $i = 1, \ldots, 10\,000$, wobei $y = ax + b$ die Regressionsgerade aus Aufgabe 5 (a) ist.)

(a) Hobby-Statistiker W. O. möchte wissen, wie groß das arithmetische Mittel und die Standardabweichung der Werte $\tilde{y}_i$ sind. Leiten Sie entweder mit *genauer* Begründung diese Werte her[1], oder begründen Sie, warum diese nicht bestimmbar sind.

(b) Für die 10 000 Punktepaare (y_i, $\tilde{y}_i$) hat Hobby-Statistiker W. O. auch wieder ein Streuungsdiagramm gezeichnet. Er möchte wissen, wie groß der Korrelationskoeffizient für diese Datenwolke ist. Leiten Sie entweder mit *genauer* Begründung diesen Wert her[1], oder begründen Sie, warum dieser nicht bestimmbar ist.

(c) Ermitteln Sie den Vektor der Mittelwerte und die Kovarianzmatrix für die Größen x, $\tilde{y}$ und y (*in genau dieser Reihenfolge*).[1] Tragen Sie für nicht bestimmbare Werte explizit das Zeichen „nb" (für „nicht bestimmbar") ein.

(5+4+8 = 17 Punkte)

7. Hobby-Statistiker W. O. ist unsicher, ob er überhaupt deutsche Aktien kaufen soll. Ein Artikel aus *Spiegel Online* (vom 19. Januar 2004, 7:09 Uhr) bestärkt ihn in seinen Zweifeln. Unter der Überschrift „70 Prozent machen nur Dienst nach Vorschrift"[2] heißt es dort unter anderem:

In den deutschen Unternehmen sind nur zwölf Prozent der Arbeitnehmer engagiert und mit ihrem Job zufrieden, 18 Prozent haben schon innerlich gekündigt. Das ist das Ergebnis einer repräsentativen Studie.
[...]
70 Prozent der Deutschen machten dagegen nur "Dienst nach Vorschrift",
[...]

---

[1]Führen Sie alle Einzelschritte explizit und in sauberer Darstellung auf, und halten Sie das Ergebnis deutlich fest.

[2]URL: http://www.spiegel.de/wirtschaft/0,1518,282470,00.html (Stand: 08.09.2011)

In Deutschland befragte Gallup im Juni und Juli 2003 insgesamt 2001 mindestens 18 Jahre alte Frauen und Männer.

Hobby-Statistiker W. O. überlegt, wie ein Konfidenzintervall auf der Basis solcher Daten ungefähr aussähe. Zur Vereinfachung geht er von folgenden Annahmen aus:

- Es wurden genau 2500 Arbeitnehmer befragt.
- Genau 1750 Arbeitnehmer gaben an, nur Dienst nach Vorschrift zu machen.
- Die 2500 befragten Arbeitnehmer bilden eine (mittels einfacher Zufallsauswahl gezogene) Stichprobe aus der Zielgruppe (Arbeitnehmer in Deutschland).

Ist es möglich, hieraus ein approximatives 68 %-Konfidenzintervall für den Prozentsatz der Arbeitnehmer in Deutschland, die angeben, nur Dienst nach Vorschrift zu machen, zu berechnen? Falls ja, tun Sie dies.[1] Falls nein, begründen Sie, warum dies nicht geht.[1]

(*Hinweis:* $\sqrt{0.21} \approx 0.46$)

(8 Punkte)

8. Hobby-Statistiker W. O. fragt sich, ob es sich noch lohnt, Aktien von Autofirmen zu kaufen. Er ist unsicher geworden, seit sich Berichte über Rückrufaktionen und Pannenserien häufen. In der Internetausgabe der Tageszeitung *Handelsblatt* (vom 15. Dezember 2003, 07:55 Uhr) liest er unter dem Titel „Autohersteller stecken in der Elektronikfalle" einen Artikel von Josef Hofmann zu diesem Thema, in dem es u. a. heißt:

> Der steigende Anteil elektronischer Systeme im Auto „macht jeden Produktanlauf zu einem riskanten Manöver", sagt Henrik Lier, Autoanalyst bei der WestLB. „Mit jedem neuen Teilsystem steigt das Fehlerrisiko im Auto exponentiell", sagt Ferdinand Dudenhöffer vom Center Automotive Research in Gelsenkirchen. Seine Erklärung ist simpel: Beträgt die Ausfallsicherheit einer Komponente 99,9 % und man baut zwei davon ein, reduziere sich die Sicherheit des Systems bereits auf 99,8 %.

(Weil es sich um ein wörtliches Zitat handelt, wird im obigen Auszug abweichend von der hier üblichen Konvention ein Komma als Dezimaltrennzeichen benutzt.) Leider ist die genaue Rechnung nicht angegeben.

---

[1] Führen Sie alle Einzelschritte explizit und in sauberer Darstellung auf, und halten Sie das Ergebnis deutlich fest.

(a) Nehmen Sie zunächst an, dass die Ausfallwahrscheinlichkeit für jede einzelne von zwei Komponenten jeweils 0.1 % beträgt. Welche Annahme muss man machen, damit dann die Ausfallwahrscheinlichkeit des Gesamtsystems *exakt* 0.2 % beträgt?[1]

(b) (Fortsetzung von Teil (a)):
Welche Annahme erscheint realistischer als die Annahme in (a)? Was ergibt sich – in derselben Situation wie in (a) – , wenn man unter der realistischeren Annahme *exakt* rechnet (und nicht rundet) als Wahrscheinlichkeit für die Funktionsfähigkeit des Gesamtsystems?[1]

(c) (Fortsetzung von Teil (a) und Teil (b)):
Illustrieren Sie den Unterschied zwischen den Annahmen aus (a) und (b) für den Fall, dass die Ausfallwahrscheinlichkeit pro Komponente 40 % beträgt, indem Sie in beiden Fällen die Wahrscheinlichkeit für die Funktionsfähigkeit des Gesamtsystems berechnen.[1]

$$(2+4+4 = 10 \text{ Punkte})$$

Zusatzfrage (ohne Wertung)

Der Aufgabensteller (nicht der Bearbeiter!) dieser Klausur ist offensichtlich

☐   Kleinaktionär

☐   Kleinreaktionär

☐   total verquer

☐   _____[2]

---

[1] Führen Sie alle Einzelschritte explizit und in sauberer Darstellung auf, und halten Sie das Ergebnis deutlich fest.
[2] Bitte beachten Sie, dass die Beantwortung der Zusatzfrage *nicht* anonym erfolgt.

3.5 Klausur „EU"

1. Nach der EU-Erweiterung beschließt eine Luxemburger Bank, das Europageschäft zu intensivieren. Als erster Schritt soll die Kundschaft in den Hauptmärkten Luxemburg und Deutschland genauer analysiert werden. Die Bank hat 40 000 Kunden in Luxemburg und 4 000 000 Kunden in Deutschland. Man möchte aus diesen Kundenbeständen jeweils eine einfache Zufallsstichprobe (simple random sample) ziehen und daraus das Durchschnittsalter der Kunden in den beiden Ländern bestimmen. Man geht aufgrund externer Erfahrungen dabei davon aus, dass die Standardabweichung für das Alter der Kunden in beiden Ländern etwa 12 Jahre beträgt. Hobby-Statistiker W. O. wird als statistischer Berater hinzugezogen.

(a) Wie groß muss unter diesen Umständen die Stichprobe in Luxemburg mindestens gewählt werden, wenn der Standardfehler für das Durchschnittsalter höchstens 1 Jahr betragen soll?[1]

(b) Wie groß muss unter diesen Umständen die Stichprobe in Deutschland mindestens gewählt werden, wenn der Standardfehler für das Durchschnittsalter höchstens 1 Jahr betragen soll?[1]

(c) Der Luxemburger Bankenverband weist darauf hin, dass man den Heimatmarkt Luxemburg genauer kennen möchte und deshalb auf diesem Markt nur einen etwa halb so großen Standardfehler für das Durchschnittsalter akzeptieren kann. Wie lässt sich dies am einfachsten erreichen?[1]

(d) Die Kunden aus den Stichproben sollen zudem persönlich interviewt werden. Dafür hat man EU-Fördermittel für Hilfskräfte beantragt, die aber an die Bedingung geknüpft sind, dass in beiden Ländern genau gleich viele Kunden befragt werden. Andererseits möchte man unbedingt daran festhalten, auf dem Heimatmarkt Luxemburg nur einen ungefähr halb so großen Standardfehler für das Durchschnittsalter zu haben wie in Deutschland, weil man dem Luxemburger Bankenverband eine entsprechende Zusage gemacht hat. Der Vorstand möchte einen peinlichen Rückzieher vermeiden und ist bereit, auch übertriebene Kosten in Kauf zu nehmen, wenn nur die beiden obigen formalen Anforderungen gleichzeitig erfüllt werden können. Kann Hobby-Statistiker W. O. dafür eine Lösung finden? Falls ja, leiten Sie diese

---

[1] Führen Sie alle Einzelschritte explizit und in sauberer Darstellung auf, und halten Sie das Ergebnis deutlich fest.

her.[1] Falls nein, erläutern Sie, warum es nicht geht.[1]

$$(4+3+3+8 = 18 \text{ Punkte})$$

2. (a) Von den 640 Hörern einer Vorlesung stammen 580 Studierende aus einem Mitgliedsland der EU. 330 Hörer sind Frauen, von denen 310 aus einem EU-Mitgliedsland stammen. Ein Hörer (von den 640) wird vom Dozenten zufällig zur Lösung einer Aufgabe ausgewählt. Mit welcher Wahrscheinlichkeit ist dieser Hörer ein Mann, der nicht aus einem EU-Mitgliedsland stammt?[1]

(b) Eine andere Vorlesung wird von 25 Studierenden besucht, von denen fünf nicht aus einem EU-Mitgliedsland stammen. Zwei Studierende sollen zufällig für ein Gespräch mit dem Dekan ausgewählt werden. Berechnen Sie die Wahrscheinlichkeiten dafür[1], dass

   (i) die beiden gewählten Studierenden nicht aus einem EU-Mitgliedsland stammen

   (ii) genau einer der gewählten Studierenden nicht aus einem EU-Mitgliedsland stammt.

$$(4+5 = 9 \text{ Punkte})$$

3. Ein Artikel aus der Tageszeitung *Nordbayerischer Kurier* (vom 30. April/ 1./2. Mai 2004, Seite 4) mit dem Titel „Zehn neue Kommissare kommen hinzu" informiert über die nunmehr 25 EU-Mitgliedsländer und enthält auch statistisches Material über das Bruttoinlandprodukt (BIP) pro Kopf, die Bevölkerungsgröße und die Arbeitslosenquote. Für die zehn neuen Mitglieder ergeben sich für das BIP pro Kopf folgende Werte (in tausend Euro (TEUR), gerundet auf eine Stelle):

$$5.5, \ 3.8, \ 4.5, \ 11.3, \ 4.8, \ 5.5, \ 12.3, \ 7.7, \ 7.1, \ 16.8.$$

(a) Erstellen Sie ein sinnvolles Stem-and-Leaf-Display für diese Daten. Ordnen Sie dabei die Blätter in aufsteigender Reihenfolge an.

(b) Geben Sie eine 5-Number-Summary dieser Daten an. Benutzen Sie dabei die Konventionen dieses Buches.

(*Hinweis:* Begründungen sind nicht erforderlich.)

---

[1]Führen Sie alle Einzelschritte explizit und in sauberer Darstellung auf, und halten Sie das Ergebnis deutlich fest.

(c) Erstellen Sie einen (liegenden) Boxplot für diese Daten. Benutzen Sie dabei die Konventionen dieses Buches.

(*Hinweis:* Es gibt nur Punkte für eine saubere und klare Darstellung.)

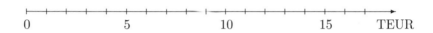

$$0 \qquad\qquad 5 \qquad\qquad 10 \qquad\qquad 15 \qquad \text{TEUR}$$

(4+4+5 = 13 Punkte)

4. Hobby-Statistiker W. O. hat eine Studie über die wirtschaftliche Situation der Bürger in den 25 EU-Mitgliedsländern angefertigt. Dazu hat er eine große Stichprobe von 5 000 zufällig ausgewählten EU-Bürgern untersucht und Merkmale wie Alter, Bildungsstand, Einkommen usw. analysiert. Für drei dieser Variablen X_1, X_2 und X_3 können im Folgenden die Voraussetzungen für Regressionsrechnungen (Zwetschgenform) jeweils als erfüllt angesehen werden. Die Daten haben folgende Struktur:

Nummer	Variable X_1	Variable X_2	Variable X_3
1	37.0	3.8	12.4
⋮	⋮	⋮	⋮
5000	28.4	4.2	10.2

Für seine Berechnungen verwendet er folgende Notation:

$$\begin{aligned}
\text{MW}(X_i) &= \text{Mittelwert von } X_i \text{ (arithmetisches Mittel)} \\
\text{SD}(X_i) &= \text{Standardabweichung von } X_i \\
\text{corr}(X_i, X_j) &= \text{Korrelationskoeffizient von } X_i \text{ und } X_j \\
\text{cov}(X_i, X_j) &= \text{Kovarianz von } X_i \text{ und } X_j.
\end{aligned}$$

(Diese Bezeichnungen sollen auch in der Lösung verwendet werden.)

Hobby-Statistiker W. O. hat bisher folgende Werte berechnet:

$$\text{SD}(X_1) = 10$$
$$\text{SD}(X_2) = 2$$
$$\text{SD}(X_3) = 10.$$

Außerdem hat er folgende drei Regressionsgeraden berechnet:

Regressionsgerade von X_2 auf X_1: $X_2 = 0.1X_1 + 6$ $\hspace{2em}(I)$

Regressionsgerade von X_3 auf X_2: $X_3 = 2X_2 - 12$ $\hspace{2em}(II)$

Regressionsgerade von X_1 auf X_3: $X_1 = 0.5X_3 + 9.$ $\hspace{2em}(III)$

Helfen Sie Hobby-Statistiker W. O. bei der Beantwortung der folgenden Fragen.

(a) Leiten Sie – wenn möglich – die Kovarianzmatrix der drei Variablen X_1, X_2 und X_3 (in dieser Reihenfolge) her, oder begründen Sie, warum das nicht geht.[1]

(b) Leiten Sie – wenn möglich – den Mittelwertvektor der drei Variablen X_1, X_2 und X_3 (in dieser Reihenfolge) her, oder begründen Sie, warum das nicht geht.[1]

(c) Hobby-Statistiker W. O. muss außerdem noch die Regressionsgerade von X_3 auf X_1 bestimmen. Er fragt zwei Kollegen um Rat.

Der erste Kollege rät ihm, Gleichung (III) nach X_3 aufzulösen; das führt zu $X_3 = 2X_1 - 18$.

Der zweite Kollege rät ihm Gleichung (I) in Gleichung (II) einzusetzen; das führt zu $X_3 = 0.2X_1$.

Welcher Kollege hat recht? Oder haben beide unrecht? Begründen Sie Ihre Antwort möglichst prägnant.[1]

$$(8+10+6 = 24 \text{ Punkte})$$

5. Hobby-Statistiker W. O. arbeitet gerade an einer Marktstudie über die Chemieindustrie. Sein Auftraggeber ist daran interessiert, wie viele vergleichbare Konkurrenten es in seinem Gebiet in drei der neuen EU-Mitgliedsländern gibt. Hobby-Statistiker W. O. hat hierfür die Anzahlen 3, 4 und 5 ermittelt. Allerdings erweitert der Auftraggeber die Fragestellung

---

[1]Führen Sie alle Einzelschritte explizit und in sauberer Darstellung auf, und halten Sie das Ergebnis deutlich fest.

und möchte nun noch ein viertes und ein fünftes Land mit in Betracht ziehen. Wie Hobby-Statistiker W. O. feststellt, verändert sich dadurch der Mittelwert der Anzahlen von vergleichbaren Konkurrenten nicht, aber die Standardabweichung erhöht sich um $2 - \sqrt{\dfrac{2}{3}}$.

(*Hinweis:* Rechnen Sie in dieser Aufgabe stets ganz *exakt*, d. h. ohne zu runden.)

(a) Wie groß sind der Mittelwert und die Standardabweichung der Anzahlen von vergleichbaren Konkurrenten für alle fünf Länder?[1]

(b) Im vierten Land gibt es weniger vergleichbare Konkurrenten als im fünften Land. Wie viele vergleichbare Konkurrenten gibt es im vierten Land?[1] Wie viele vergleichbare Konkurrenten gibt es im fünften Land?[1]

(c) Kann man eine Schachtel $\boxed{\;a\quad b\;}$ mit nur zwei Zahlen a und b angeben, die denselben Mittelwert und dieselbe Standardabweichung besitzt wie die Anzahlen vergleichbarer Konkurrenten für die obigen fünf EU-Mitgliedsländer? Wenn ja, geben Sie eine solche Schachtel an.[1] Falls nein, erklären Sie, warum dies nicht möglich ist.[1]

(3+8+7 = 18 Punkte)

6. Auslandsaufenthalte sind ein Schlüssel zur EU-Integration. Um die Anlaufschwierigkeiten von Bayreuther Studienbewerbern in einem speziellen Gastland gering zu halten, hat eine Partneruniversität einen Test entwickelt, der eine Einschätzung ermöglichen soll, ob ein Bewerber die erforderlichen Kenntnisse (über Sprache, Land und Leute) für ein problemloses Studium an der Partneruniversität besitzt. Hobby-Statistiker W. O. wird um Mithilfe bei den statistischen Aspekten gebeten. Er stellt fest, dass von den Bewerbern für ein Studium an der Partneruniversität von vornherein nur 5 % Prozent Defizite haben, 95 % verfügen bereits über ausreichende Kenntnisse. (Sie haben also eine gute Selbsteinschätzung.) 99 % der Bewerber mit ausreichenden Kenntnissen bestehen den Test, aber leider auch 10 % der Bewerber mit Defiziten.
Zeichnen Sie ein Baumdiagramm für diese Situation, und ermitteln Sie die

---

[1]Führen Sie alle Einzelschritte explizit und in sauberer Darstellung auf, und halten Sie das Ergebnis deutlich fest.

Wahrscheinlichkeit dafür, dass ein zufällig ausgewählter Bewerber, der den Test bestanden hat, auch tatsächlich die nötigen Kenntnisse besitzt.[1]

(*Hinweis:* Geben Sie die gesuchte Größe als einen bis auf Kürzen vollständig ausgerechneten Bruch exakt an; numerische Auswertung ist nicht erforderlich.)

(10 Punkte)

7. Hobby-Statistiker W. O. ist überzeugt, dass für die weitere Entwicklung der europäischen Gemeinschaft auch die sozialen Verhältnisse in den Mitgliedsstaaten wesentlich sein werden. Er verfolgt daher entsprechende Berichte mit großem Interesse.

(a) In der Online-Ausgabe der Zeitung *Handelsblatt* (vom 19. Dezember 2004, 7:33 Uhr) liest er einen Beitrag über den Armutsbericht der Bundesregierung. Unter der Überschrift „Rentner und Pensionäre sammeln viel Vermögen an" heißt es dort unter anderem:

> Allerdings täuscht der statistische Mittelwert: So verfügt die unter[e] Hälfte der Haushalte nur über vier Prozent des gesamten Nettovermögens. Das reichste Zehntel hingegen besitzt 46,8 Prozent.

Veranschaulichen Sie diese Daten für Hobby-Statistiker W. O. durch eine Lorenzkurve. Eine gute und ausführlich beschriftete Handskizze, die den Aufbau der Graphik und die genaue Lage der eingetragenen Elemente klar erkennen lässt, reicht dazu aus.

(b) Hobby-Statistiker W. O. liest zum gleichen Themenkomplex einen Artikel in der Zeitung *Spiegel Online* (vom 26.01.2005, 17:25 Uhr). Unter der Überschrift „Schere zwischen Arm und Reich öffnet sich weiter"[2] heißt es dort unter anderem:

> Die Berliner Konjunkturforscher schrieben in ihrem am Mittwoch veröffentlichten jüngsten Wochenbericht, der Anteil der in relativer Armut lebenden Menschen sei 2003 auf 15,3 [Prozent] gestiegen. 1985 hatte der Anteil noch 13,2 Prozent betragen. Als relativ arm gilt nach einer europäischen Definition, wer weniger als 60 Prozent des nationalen durchschnittlichen Nettoeinkommens verdient.

---

[1]Führen Sie alle Einzelschritte explizit und in sauberer Darstellung auf, und halten Sie das Ergebnis deutlich fest.
[2]URL: http://www.spiegel.de/wirtschaft/0,1518,338646,00.html (Stand: 08.09.2011)

Hobby-Statistiker W. O. wendet diese europäische Definition sinn-
gemäß auf den Verein der Hobby-Statistiker e. V. an. Dort ist das
(jährliche) Nettoeinkommen in sehr guter Näherung normalverteilt
mit dem Mittelwert 40 000 EUR und der Standardabweichung 10 000
EUR. Welcher Anteil von Hobby-Statistikern wäre nach dieser Definition relativ arm?[1]

(c) Betrachten Sie nun ein Land, in dem das nationale Nettoeinkommen ungefähr normalverteilt ist mit Mittelwert m und Standardabweichung s. Von welcher der folgenden Größen hängt der Anteil der
relativ Armen im Sinne der Definition aus (b) am ehesten ab?

(i) m

(ii) s

(iii) m/s

(iv) maximales Einkommen − minimales Einkommen

(v) Modus der Einkommen

(vi) $1/\sqrt{s}$

Geben Sie die richtige Antwort an. (Begründungen sind nicht erforderlich.)

(8+6+4 = 18 Punkte)

8. Hobby-Statistiker W. O. ist sicher, dass für die weitere Entwicklung der
europäischen Gemeinschaft auch die politischen Verhältnisse in den Mitgliedsstaaten entscheidend sein werden. Aufmerksam verfolgt er daher de-
moskopische Berichte wie das Politbarometer im ZDF.
Er plant eine eigene Befragung in anderen EU-Ländern und geht von folgenden Annahmen aus:

- Es werden genau n Wahlberechtigte befragt.

- Die n Befragten gehen auch zur Wahl und ihre Wahl entspricht ihren
  Antworten.

- Die n Befragten bilden eine einfache Zufallsstichprobe aus der Zielgruppe.

(a) Wie groß ist n zu wählen, wenn ein auf die übliche Weise bestimmtes approximatives 95 %-Konfidenzintervall für den Wähleranteil einer
großen Partei mit ungefähr 50 % Wähleranteil genau eine Länge von
5 % haben soll?[1]

---

[1]Führen Sie alle Einzelschritte explizit und in sauberer Darstellung auf, und halten Sie
das Ergebnis deutlich fest.

(b) Wie lang ist unter den in (a) beschriebenen Umständen ein auf die übliche Weise bestimmtes approximatives 95 %-Konfidenzintervall für den Wähleranteil einer kleineren Partei mit ungefähr 10 % Wähleranteil?[1]

$$(5+5 = 10 \text{ Punkte})$$

Zusatzfrage (ohne Wertung)

Der beste Platz für den Aufgabensteller (nicht für den Bearbeiter!) dieser Klausur ist offensichtlich

☐   möglichst weit weg

☐   die EU

☐   auf dem Mond

☐   _____[2]

---

[1]Führen Sie alle Einzelschritte explizit und in sauberer Darstellung auf, und halten Sie das Ergebnis deutlich fest.

[2]Bitte beachten Sie, dass die Beantwortung der Zusatzfrage *nicht* anonym erfolgt.

3.6   Klausur „Sport"

1. (a) Peinliche Panne bei einem Breitensportfest eines Skiverbandes zur
       Vorbereitung auf die übernächsten olympischen Winterspiele: Bei ei-
       nem Ausscheidungswettkampf für einen Lehrgang für Nachwuchsta-
       lente wurden für eine große Anzahl von Kandidaten jeweils Punkte
       vergeben. Diese Punkte wurden anschließend in Standardeinheiten
       umgerechnet, um die relative Position der einzelnen Kandidaten zu
       ermitteln. Allerdings hat ein Schneeball die Liste durchnässt und teil-
       weise unkenntlich gemacht. Für die ersten fünf Kandidaten kann man
       noch entziffern:

Kandidat Nr.	Punktezahl	Punktezahl in Standardeinheiten
1	54	0.8
2	69	1.8
3	[a]	−1.4
4	42	[b]
5	62	[c]

Man wendet sich an Hobby-Statistiker W. O. mit der Bitte um Hilfe.
Kann er hieraus bereits die Werte an den Stellen [a], [b] und [c] re-
konstruieren? Falls ja, erledigen Sie dies für ihn.[1] Falls nein, erläutern
Sie, warum es nicht geht.[1]

   (b) Bei einem anderen Skisportwettbewerb stellt Hobby-Statistiker W. O.
       fest, dass die erreichten Zeiten für einen Abfahrtslauf in sehr guter
       Näherung einer Normalverteilung mit dem Mittelwert 175 Sekunden
       und der Standardabweichung 10 Sekunden folgen. Teilnehmer mit
       mehr als 161.5 Sekunden werden nicht weiter berücksichtigt. Der Ski-
       verband möchte die restlichen Teilnehmer, die also Zeiten von höchs-
       tens 161.5 Sekunden benötigt haben, so in eine Spitzengruppe und
       eine Hoffnungsgruppe aufteilen, dass die beiden Gruppen möglichst
       gleich groß sind. Welche Zeit dürfen die Teilnehmer für die Spitzen-
       gruppe nicht überschreiten?[1]

       (*Hinweis:* Bei der Benutzung von Tabellen ist jeweils der nächste ver-
       zeichnete Wert zu wählen.)

                                                    (6+10 = 16 Punkte)

---
[1]Führen Sie alle Einzelschritte explizit und in sauberer Darstellung auf, und halten Sie
das Ergebnis deutlich fest.

2. Gegen eine neuartige Form des Gendoping gibt es derzeit noch kein zuverlässiges Testverfahren. Ein Pharmaunternehmen hat gerade einen Test entwickelt, der bei einem gedopten Sportler mit Wahrscheinlichkeit p ein positives Resultat liefert. Leider liefert der Test auch bei einem nicht gedopten Sportler mit Wahrscheinlichkeit q ein (falsches) positives Resultat. Gehen Sie in dieser Aufgabe durchweg davon aus, dass 10 % aller Sportler mit der neuartigen Form des Gendoping gedopt sind.

(a) Stellen Sie die Situation durch ein Baumdiagramm dar. Verwenden Sie dabei die Buchstaben p und q für die oben erläuterten unbekannten Wahrscheinlichkeiten.

(b) Hobby-Statistiker W. O. analysiert für ein Konkurrenzunternehmen die Situation. In einem Diskussionspapier des Sportverbandes über den neuen Test liest er, dass das neue Testverfahren nicht zu übereilten Vorverurteilungen führen sollte, weil die bedingte Wahrscheinlichkeit dafür, dass ein zufällig ausgewählter und kontrollierter Sportler tatsächlich gedopt war unter der Bedingung, dass der Test positiv war, lediglich 0.2 sci. Außerdem sei $q = 1 - \frac{2}{3}p$. Kann W. O. hieraus ermitteln, welchen Wert p hat? Falls ja, ermitteln Sie diesen Wert.[1] Falls nein, begründen Sie genau, warum es nicht geht.[1]

(c) Im Vergleich zu Gendoping ist Doping mit einem bestimmten Anabolikum A sicher und zweifelsfrei nachweisbar. Bei 400 zufällig ausgewählten und überprüften Sportlern wird bei genau einem Sportler Doping mittels A festgestellt. Kann man hieraus auf die übliche Weise ein approximatives 68 %-Konfidenzintervall für den Anteil der Sportler, die A verwenden, bestimmen? Falls ja, leiten Sie dieses Intervall her.[1] Falls nein, begründen Sie genau, warum es nicht geht.[1]

(6+9+6 = 21 Punkte)

3. Für die zwölf Mitglieder eines Sportclubs wurden folgende Gewichte (in Kilogramm, gerundet auf ganzzahlige Werte) gemessen:

70, 72, 68, 74, 77, 66, 70, 68, 80, 72, 63, 60.

(a) Erstellen Sie ein sinnvolles Stem-and-Leaf-Display für diese Daten. Ordnen Sie dabei die Blätter in aufsteigender Reihenfolge an, und benutzen Sie die Konventionen dieses Buches.

---

[1] Führen Sie alle Einzelschritte explizit und in sauberer Darstellung auf, und halten Sie das Ergebnis deutlich fest.

(b) Geben Sie das untere Quartil und das obere Quartil für den obigen Datensatz an. Benutzen Sie dabei die Konventionen dieses Buches. (Angabe der entsprechenden Werte genügt; Begründungen sind nicht erforderlich.)

(c) Geben Sie *ganz exakt* die Definition eines $a\%$-Quantils an (für ein a mit $0 \le a \le 100$). Benutzen Sie dabei die Konventionen dieses Buches.

(d) Ein Kollege von Hobby-Statistiker W. O. hält dessen Definition des $a\%$-Quantils für unzweckmäßig und schlägt folgende Alternative vor:

Für ein vorgegebenes a mit $0 \le a \le 100$ berechne man zunächst den Wert $(a/100) \times n$, wobei n die Anzahl der Daten ist. Falls dieser Wert ganzzahlig ist, nenne man ihn b, ansonsten runde man ihn auf den nächstgrößeren ganzzahligen Wert b auf. Das $a\%$-Quantil ist dann der Wert an Stelle b, wenn man die Datenliste der Größe nach ordnet.

Allerdings hat auch diese Definition Schwachpunkte. Zwei Nachteile dieser Definition sind augenfällig, wenn man Teil (a) und (b) dieser Aufgabe sowie Aufgabe 1 (b) betrachtet. Erläutern Sie dies jeweils kurz.

$(4+4+5+5 = 18 \text{ Punkte})$

4. Hobby-Statistiker W. O. hat eine Studie über Sportler angefertigt. Dazu hat er eine große Stichprobe von 5 000 zufällig ausgewählten Sportlern untersucht und Merkmale wie Größe und Gewicht usw. analysiert. Für zwei dieser Variablen x und y war das Streuungsdiagramm sehr schön zwetschgenförmig. Er hat zudem die Daten für beide Variablen in Standardeinheiten umgerechnet und die entsprechenden Spalten in seiner Datenbasis mit $\tilde{x}$ und $\tilde{y}$ bezeichnet. Die Daten haben somit folgende Struktur:

x	y	$\tilde{x}$ (x in Standardeinheiten)	$\tilde{y}$ (y in Standardeinheiten)
⋮	⋮	⋮	⋮

Hobby-Statistiker W. O. berechnet als erstes die Regressionsgerade von $\tilde{x}$ auf x und erhält $\tilde{x} = 0.1x+2$.

(a) Leiten Sie – wenn möglich – aus den obigen Angaben den Mittelwertvektor und die Kovarianzmatrix der beiden Variablen x und $\tilde{x}$ (in dieser Reihenfolge) her, oder begründen Sie, warum das nicht geht.[1]

(b) Leiten Sie – wenn möglich – aus den obigen Angaben den Mittelwert und die Standardabweichung der Variablen y her, oder begründen Sie, warum das nicht geht.[1]

(c) Betrachten Sie nun die Sportler mit $\tilde{x}$-Wert 0. Berechnen Sie – wenn möglich – aus den obigen Angaben den Anteil der Sportler mit $\tilde{x}$-Wert 0, die einen $\tilde{y}$-Wert von mehr als 0 aufweisen, oder begründen Sie, warum das nicht geht.[1]

(10+6+8 = 24 Punkte)

5. Nicht nur im Sport gibt es Rekorde. In der Zeitung *Frankfurter Allgemeine Zeitung* (vom 10. Januar 2006, Seite 19) liest Hobby-Statistiker W. O. in einem Artikel von Hanno Beck mit der Überschrift „Für die Ewigkeit" Folgendes:

> Dem Baseball-Star Joe DiMaggio gelang es in diesem Sommer in 56 Spielen hintereinander, den Ball mindestens einmal durch die erste Verteidigungslinie zu schlagen und die erste Base zu erreichen – ein Serienrekord, der DiMaggio zu einem Idol auf Ewigkeit machte. Vielleicht nicht ganz so öffentlichkeitswirksam, aber für die Investmentwelt nicht minder spektakulär ist der Rekord, den Bill Miller von der Fondsgesellschaft Legg Mason mit dem Jahreswechsel aufgestellt hat. Miller ist das Kunststück gelungen, das amerikanische Börsenbarometer Standard & Poor's 500 das fünfzehnte Jahr in Folge zu schlagen.
> [...]
> Man kann sogar die Wahrscheinlichkeit ausrechnen, daß irgendein Fondsmanager zufällig den Index fünfzehnmal hintereinander schlägt: „Bei 1 000 Fondsmanagern, die jeder unabhängig voneinander 15 Jahre lang versuchen, den Index zu schlagen, wird mit einer Wahrscheinlichkeit von 3 Prozent auch mindes-

---

[1]Führen Sie alle Einzelschritte explizit und in sauberer Darstellung auf, und halten Sie das Ergebnis deutlich fest.

tens ein Fondsmanager den Index fünfzehnmal in Folge schlagen", rechnet Walter Krämer, Statistik-Professor an der Universität Dortmund, vor. Bei 2 000 Fondsmanagern steigt diese
Wahrscheinlichkeit dann auf 6 Prozent.
Der Rekord für die Ewigkeit – nur ein Produkt des Zufalls?
Vielleicht nicht ganz, denn Krämers Rechnung unterstellt, daß
jeder Fondsmanager den Index nur zufällig schlägt – also mit
einer Wahrscheinlichkeit von 50 Prozent.

(Ende des Zitats)

(a) Wie hat Herr Professor Krämer die von ihm betrachtete Wahrscheinlichkeit berechnet? Geben Sie – unter den von ihm benutzten Annahmen – einen exakten mathematischen Ausdruck dafür an. Angabe des
Ausdrucks genügt, numerische Auswertung oder Begründungen sind
nicht erforderlich. Achten Sie deshalb besonders darauf, den Ausdruck
vollständig richtig hinzuschreiben.

(b) Nehmen Sie an, die in Teil (a) genannte Wahrscheinlichkeit sei exakt 0.03. (Tatsächlich ist das etwas gerundet.) Der Autor des Artikels
(nicht Professor Krämer) scheint davon auszugehen, dass die entsprechende Wahrscheinlichkeit für doppelt so viele Fondsmanager dann
$2 \times 0.03 = 0.06$ beträgt. Welche zusätzliche Annahme ist dazu erforderlich? Welche Annahme ist realistischer und was ergibt sich in
diesem Fall? Werten Sie dies ganz exakt (für die Ausgangswahrscheinlichkeit 0.03) aus.

(c) Hobby-Statistiker W. O. geht davon aus, dass Bayreuther Absolventen mit einer Wahrscheinlichkeit von 0.8 den DAX schlagen würden.
Er fragt sich, wie groß die Wahrscheinlichkeit ist, dass unter diesen
Umständen zwischen 8 020 und 8 060 Absolventen den Dax schlagen,
wenn in einem Jahr 10 000 Absolventen unabhängig voneinander dies
versuchen. Stellen Sie hierzu explizit ein Schachtelmodell auf, und berechnen Sie näherungsweise die gesuchte Wahrscheinlichkeit.[1] Rechnen Sie dabei ohne Stetigkeitskorrektur.

(5+6+10 = 21 Punkte)

6. Hobby-Statistiker W. O. hat eine geniale Idee zum Thema Doping: Er
hat gerade das „Placebo-Doping" erfunden. Hierbei wird den Athleten

---

[1]Führen Sie alle Einzelschritte explizit und in sauberer Darstellung auf, und halten Sie
das Ergebnis deutlich fest.

gewöhnliches Tomatenmark verabreicht – jedoch als Medikament W.O.-MARK© getarnt und mit einem einprägsamen Slogan versehen („W.O.-MARK© macht Sportler stark!").

(a) Probleme bereitet noch der Beipackzettel. Hierfür liegen ihm zwei Voschläge von seinen Mitarbeitern vor. Diese lauten:

Vorschlag A:

Lieber Leistungssportler,
die Zeiten werden immer härter – man muss eigentlich schon aus Gründen der Chancengleichheit die Erkenntnisse der modernen Medizin für sportliche Erfolge nutzen. Mit W.O.-MARK© stellen wir Ihnen ein modernes Medikament zur Leistungssteigerung zur Verfügung, das nur minimale Nebenwirkungen hat. Es liegt zudem unterhalb der Nachweisgrenze aller derzeit verwendeten Dopingtests, solange Sie es nicht im Übermaß verwenden. Als Faustregel empfehlen wir eine Dosierung wie normales Tomatenmark.

Vorschlag B:

Verehrter Sportsfreund,
Fairness ist alles. Wir freuen uns daher, dass Sie wie wir Doping ablehnen. Mit dem Placebo W.O.-MARK© stellen wir Ihnen ein Scheinmedikament zur Verfügung, das nur aus gewöhnlichem Tomatenmark besteht. Der Vorteil für Sie liegt auf der Hand: keine Nebenwirkungen, keine Angst vor Dopingkontrollen und nicht zuletzt das gute Gefühl, sich moralisch einwandfrei und fair zu verhalten.

Welchen Vorschlag sollte Hobby-Statistiker W. O. aus statistischer Sicht wählen und warum? Antworten Sie in ganzen, vollständigen Sätzen, also in Aufsatzform. Andere Lösungen werden nicht gewertet. Überlegen Sie sich zunächst kurz Ihre Antwort. Es werden nur die ersten 70 Wörter Ihrer Antwort gewertet.

(b) Kommentieren Sie den folgenden Cartoon von D. Meissner (erschienen in der Zeitschrift *Forschung & Lehre*, 12/2005, Seite 642) aus *rein statistischer Sicht*. Formulieren Sie Ihre Antwort in ganzen, vollständigen Sätzen, also in Aufsatzform. Andere Lösungen werden nicht gewertet. Überlegen Sie sich zunächst kurz Ihre Antwort. Es werden nur die ersten 70 Wörter Ihrer Antwort gewertet.

(4+6 = 10 Punkte)

7. Im Halbfinale der Fußballweltmeisterschaft werden die letzten vier im Turnier verbliebenen Mannschaften um den Einzug ins Finale kämpfen. Legt man die Mannschaftsaufstellung zu Beginn zugrunde, so werden insgesamt $4 \times 11 = 44$ Spieler auflaufen. Aus diesen 44 Spielern sollen insgesamt zwei Spieler zufällig für eine Dopingkontrolle ausgewählt werden. Hobby-Statistiker W. O. schlägt folgendes Verfahren vor:
Man wählt zunächst zufällig eine Mannschaft aus und anschließend aus dieser Mannschaft zufällig einen Spieler. Danach wiederholt man das Verfahren, wobei natürlich der als erster ausgewählte Spieler im zweiten Durchgang von der Liste seiner Mannschaft schon gestrichen ist, da man ja zwei voneinander verschiedene Spieler wählen möchte.

(a) Ist dies eine Wahrscheinlichkeitsmethode? (Antworten Sie lediglich mit „Ja" oder „Nein".)

(b) Mit welchem Begriff aus der Statistik würde man dieses Verfahren am ehesten bezeichnen? (Angabe des Begriffs genügt.)

(c) Ist es dasselbe wie das Ziehen einer einfachen Zufallsstichprobe (simple random sample)? Begründen Sie Ihre Antwort ganz präzise.[1]

$(2+2+6 = 10$ Punkte)

---

[1]Führen Sie alle Einzelschritte explizit und in sauberer Darstellung auf, und halten Sie das Ergebnis deutlich fest.

Zusatzfragen (ohne Wertung)

Angesichts der großen Sportereignisse dieses Jahres dachte der Aufgabensteller (nicht der Bearbeiter!) dieser Klausur offensichtlich vor allem an

☐   gar nichts

☐   Sport

☐   _____ [1]

Eine solche Frage nennt man in der Fachterminologie der Statistik

☐   Fangfrage

☐   suggestive Frage

☐   blöde Frage

---

[1]Bitte beachten Sie, dass die Beantwortung der Zusatzfrage *nicht* anonym erfolgt.

3.7 Klausur „Schnee"

1. Hintergrund: (Der Hintergrund ist identisch mit demjenigen von Aufgabe
2.)
Aufgrund des extrem warmen Winters hat Hobby-Statistiker W. O. sich
zu Weihnachten keine neue Winterkleidung gewünscht. Umso abwechslungsreicher will er seine vorhandenen wintertauglichen Sachen variieren.
Er beschließt daher, seine Kleidung jeden Morgen durch ein Zufallsexperiment zu wählen. Derzeit besitzt er folgende Winterkleidungsstücke: 7
Hemden, 3 Hosen, 2 Jacken. Als erstes versieht er diese Kleidungsstücke
mit fortlaufenden Nummern von 1 bis 7 bzw. von 1 bis 3 bzw. von 1 bis 2.
Sodann schreibt er für jede mögliche Kombination einen Zettel mit drei
Ziffern,

	4		Hemd Nr. 4
also z. B.	1	steht für	Hose Nr. 1
	2		Jacke Nr. 2

Alle Zettel steckt er in eine große Schachtel und zieht jeden Morgen einmal zufällig mit Zurücklegen daraus.
(Ende des Hintergrundes)

(a) Wie viele Zettel enthält die Schachtel?
(Angabe der Anzahl genügt; Begründungen und Erläuterungen sind
nicht erforderlich.)

(b) Die Zettel mit den drei untereinander geschriebenen Zahlen sind kompliziert herzustellen. Könnte Hobby-Statistiker W. O. ein äquivalentes
morgendliches Zufallsexperiment auch durchführen, indem er getrennte Schachteln für Hemden, Hosen und Jacken mit Zetteln mit jeweils
einer Zahl benutzt? Geben Sie – wenn möglich – diese Schachteln
und die Anweisungen zur Durchführung des Ersatzexperimentes genau an.[1] Falls das nicht möglich ist, begründen Sie, warum es nicht
geht.[1]

(c) In „Lifestat", dem Lifestyle-Magazin für den modernen Hobby-Statistiker, liest Hobby-Statistiker W. O., dass gewisse Farbkombinationen
einfach „out" seien. Er geht daraufhin alle Zettel der obigen Schachtel durch und entfernt alle Zettel, die zu solchen Farbkombinationen

---

[1]Führen Sie alle Einzelschritte explizit und in sauberer Darstellung auf, und halten Sie
das Ergebnis deutlich fest.

gehören. Es bleiben 17 Zettel (mit je drei Zahlen) in der Schachtel. Könnte Hobby-Statistiker W. O. in diesem Fall ein äquivalentes morgendliches Zufallsexperiment durchführen, indem er getrennte Schachteln für Hemden, Hosen und Jacken mit Zetteln mit jeweils einer Zahl benutzt? Geben Sie – wenn möglich – diese Schachteln und die Anweisungen zur Durchführung des Ersatzexperimentes genau an.[1] Falls das nicht möglich ist, begründen Sie, warum es nicht geht.[1] Oder kann man diese Frage gar nicht entscheiden?

(2+3+6 = 11 Punkte)

2. Hintergrund: (Der Hintergrund ist identisch mit demjenigen von Aufgabe 1.)
Aufgrund des extrem warmen Winters hat Hobby-Statistiker W. O. sich zu Weihnachten keine neue Winterkleidung gewünscht. Umso abwechslungsreicher will er seine vorhandenen wintertauglichen Sachen variieren. Er beschließt daher, seine Kleidung jeden Morgen durch ein Zufallsexperiment zu wählen. Derzeit besitzt er folgende Winterkleidungsstücke: 7 Hemden, 3 Hosen, 2 Jacken. Als erstes versieht er diese Kleidungsstücke mit fortlaufenden Nummern von 1 bis 7 bzw. von 1 bis 3 bzw. von 1 bis 2. Sodann schreibt er für jede mögliche Kombination einen Zettel mit drei Ziffern,

	4	Hemd Nr. 4
also z. B.	1	steht für	Hose Nr. 1
	2	Jacke Nr. 2

Alle Zettel steckt er in eine große Schachtel und zieht jeden Morgen einmal zufällig mit Zurücklegen daraus.
(Ende des Hintergrundes)

(a) Geben Sie den Mittelwertvektor und die Kovarianzmatrix der oben beschriebenen Schachtel an.
(Angabe der geforderten Größen als exakte Werte genügt; Herleitungen und Erklärungen sind nicht erforderlich.)

(b) Die Summe der Werte für die Jacken nach i Tagen ist eine Zufallsgröße. Für wachsendes i nähert sich ihr Wahrscheinlichkeitshistogramm immer stärker an ein bestimmtes Histogramm bzw. eine bestimmte Kurve an. Wählen Sie die richtige Option, und füllen Sie die

---

[1]Führen Sie alle Einzelschritte explizit und in sauberer Darstellung auf, und halten Sie das Ergebnis deutlich fest.

Lücken korrekt aus. Begründungen sind nicht erforderlich. Es darf nur eine Option gültige Werte enthalten, sonst gibt es keine Punkte. Versehentlich falsch eingetragene Werte sind daher deutlich durchzustreichen.

(i) Normalverteilungskurve mit Mittelwert _____ und

Standardabweichung _____ .

(ii) Wahrscheinlichkeitshistogramm mit folgenden Säulen:

Grundseite (als Intervall)	Höhe (in %)

(Beschreiben Sie die Säulen in der Tabelle.)

(c) Die i Werte für die Jacken nach i Tagen kann man durch ein Datenhistogramm darstellen. Für wachsendes i nähert sich dieses Datenhistogramm immer stärker an ein bestimmtes Histogramm bzw. eine bestimmte Kurve an. Wählen Sie die richtige Option, und füllen Sie die Lücken korrekt aus. Begründungen sind nicht erforderlich. Es darf nur eine Option gültige Werte enthalten, sonst gibt es keine Punkte. Versehentlich falsch eingetragene Werte sind daher deutlich durchzustreichen.

(i) Normalverteilungskurve mit Mittelwert _____ und

Standardabweichung _____ .

(ii) Wahrscheinlichkeitshistogramm mit folgenden Säulen:

Grundseite (als Intervall)	Höhe (in %)

(Beschreiben Sie die Säulen in der Tabelle.)

(11+6+6 = 23 Punkte)

3. Während des diesjährigen schneearmen Winters hat Hobby-Statistiker W. O. als Referenzwerte für künftige Jahre an siebzehn verschiedenen Stellen in den Alpen die Schneehöhen (in Zentimeter, gerundet auf ganzzahlige Werte) gemessen. Dabei ergaben sich folgende Werte:

40, 71, 10, 09, *, *, *, *, 13, 52, 34, 60, 22, 45, 23, 31, 65.

Leider sind die vier durch * gekennzeichneten Werte durch einen Schneeball unleserlich geworden.

(a) Erstellen Sie ein sinnvolles Stem-and-Leaf-Display für die dreizehn leserlichen Daten. Ordnen Sie dabei die Blätter in aufsteigender Reihenfolge an, und benutzen Sie die Konventionen dieses Buches.

(b) Hobby-Statistiker W. O. hatte bereits eine 5-Number-Summary dieser Daten angefertigt, bevor die Daten unleserlich wurden. Er hat dabei die Konventionen dieses Buches benutzt und folgendes Ergebnis erhalten:

17 Schneehöhen	
38	
22	54
5	71

Lassen sich hiermit (bis auf die Reihenfolge) einige der unleserlichen Werte rekonstruieren? Falls ja, führen Sie dies soweit möglich durch.[1]

---

[1] Führen Sie alle Einzelschritte explizit und in sauberer Darstellung auf, und halten Sie das Ergebnis deutlich fest.

Begründen Sie für die fehlenden Fälle, warum es nicht geht.[1]

(c) Erstellen Sie einen (liegenden) Boxplot für die siebzehn Datenpunkte. (Die Information aus (b) darf dabei natürlich verwendet werden.) Benutzen Sie dabei die Konventionen dieses Buches.

   (*Hinweis:* Es gibt nur Punkte für eine saubere und klare Darstellung.)

$$0 \qquad\qquad 30 \qquad\qquad 60 \qquad\qquad 90 \quad \text{cm}$$

(4+8+4 = 16 Punkte)

4. Wegen des warmen Wetters muss in vielen Wintersportgebieten zunehmend Kunstschnee aus Schneekanonen verwendet werden. Dieser weist zum Teil andere Eigenschaften auf als Naturschnee. Im Rahmen einer Studie hat Hobby-Statistiker W. O. für eine sehr große Stichprobe von Kunstschneeflocken Daten über das Gewicht (Variable x) und die „Pulverigkeit" (Variable y – eine hier nicht weiter zu erläuternde Eigenschaft) in geeigneten, hier nicht interessierenden Einheiten vorliegen. Dabei ergeben sich folgende Kennzahlen:

   arithmetisches Mittel des Gewichtes (MWx) = 60
   Standardabweichung der Pulverigkeit (SDy) = 30

   Regressionsgerade von y auf x: $y = -1.2x + 92$

   r.m.s.-Fehler der Regressionsgeraden von y auf x: 24.

Das Streuungsdiagramm ist sehr schön zwetschgenförmig.

(a) Man betrachte die Kunstschneeflocken mit Gewicht 45. Welcher (genäherte) Prozentsatz hiervon hat eine Pulverigkeit, die größer ist als 26?[1]

---

[1]Führen Sie alle Einzelschritte explizit und in sauberer Darstellung auf, und halten Sie das Ergebnis deutlich fest.

(b) Wie groß ist der Korrelationskoeffizient r?[1]

(c) Wie groß ist der r.m.s.-Fehler der Regressionsgeraden von x auf y?[1]

(6+5+6 = 17 Punkte)

5. Der Fremdenverkehrsverein eines Wintersportortes, der unter Schneemangel leidet, wendet sich an Hobby-Statistiker W. O. mit der Bitte, eine Tombola zur Unterhaltung der Urlauber zu konzipieren. Dieser schlägt vor, dass von jedem Teilnehmer zufällig und mit Zurücklegen aus der Schachtel

$$\boxed{\;\boxed{0}\quad\boxed{0}\quad\boxed{0}\quad\boxed{1}\quad\boxed{2}\;}$$

gezogen werden soll. Dabei steht die $\boxed{0}$ für eine Niete (kein Gewinn), bei $\boxed{2}$ hat man gewonnen und bei $\boxed{1}$ wird in einem zweiten Schritt („Hoffnungslauf") eine Münze mit Kopfwahrscheinlichkeit 1/10 geworfen. Bei „Kopf" gewinnt man, ansonsten hat man verloren.

(a) Mit welcher Wahrscheinlichkeit zieht man mehr als achtmal $\boxed{0}$, wenn man zehnmal zieht?
(Angabe eines Stichwortes zur Begründung und eines mathematisch exakten Ausdrucks reicht aus; numerische Auswertung ist nicht erforderlich.)

(b) Mit welcher Wahrscheinlichkeit zieht man beim dritten und beim vierten Ziehen jeweils einen Zettel $\boxed{0}$, wenn man zehnmal zieht?
(Geben Sie ein Stichwort zur Begründung und das exakte Resultat an.)

(c) Es wird wieder zehnmal gezogen. Wie groß ist die bedingte Wahrscheinlichkeit dafür, dass man beim fünften Versuch einen Zettel $\boxed{0}$ zieht, unter der Bedingung, dass man beim zehnten Versuch keinen Zettel $\boxed{0}$ zieht?
(Geben Sie ein Stichwort zur Begründung und das exakte Resultat an.)

---

[1]Führen Sie alle Einzelschritte explizit und in sauberer Darstellung auf, und halten Sie das Ergebnis deutlich fest.

(d) Falls ein Zettel $\boxed{1}$ gezogen wird, ist noch nicht klar, ob man gewinnt, und es schließt sich – wie oben beschrieben – ein weiteres Zufallsexperiment an. Stellen Sie diesen gesamten Prozess durch ein Baumdiagramm dar, und beantworten Sie dann die folgenden beiden Fragen:

   (i) Mit welcher Wahrscheinlichkeit gewinnt man bei einer Runde des Spiels (d. h. man zieht direkt einen Zettel $\boxed{2}$ oder zunächst einen Zettel $\boxed{1}$ und wirft beim anschließenden Münzwurf „Kopf")?[1]

   (ii) Mit welcher Wahrscheinlichkeit hat jemand, der gewonnen hat, aufgrund des „Hoffnungslaufs" (also Zettel $\boxed{1}$ und „Kopf" beim Münzwurf und nicht direkt Zettel $\boxed{2}$) gewonnen?[1]

$$(2+2+2+8 = 14 \text{ Punkte})$$

6. Hobby-Statistiker W. O. analysiert das in Aufgabe 5 schon erwähnte Spiel für wärmegeschädigte Wintersportler weiter aus statistischer Sicht. Dabei wird zufällig und mit Zurücklegen aus der Schachtel

$$\boxed{0} \quad \boxed{0} \quad \boxed{0} \quad \boxed{1} \quad \boxed{2}$$

gezogen.

(a) Wie groß ist näherungsweise die Wahrscheinlichkeit dafür, dass die Summe von 4 900 Ziehungen aus der obigen Schachtel zwischen 2 912 und 2 996 liegt?[1] Rechnen Sie ohne Stetigkeitskorrektur.

(b) Wie groß ist der Standardfehler für den Anteil der $\boxed{1}$ unter 6 400 Ziehungen aus der obigen Schachtel?[1]

$$(8+8 = 16 \text{ Punkte})$$

7. Hobby-Statistiker W. O. ist aufgrund des bisher warmen Winters und des fehlenden Schnees besorgt über die oberfränkische Wirtschaft. In der Zeitung *Nordbayerischer Kurier* (vom 21. Dezember 2006, Seite 7) findet er in einem Artikel von Stefan Schreibelmayer unter der Überschrift „Bayreuth verliert an Kaufkraft" folgende Angaben über die Kaufkraft (pro Person, in EUR) der 13 oberfränkischen Städte und Kreise nach dem GfK-Kaufkraftatlas:

---

[1] Führen Sie alle Einzelschritte explizit und in sauberer Darstellung auf, und halten Sie das Ergebnis deutlich fest.

Nr.	Ort	Kürzel	Kaufkraft 2006 (Variable y)	Kaufkraft 2005 (Variable x)
1	Landkreis Forchheim	a	19 291	18 311
2	Stadt Coburg	b	19 069	18 640
3	Stadt Bamberg	c	18 778	18 577
4	Stadt Bayreuth	d	18 151	18 262
5	Landkreis Coburg	e	17 713	17 285
6	Landkreis Kulmbach	f	17 316	16 866
7	Landkreis Kronach	g	17 303	17 036
8	Landkreis Bamberg	h	17 199	16 492
9	Landkreis Hof	i	17 067	16 976
10	Landkreis Bayreuth	j	16 985	16 541
11	Landkreis Lichtenfels	k	16 984	16 584
12	Landkreis Wunsiedel	l	16 943	16 814
13	Stadt Hof	m	16 860	16 785
	Mittelwert		17 666.1	17 320.7
	Standardabweichung		832.8	783.2

Hobby-Statistiker W. O. zeichnet als erstes das folgende Streuungsdiagramm, in dem die Datenpunkte durch ihre Kürzel dargestellt sind.

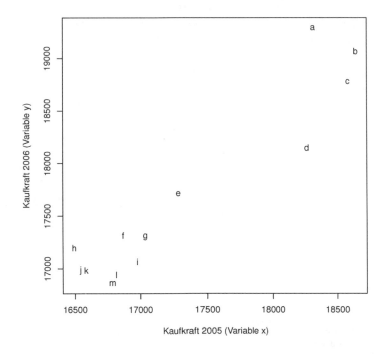

Außerdem rechnet er die Werte von x bzw. y in Standardeinheiten $\tilde{x}$ bzw. $\tilde{y}$ um und erhält als Regressionsgerade von $\tilde{y}$ auf $\tilde{x}$ die Gerade $\tilde{y} = 0.943\tilde{x}$.

(a) Die Mittelwerte von y und x unterscheiden sich um 345.4 [EUR]. Wie groß ist der entsprechende Unterschied für die Mediane?[1]

(b) Die Regressionsgerade von x auf y lautet $x = 0.887y + 1\,645.223$. Wie lautet diese Gleichung, wenn die Werte von y – aber nicht diejenigen von x – in der Einheit TEUR ($= 1\,000$ EUR) statt EUR ausgedrückt werden? Geben Sie die gesuchte Gleichung an; Begründungen sind nicht erforderlich.

(c) Wie groß ist der Korrelationskoeffizient von x und y? Geben Sie einen (auf mindestens drei Nachkommastellen) präzisen numerischen Wert und eine präzise Begründung dafür an.[1]

(d) Ist der Korrelationskoeffizient für diesen Datensatz eine sinnvolle Größe? Welcher – inhaltliche – Aspekt könnte sich bei diesem Datensatz deutlich in ihm widerspiegeln? Begründen Sie kurz Ihre Antwort.

(e) Mit Erstaunen bemerkt Hobby-Statistiker W. O., dass die Kaufkraft in der Stadt Bayreuth als einzige gesunken ist. Er schließt einen Datenfehler nicht aus und ersetzt den Wert 18 151 durch den Wert, der sich aufgrund der Regressionsgeraden von y auf x bei Einsetzen von 18 262 in x ergibt. Diesen neuen Datensatz bezeichnet er mit $\hat{y}$ und berechnet dann die Regressionsgerade von $\hat{y}$ auf x. Er fragt sich, wie sich die Datenänderung auf den r.m.s.-Fehler der Regressionsgeraden auswirkt. Ist der r.m.s.-Fehler der Regressionsgeraden von $\hat{y}$ auf x größer oder kleiner als derjenige der Regressionsgeraden von y auf x? Oder ist er gleich groß? Oder kann man das überhaupt nicht sagen? Geben Sie eine klare Antwort, und begründen Sie diese präzise.[1]

$$(5+3+4+5+6 = 23 \text{ Punkte})$$

---

[1]Führen Sie alle Einzelschritte explizit und in sauberer Darstellung auf, und halten Sie das Ergebnis deutlich fest.

Zusatzfrage (ohne Wertung)

Der Aufgabensteller (nicht der Bearbeiter!) dieser Klausur leidet offensichtlich vor allem unter

☐   zu wenig Glühwein

☐   zu wenig Schnee

☐   zu wenig Statistik

☐   _____[1]

---

[1]Bitte beachten Sie, dass die Beantwortung der Zusatzfrage *nicht* anonym erfolgt.

3.8   Klausur „Stadtratswahl"

1. Die Stadtratswahl in Bayreuth wirft ihre Schatten voraus. Hobby-Statistiker W. O. nimmt an, dass im Wahlkampf Graphiken und Tabellen wichtige Hilfsmittel sein werden. Höchste Zeit, solche Techniken zu betrachten.

(a) In der Werbung soll oft mittels graphischer Hilfsmittel ein bestimmter Effekt erzielt werden. Die folgende Graphik von Bob Allen und Pete Benjevoja (aus E. R. Tufte: The Visual Display of Quantitative Information, Cheshire, 1983, S. 69, zuerst erschienen in *Los Angeles Times*, August 5, 1979, S. 3) kann als Illustration solcher Techniken dienen. Es wird darin der Rückgang des Anteils von Hausärzten in Kalifornien dargestellt.

Nennen Sie *kurz* in Stichworten einige der Techniken, die in der obigen Graphik verwendet werden.

(b) Die folgende Tabelle (mit kleinen Änderungen nach A. S. C. Ehrenberg: Das Reduzieren der Zahlen, Köln, 1976, S. 21) gibt in geeigneten, hier nicht interessierenden Einheiten hypothetische Geschäftszah-
len für die vier Quartale des Jahres 1969 (in der ersten Zeile codiert
als 1–3 für das erste Quartal, 4–6 für das zweite Quartal, 7–9 für das
dritte Quartal und 10–12 für das vierte Quartal) sowie vier Regionen
(in der ersten Spalte codiert als A für Norden, B für Süden, C für
Osten und D für Westen) an.

	1–3	4–6	7–9	10–12
A	97.63	92.24	100.90	90.39
B	48.29	42.31	49.98	39.09
C	75.23	75.16	100.11	74.23
D	49.69	57.21	80.19	51.09

Nennen Sie *kurz* in Stichworten einige Verbesserungsmöglichkeiten zur
Darstellung dieser Zahlen, wenden Sie diese auf die Tabelle an, ohne
die Zwischenschritte zu notieren, und geben Sie als Endresultat die
verbesserte Tabelle an. (Zwischenschritte können Sie gegebenenfalls
als Nebenrechnungen ausführen.) Nutzen Sie dabei die Vorschläge von
Ehrenberg.

(*Hinweis:* Die Mittelwerte für die Quartale sind: für 1–3: 67.71, für
4–6: 66.73, für 7–9: 82.80 und für 10–12: 63.70. Die Mittelwerte für
die Regionen sind: für A: 95.29, für B: 44.92, für C: 81.18 und für D:
59.55. Der Gesamtmittelwert aller 16 Zahlen ist 70.23.)

(7+9 = 16 Punkte)

2. Bei einer Wahlumfrage wurde eine einfache Zufallsstichprobe von 3 600
Personen der über 50 000 Wahlberechtigten aus Bayreuth nach ihrer
Kenntnis verschiedener Kandidaten für die Stadtratswahl befragt. Dabei
ergab sich folgendes Resultat:
800 Personen gaben an, den Kandidaten A zu kennen; 1 200 Personen
kannten den Kandidaten B; 360 Personen kannten den Kandidaten C und
1 000 kannten den Kandidaten D. (Mehrfachnennungen waren möglich.)

(a) Geben Sie eine Schätzung für den Prozentanteil der Wahlberechtigten
in Bayreuth an, die den Kandidaten C kennen.[1]

---

[1]Führen Sie alle Einzelschritte explizit und in sauberer Darstellung auf, und halten Sie
das Ergebnis deutlich fest.

(b) Wie groß ist der geschätzte Standardfehler für den in (a) geschätzten Prozentanteil?[1]

(c) Geben Sie – falls möglich – ein approximatives 95 %–Konfidenzintervall für den in (a) genannten Prozentanteil an; falls das nicht möglich ist, begründen Sie, warum es nicht geht.[1]

(2+5+4 = 11 Punkte)

3. Im Zusammenhang mit Prognoserechnungen zur Stadtratswahl stößt Hobby-Statistiker W. O. auf folgenden Datensatz:

x	y
8	-8
-4	-6
2	-5
4	-4
0	-2

(a) Berechnen Sie zunächst den Korrelationskoeffizienten von x und y.[1]

(b) Wie lautet die Kovarianzmatrix dieses Datensatzes?[1] Rechnen Sie hier ganz exakt, d. h. ohne Rundung.

(9+4 = 13 Punkte)

4. Der Bayreuther Stadtrat besteht aus 44 Mitgliedern. Hobby-Statistiker W. O. hat prognostiziert, dass eine bestimmte Fraktion darin 8 Sitze erhalten wird. Er überlegt, welchen Einfluss eine solche Minderheit haben kann, wenn sie sich einem rigorosen Fraktionszwang unterwirft. Dazu betrachtet er eine Entscheidung, bei der jedes Mitglied genau eine Stimme hat und mit „Ja" oder „Nein" votieren kann; Stimmenthaltung ist nicht zulässig. Weiter geht er von folgenden Annahmen aus:

(i) Die 8 Mitglieder der genannten Fraktion votieren geschlossen mit „Ja". (Sie unterwerfen sich dem Fraktionszwang.)

---

[1] Führen Sie alle Einzelschritte explizit und in sauberer Darstellung auf, und halten Sie das Ergebnis deutlich fest.

(ii) Die restlichen Mitglieder treffen ihre Entscheidung durch Werfen einer fairen Münze. (Sie haben also keine Präferenz.)

Stellen Sie ein Schachtelmodell für diese Situation auf, und ermitteln Sie damit die Wahrscheinlichkeit dafür, dass sich unter diesen Annahmen eine (absolute) Mehrheit für „Ja" ergibt.[1]

(*Hinweis:* Achten Sie präzise auf etwaige Randpunkte. Stimmengleichheit ist keine Mehrheit.)

(15 Punkte)

5. Bei der kommenden Bayreuther Stadtratswahl treten insgesamt 8 Listen an. Sieben davon umfassen 44 Kandidaten, eine Liste besteht nur aus 15 Kandidaten. Insgesamt stehen also $44 \times 7 + 15 = 323$ Kandidaten zur Wahl.

Hobby-Statistiker W. O. soll aus den insgesamt 323 Kandidaten 8 auswählen und sie für eine Zeitung interviewen. Er möchte die 8 Kandidaten rein zufällig auswählen und fasst dafür folgende vier Methoden ins Auge:

- Methode A: achtmaliges zufälliges Ziehen ohne Zurücklegen aus allen 323 Werten.

- Methode B: einmaliges zufälliges Ziehen ohne Zurücklegen aus jeder der acht Listen in der Reihenfolge der Listen auf dem Wahlzettel.

- Methode C: zufälliges Auswählen mit Zurücklegen einer der acht Listen, anschließend einmaliges zufälliges Ziehen mit Zurücklegen eines einzelnen Kandidaten aus der gewählten Liste. Dieses Vorgehen wird insgesamt achtmal wiederholt.

- Methode D: zufälliges Auswählen mit Zurücklegen einer der acht Listen, anschließend achtmaliges zufälliges Ziehen ohne Zurücklegen eines einzelnen Kandidaten aus der gewählten Liste.

Beantworten Sie die folgenden Fragen:

(a) Ist die Methode A eine Wahrscheinlichkeitsmethode? Mit welchem technischen Begriff aus der Statistik könnte man sie am besten bezeichnen?

   (*Hinweis:* Antworten Sie mit „Ja" oder „Nein", und geben Sie den Begriff an.)

---

[1] Führen Sie alle Einzelschritte explizit und in sauberer Darstellung auf, und halten Sie das Ergebnis deutlich fest.

(b) Ist die Methode B eine Wahrscheinlichkeitsmethode? Mit welchem technischen Begriff aus der Statistik könnte man sie am besten bezeichnen?

(*Hinweis:* Antworten Sie mit „Ja" oder „Nein", und geben Sie den Begriff an.)

(c) Ist die Methode C eine Wahrscheinlichkeitsmethode? Mit welchem technischen Begriff aus der Statistik könnte man sie am besten bezeichnen?

(*Hinweis:* Antworten Sie mit „Ja" oder „Nein", und geben Sie den Begriff an.)

(d) Kandidat X hat einen Platz auf der dritten Liste in der Reihenfolge des Wahlzettels. Dies ist eine lange Liste mit 44 Namen. Geben Sie für jede der beiden Methoden B und C die Wahrscheinlichkeit dafür an, dass Kandidat X als zweiter Wert ausgewählt wird.

(*Hinweis:* Angabe der Wahrscheinlichkeiten als vollständig gekürzte Brüche reicht aus; numerische Auswertung oder Begründungen sind nicht erforderlich.)

Bei Methode B:

Bei Methode C:

(e) Kandidat Y hat einen Platz auf der kurzen Liste, also derjenigen mit 15 Namen. Geben Sie für jede der beiden Methoden A und D die Wahrscheinlichkeit dafür an, dass Kandidat Y unter den insgesamt ausgewählten 8 Kandidaten sein wird.

(*Hinweis:* Angabe der Wahrscheinlichkeiten als vollständig gekürzte Brüche reicht aus; numerische Auswertung oder Begründungen sind nicht erforderlich.)

Bei Methode A:

Bei Methode D:

$(3+3+3+4+4 = 17 \text{ Punkte})$

6. Im Zusammenhang mit den kommenden Stadtratswahlen in Bayreuth er-
stelllt Hobby-Statistiker W. O. einige sozio-ökonomische Studien. Eine
statistische Studie über den Zusammenhang von

Einkommen (Variable x)

und

Vermögen (Variable y)

in einer bestimmten Population von Wählern bei der letzten Stadtratswahl ergab (in jeweils geeigneten, hier nicht interessierenden Einheiten)
folgende Daten:

arithmetisches Mittel von x (MWx)	= 150
Standardabweichung von x (SDx)	= 20
arithmetisches Mittel von y (MWy)	= 190
Standardabweichung von y (SDy)	= 30
Korrelationskoeffizient r	= 0.8

Das Streuungsdiagramm war sehr schön zwetschgenförmig.

(a) Welcher Prozentsatz der betrachteten Wähler hat ein Einkommen
zwischen 180 und 210?[1]

(b) Welcher Prozentsatz der betrachteten Wähler mit Vermögen 220 hat
ein Einkommen von weniger als 160?[1]

(c) Wie lautet die Regressionsgerade von y auf x?[1]

(d) Hobby-Statistiker W. O. ist Mitglied der betrachteten Population von
Wählern. Sein Einkommen beträgt 110. Ferner ist bekannt, dass etwa 16 % aller Wähler aus der betrachteten Population mit gleichem
Einkommen wie er ein kleineres Vermögen haben. Wie groß ist (ungefähr) sein Vermögen?[1]

(3+5+4+5 = 17 Punkte)

---

[1]Führen Sie alle Einzelschritte explizit und in sauberer Darstellung auf, und halten Sie
das Ergebnis deutlich fest.

7. Ein Ausschuss des derzeitigen 44-köpfigen Stadtrates umfasst genau 11 Mitglieder und zwar:

> 5 Mitglieder der Liste A
> 3 Mitglieder der Liste B
> 3 Mitglieder der Liste C.

Alle Mitglieder haben ein unterschiedliches Lebensalter. Für eine Podiumsdiskussion soll Hobby-Statistiker W. O. hieraus fünf Personen zufällig und *ohne* Zurücklegen bestimmen.

(a) Wie groß ist die Wahrscheinlichkeit dafür, dass er die fünf ältesten Mitglieder des Ausschusses zieht?[1]

   (*Hinweis:* Leiten Sie einen mathematisch ganz exakten und vollständig gekürzten Bruch für diese Wahrscheinlichkeit her; numerische Auswertung ist nicht erforderlich.)

(b) Wie groß ist die (unbedingte) Wahrscheinlichkeit dafür, dass die vierte gezogene Person der Liste B angehört?[1]

(c) Wie groß ist die bedingte Wahrscheinlichkeit dafür, dass Hobby-Statistiker W. O. beim vierten Ziehen ein Mitglied der Liste B zieht unter der Bedingung, dass er in den vorangegangenen drei Ziehungen (in dieser Reihenfolge) ein Mitglied der Liste A, ein Mitglied der Liste C und ein Mitglied der Liste B gezogen hat?[1]

(d) Mit welcher Wahrscheinlichkeit erhält er mit den ersten beiden Ziehungen zwei Mitglieder aus der gleichen Liste?[1]

   (*Hinweis:* Leiten Sie einen mathematisch ganz exakten und vollständig gekürzten Bruch für diese Wahrscheinlichkeit her; numerische Auswertung ist nicht erforderlich.)

$$(5+3+4+5 = 17 \text{ Punkte})$$

8. (a) Hobby-Statistiker W. O. analysiert die Einkommensverteilung der Wahlberechtigten für die Stadtratswahl in einem Bayreuther Bezirk. Eine Skizze des Histogramms der Einkommensdaten sieht so aus:

---

[1]Führen Sie alle Einzelschritte explizit und in sauberer Darstellung auf, und halten Sie das Ergebnis deutlich fest.

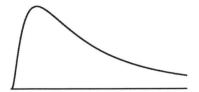

Ferner hat Hobby-Statistiker W. O. bereits folgende Daten errechnet:
Das Durchschnittseinkommen beträgt 37 000 EUR, und die Standardabweichung ist 23 000 EUR. 6 % der Wahlberechtigten des Bezirks
haben ein Einkommen von über 100 000 EUR. Von Interesse ist der
Prozentsatz der Wahlberechtigten des Bezirks mit einem Einkommen
zwischen 40 000 EUR und 100 000 EUR. Hobby-Statistiker W. O. hat
die richtige Zahl bereits berechnet, aber leider mit vielen anderen Pro-
zentsätzen auf einem Zettel notiert. Dort stehen die Zahlen:
40 %, 50 %, 55 %, 60 %, 70 %.
Welches davon ist der richtige Wert? Oder kann man das gar nicht
sagen? Geben Sie entweder den korrekten Wert und eine genaue Begründung an, oder begründen Sie genau, warum das nicht gehen
kann.[1]

(b) Die Wohnverhältnisse könnten gleichfalls in einem Zusammenhang
zum Wahlverhalten stehen. Hobby-Statistiker W. O. hat sich zu diesem Zweck zunächst als Hintergrunddaten Angaben über die Wohnfläche (in qm) und die Kaltmiete (in EUR) von 400 Wohnungen besorgt. Dabei soll es sich um eine Stichprobe von Wohnungen einer
bestimmten Kategorie aus einer europäischen Großstadt handeln. Als
Hobby-Statistiker W. O. das zugehörige, unten angegebene Streuungsdiagramm betrachtet, kommen ihm Zweifel, ob dies der richtige Datensatz sein kann. Seine Zweifel beruhen allerdings nicht auf
dem gezeigten Mietniveau. (Sie benötigen für diese Aufgabe also keine Kenntnisse über das Mietniveau in europäischen Großstädten und
sollten auch nicht damit argumentieren.) Falls Sie auch Zweifel haben,
kreuzen Sie das entsprechende Feld an, und begründen Sie Ihre Zweifel
kurz und möglichst klar. Falls nicht, beruhigen Sie Hobby-Statistiker
W. O., indem Sie ankreuzen, dass eigentlich alles in Ordnung zu sein
scheint.

---

[1]Führen Sie alle Einzelschritte explizit und in sauberer Darstellung auf, und halten Sie
das Ergebnis deutlich fest.

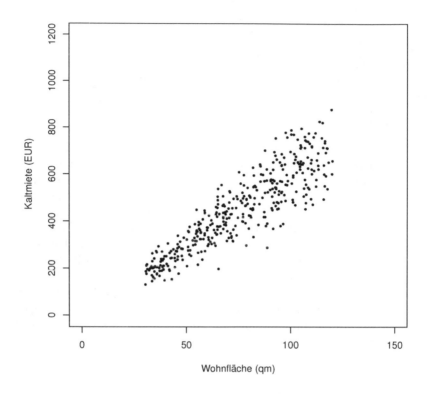

Wohnfläche (qm)

☐   Ja, ich habe Zweifel, und zwar:

☐   Nein, es scheint alles in Ordnung zu sein.

(c) Welche Eigenschaften treffen auf das unter (b) gezeigte Streuungsdiagramm zu:

(i) homoskedastisch
(ii) heteroskedastisch
(iii) zwetschgenförmig?

Notieren Sie die Nummern der zutreffenden Eigenschaften hier:

(8+4+2 = 14 Punkte)

Zusatzfrage (ohne Wertung)

Der Aufgabensteller (nicht der Bearbeiter!) dieser Klausur geht am 02.03.
2008 vermutlich

☐   in die Kneipe

☐   zur Bayreuther Stadtratswahl

☐   in Pension (Schön wär's, meinen Sie nicht auch ...)

☐   _____[1]

---

[1]Bitte beachten Sie, dass die Beantwortung der Zusatzfrage *nicht* anonym erfolgt.

3.9 Klausur „Finanzkrise"

1. Im Rahmen der Finanzkrise soll Hobby-Statistiker W. O. für ein Wirtschaftsinstitut die Verteilung der Jahresgehälter der Mitarbeiter in einer bestimmten Branche analysieren. Dazu erhält er als Rohdaten die Jahresgehälter von mehreren hunderttausend Mitarbeitern in dieser Branche. Eine Skizze des Histogramms der Jahresgehälter sieht so aus:

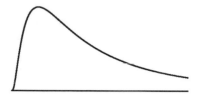

Offensichtlich handelt es sich nicht um eine Normalverteilung, so dass eine Beschreibung durch Quantile naheliegt. Hobby-Statistiker W. O. hat bereits folgende Daten errechnet: Der Median beträgt 100 000 EUR und das 2.28 %-Quantil ist 10 000 EUR.

(a) Weil die Daten nicht normalverteilt sind, berechnet Hobby-Statistiker W. O. zunächst die dekadischen Logarithmen (Logarithmen zur Basis 10) der Rohdaten. Statt 100 000 erhält er dann also $\log_{10}(100\,000) = 5.0$, und statt 10 000 ergibt sich $\log_{10}(10\,000) = 4.0$. Die so erhaltenen logarithmierten Daten sind sehr schön normalverteilt. Infolge möglicher staatlicher Bürgschaften wird erwogen, die Jahresgehälter bei einem logarithmischen Wert von 5.75 zu deckeln. Das entspricht dann $10^{5.75} \approx 562\,341$ EUR Jahresgehalt. Welcher Prozentsatz der Mitarbeiter wäre davon betroffen und würde dann weniger verdienen? Falls man diesen Prozentsatz bestimmen kann, tun Sie es.[1] Falls das nicht möglich ist, begründen Sie das möglichst präzise und geben Sie genau an, welche Information dazu fehlt.

(b) (Man lese zunächst nochmals Teil (a) oben, die dortigen Ausführungen über die logarithmierten Daten sollen – bis auf die Deckelung – weiterhin gelten.)

Zugleich wird als Teil von Tarifverhandlungen eine Einmalzahlung an alle Mitarbeiter, die „unterdurchschnittlich" verdienen, erwogen. Es ist aber noch nicht geklärt, ob sich dies auf die Rohdaten (also die

---

[1] Führen Sie alle Einzelschritte explizit und in sauberer Darstellung auf, und halten Sie das Ergebnis deutlich fest.

Jahresgehälter selbst) oder auf die logarithmierten Jahresgehälter aus Teil (a) beziehen soll.

Im ersten Fall (Fall A) verdient also jemand „unterdurchschnittlich", falls sein Jahresgehalt unter dem arithmetischen Mittel aller Jahresgehälter liegt.

Im zweiten Fall (Fall B) verdient jemand „unterdurchschnittlich", falls der dekadische Logarithmus seines Jahresgehaltes unter dem arithmetischen Mittel der dekadischen Logarithmen der Jahresgehälter liegt. In welchem Fall (A oder B) können sich mehr Mitarbeiter über eine Einmalzahlung freuen?[1] Oder macht es gar keinen Unterschied?[1]

(10+6 = 16 Punkte)

2. Hobby-Statistiker W. O. ist überzeugt, dass die Bewältigung der Finanzkrise auch von der Vermögensverteilung in verschiedenen Ländern abhängt. Er verfolgt daher entsprechende Berichte mit großem Interesse. Vermögen versteht er dabei stets als nichtnegative Größe, Schulden sollen außer Betracht bleiben.

(a) In einer Ausgabe von *Spiegel Online* (vom 21.01.2009) liest er einen Beitrag über eine neue DIW-Studie. Unter der Überschrift „Ein Prozent der Bevölkerung besitzt ein Viertel des Vermögens"[2] heißt es dort unter anderem:

> Die reichsten zehn Prozent der Bevölkerung steigerten ihren Anteil am Gesamtvermögen [...] auf 61,1 Prozent [...].
> [...]
> Die ärmeren 70 Prozent besitzen hingegen zusammen nur neun Prozent des gesamten Vermögens.

Veranschaulichen Sie diese Daten für Hobby-Statistiker W. O. durch eine Lorenzkurve. (Beschränken Sie sich dabei auf die in dem obigen Ausschnitt gegebenen Informationen; die Überschrift des Artikels enthält zwar weitere Information, ist aber nur als Fundstellennachweis angeführt und soll nicht herangezogen werden.) Eine gute und ausführlich beschriftete Handskizze, die den Aufbau der Graphik und die genaue Lage der eingetragenen Elemente klar erkennen lässt, reicht dazu aus.

---

[1] Führen Sie alle Einzelschritte explizit und in sauberer Darstellung auf, und halten Sie das Ergebnis deutlich fest.

[2] URL: http://www.spiegel.de/wirtschaft/0,1518,602649,00.html (Stand: 08.09.2011)

(b) Für eine Gruppe von 200 Steuerpflichtigen hat Hobby-Statistiker W. O. detailliertere Informationen bekommen. Demnach beträgt das Gesamtvermögen aller 200 Personen 2 000 000 EUR. Die ärmsten 50 % der Gruppe (die „Armen") besitzen jedoch nur 10 % des Gesamtvermögens.

  (i) Wie groß ist das Vermögen eines Mitglieds der reicheren Hälfte der Bevölkerungsgruppe (der „Reichen") mindestens?[1] Wie groß ist es höchstens?[1] Machen Sie dazu möglichst präzise Angaben, und begründen Sie Ihre Ergebnisse durch einen zusammenhängenden Text. Für bloße Rechnungen und Zahlenwerte gibt es keine Punkte.

  (ii) Wie groß ist die Anzahl derjenigen, die überhaupt kein Vermögen besitzen, (also der „Vermögenslosen") mindestens?[1] Wie groß ist sie höchstens?[1] Machen Sie dazu möglichst präzise Angaben, und begründen Sie Ihre Ergebnisse durch einen zusammenhängenden Text. Für bloße Rechnungen und Zahlenwerte gibt es keine Punkte.

(7+12 = 19 Punkte)

3. Im Zeichen der Finanzkrise haben Umfragen Hochkonjunktur. Hobby-Statistiker W. O. hat gerade die Ergebnisse von zwei verschiedenen Umfragen gelesen, in denen jeweils 2 500 zufällig ausgewählte wahlberechtigte Bundesbürger befragt wurden. In der ersten Umfrage ergab sich, dass davon genau 250 (also 10 %) die Abwrackprämie für Altautos möglicherweise nutzen wollten. In der zweiten Umfrage befürworteten 2 000 (also acht von zehn) hohe Steuerermäßigungen.

(a) Berechnen Sie ein möglichst kurzes approximatives 68 %-Konfidenzintervall für den Prozentsatz der Wahlberechtigten, die die Abwrackprämie für Altautos möglicherweise nutzen wollen.[1]

(b) Berechnen Sie ein möglichst kurzes approximatives 80 %-Konfidenzintervall für den Prozentsatz der Wahlberechtigten, die hohe Steuerermäßigungen befürworten.[2]

(c) Nehmen Sie nun an, dass in einer dritten Umfrage 2 150 der befragten 2 500 Personen höhere Bonuszahlungen für Kinder befürworteten.

---

[1]Führen Sie alle Einzelschritte explizit und in sauberer Darstellung auf, und halten Sie das Ergebnis deutlich fest.

[2]Bei der Darstellung können Sie gegebenenfalls auf analoge Teile in (a) verweisen. Halten Sie das Ergebnis deutlich fest.

Ein approximatives 68 %-Konfidenzintervall für den Prozentsatz der Wahlberechtigten, die höhere Bonuszahlungen für Kinder befürwor-

ten, wäre dann _____ als das Intervall aus Teil (a).

Ein approximatives 80 %-Konfidenzintervall für den Prozentsatz der Wahlberechtigten, die höhere Bonuszahlungen für Kinder befürwor-

ten, wäre dann _____ als das Intervall aus Teil (b).

Ergänzen Sie jeweils genau eines der Wörter „länger" oder „kürzer". Begründungen sind nicht erforderlich.

(9+5+2 = 16 Punkte)

4. Die Brennerei B aus dem norddeutschen Bad O. produziert ein gleicher- maßen hochwertiges wie hochprozentiges Produkt, dem in der Werbung („Wer's einmal trank, wird nie mehr krank") sogar gesundheitsfördern- de Wirkungen zugeschrieben werden.[1] Im Zuge der Erschließung neuer Absatzmärkte war man im letzten Jahr auf zehn süddeutschen Weih- nachtsmärkten vertreten, von denen fünf in Franken liegen. In diesem Jahr muss man sich wegen der Finanzkrise auf drei (statt zehn) Weih- nachtsmärkte beschränken, die von Hobby-Statistiker W. O. durch zufälli- ges Ziehen ohne Zurücklegen aus den zehn ausgewählt werden sollen. Natürlich interessiert sich Hobby-Statistiker W. O. dafür, wie groß die Wahrscheinlichkeit ist, dass darunter mindestens zwei Weihnachtsmärkte aus Franken sind.

(a) Wie groß ist die Anzahl der „möglichen" Fälle?[2]

(b) Wie groß ist die Anzahl der „günstigen" Fälle?[2]

(c) Wie groß ist die gesuchte Wahrscheinlichkeit?[2]

(3+8+2 = 13 Punkte)

---

[1] Vorsichtshalber und im Einklang mit Empfehlungen des Bundesgesundheitsministeri- ums sei darauf hingewiesen, dass Alkohol der Gesundheit schaden kann.
[2] Führen Sie alle Einzelschritte explizit und in sauberer Darstellung auf, und halten Sie das Ergebnis deutlich fest.

5. Vielleicht hilft auch Lotterieglück gegen die Finanzkrise! Hobby-Statistiker W. O. hat zu diesem Zweck die beiden Endziffern der Gewinnzahlen bei der 3. Geldziehung im Monat (1. Rang) der Lotterie *Aktion Mensch* für die Monate Januar 2008 bis Dezember 2008 notiert. Diese sind:

$$32, 32, 06, 66, 46, 15, 63, 69, 80, 23, 73, 74.$$

(Die Endziffern können Werte zwischen 00 und 99 (jeweils einschließlich) annehmen.)

   (a) Erstellen Sie ein sinnvolles Stem-and-Leaf-Display für diese Daten. Ordnen Sie dabei die Blätter in aufsteigender Reihenfolge an, und benutzen Sie die Konventionen dieses Buches.

   (b) Geben Sie eine 5-Number-Summary dieser Daten an. Benutzen Sie dabei die Konventionen dieses Buches.

   (*Hinweis:* Begründungen sind nicht erforderlich.)

   (c) Erstellen Sie einen (liegenden) Boxplot für diese Daten. Benutzen Sie dabei die Konventionen dieses Buches.

   (*Hinweis:* Es gibt nur Punkte für eine saubere und klare Darstellung.)

00   50   100   Endziffern

(4+4+5 = 13 Punkte)

6. Hobby-Statistiker W. O. ist wegen der Finanzkrise auf der Suche nach sicheren Anlagen und liest in einer Broschüre über das „Postbank Gewinn-Sparen", dass dort jeden Monat für Spargeldanlagen zusätzlich zur üblichen Basisverzinsung ein Gewinn-Bonus gezahlt wird. Seine Höhe ist von den beiden Endziffern der Gewinnzahl abhängig, die bei der dritten Geld-

ziehung jedes Monats von der *Aktion Mensch* bekannt gegeben wird (d. h.
also von der Gewinnzahl einer Wohltätigkeitslotterie). Genauer gilt:

Endziffern der Gewinnzahl	Gewinn-Bonus p.a.
00–20	0.10 %
21–40	0.15 %
41–60	0.20 %
61–80	0.25 %
81–99	0.60 %

Dabei wird unterstellt, dass die Endziffern $00, \ldots, 99$ gleichwahrscheinlich
und die Ziehungen unabhängig sind.

(a) Stellen Sie ein Schachtelmodell auf, das den zufallsabhängigen Gewinn-Bonus (in % p. a.) für einen festen (zukünftigen) Monat beschreibt.[1]

(b) Bestimmen Sie den Erwartungswert für das Mittel aus zwölfmaligem
Ziehen aus der (korrekten) Schachtel aus (a).[1] Rechnen Sie dabei ganz
exakt, d. h. ohne zu runden. Vermeiden Sie jedoch durch geschicktes
Überlegen übermäßig aufwendige Rechnungen.

(*Hinweis:* Vergewissern Sie sich, dass Sie die richtige Schachtel betrachten. Folgefehler können nicht berücksichtigt werden.)

(c) Was gibt die in Teil (b) berechnete Größe inhaltlich gesprochen an?

(d) Wie groß ist die Wahrscheinlichkeit, dass im Verlaufe eines Jahres
höchstens zweimal der größte Gewinn-Bonus (0.60 %) gewährt wird?
Geben Sie einen mathematisch exakten und im Prinzip direkt aus-
wertbaren Ausdruck hierfür sowie ein Stichwort zur Begründung an.
Numerische Auswertung oder weitere Begründungen sind nicht erforderlich.

(3+7+2+4 = 16 Punkte)

---

[1]Führen Sie alle Einzelschritte explizit und in sauberer Darstellung auf, und halten Sie
das Ergebnis deutlich fest.

7. (a) Die Universitätsleitung der Universität Bayreuth möchte aufgrund der Finanzkrise das Wissen der Studierenden über moderne Finanzplätze (wie z. B. Dubai) verbessern. Dazu sollen 150 Studierende aus den im Wintersemester 2008/09 für ein Vollzeitstudium eingeschriebenen Studierenden durch eine einfache Zufallsstichprobe (simple random sample) ausgewählt werden. Beschreiben Sie, wie Sie in diesem Fall vorgehen würden; Datenschutzaspekte können vernachlässigt werden.
   (Antworten Sie hier mit einem kurzen, aber präzisen Text von 2–4 ganzen Sätzen, d. h. in „Aufsatzform“. Für andere Antworten – insbesondere bloße Stichwörter oder Formeln – gibt es *keine* Punkte.)

   (b) Was ist das charakteristische Kennzeichen von Wahrscheinlichkeitsmethoden zum Stichprobenziehen?
   (Antworten Sie mit einem vollständigen Satz. Stichwörter werden nicht gewertet.)

   (c) Welche Stichproben sind bei gleichem Umfang hinsichtlich der Zahl der letztlich interessierenden Untersuchungsobjekte im allgemeinen genauer: Klumpenstichproben oder einfache Zufallsstichproben?
   (Antworten Sie, indem Sie den richtigen Begriff nennen.)

   (d) Was ist eine „Quotenstichprobe“? Welche Vorteile und Nachteile sind damit verbunden?
   (Antworten Sie hier – unabhängig von dem obigen Beispiel – mit einem kurzen, aber präzisen Text von 3–4 ganzen Sätzen, d. h. in „Aufsatzform“. Für andere Antworten – insbesondere bloße Stichwörter oder Formeln – gibt es *keine* Punkte.)

                                           (5+3+2+5 = 15 Punkte)

8. Die Finanzkrise trifft auch den Katzenfutterhersteller MIKESCH CAT FOOD AG (Werbespruch: „Mikesch Food tut Katzen gut“) aus dem Bundesland Rheinland-Pfalz. Man versucht durch eine Qualitätsoffensive gegenzusteuern und hat für eine große Anzahl von Katzen jeweils zwei Merkmale x_1 und x_2 aufnehmen lassen, um ein neues Produkt zu entwickeln. Katzenfreundliche Mitarbeiter von Hobby-Statistiker W. O. haben bereits erste Vorarbeiten zur Analyse der Daten ausgeführt. Das Streuungsdiagramm der Datenpunkte (x_1, x_2) war sehr schön zwetschgenförmig. Ferner ergab sich (in geeigneten, hier nicht interessierenden Einheiten) für x_1 der Mittelwert $\text{MW}(x_1) = 150$, für x_2 der Mittelwert $\text{MW}(x_2) = 110$ und die

Kovarianzmatrix

$$C = \begin{pmatrix} 100 & -48 \\ -48 & 36 \end{pmatrix}.$$

Von Interesse sind insbesondere die Katzen mit einem Wert für x_1 von (ungefähr) 130. Welcher Anteil hiervon hat einen Wert von x_2, der höher liegt als 116?[1]

(12 Punkte)

Zusatzfrage (ohne Wertung)

Der Aufgabensteller (nicht der Bearbeiter!) dieser Klausur

☐   verursacht so manche Krise

☐   scheint sehr besorgt über die Finanzkrise

☐   kriegt laufend selbst die Krise (Warum nur ...?)

☐   _____[2]

---

[1] Führen Sie alle Einzelschritte explizit und in sauberer Darstellung auf, und halten Sie das Ergebnis deutlich fest.

[2] Bitte beachten Sie, dass die Beantwortung der Zusatzfrage _nicht_ anonym erfolgt.

3.10   Klausur „Olympische Spiele"

1. Sportler zählen zu den am besten medizinisch untersuchten Menschen. Für 1 000 Teilnehmer an den Olympischen Spielen in Vancouver liegen Hobby-Statistiker W. O. detaillierte Messungen vor. Hobby-Statistiker W. O. vermutet, dass man mittels eines von ihm entwickelten Körpermaßindexes gut die Lungenkapazität vorhersagen kann. Er hat zu diesem Zweck eine Studie erstellt, in der er für den Datensatz der 1 000 Sportler seinen Körpermaßindex (Variable x) mit der Lungenkapazität (Variable y) verglichen hat. Das Streuungsdiagramm der 1 000 Punkte (x_i, y_i), $i = 1, \ldots, 1\,000$, war sehr schön zwetschgenförmig.
Ferner ergaben sich folgende Resultate (in geeigneten, hier nicht interessierenden Einheiten):

$$
\begin{array}{lcl}
\text{arithmetisches Mittel des Körpermaßindex (MW}x) & = & 50 \\
\text{Standardabweichung des Körpermaßindex (SD}x) & = & 5 \\
\\
\text{arithmetisches Mittel der Lungenkapazität (MW}y) & = & 62 \\
\text{Standardabweichung der Lungenkapazität (SD}y) & = & 5 \\
\\
\text{Korrelationskoeffizient } r & = & 0.2
\end{array}
$$

(a) Berechnen Sie die Regressionsgerade von y auf x.[1]

(b) Sie sollen ohne weitere Informationen die Lungenkapazität eines zufällig aus den 1 000 Sportlern ausgewählten Athleten vorhersagen. Leiten Sie dazu mit *genauer* Begründung ein Intervall her, in dem für ungefähr 95 % der beteiligten Sportler die Lungenkapazitäten liegen.[1]

(c) Sie sollen erneut die Lungenkapazität eines zufällig aus den 1 000 Sportlern ausgewählten Athleten vorhersagen. Es steht Ihnen aber noch die zusätzliche Information zur Verfügung, dass der Körpermaßindex des Sportlers 45 war. Leiten Sie mit *genauer* Begründung ein Intervall her, in dem für ungefähr 95 % der beteiligten Sportler mit Körpermaßindex von ungefähr 45 die Lungenkapazitäten liegen.[1]

(*Hinweis:* Benutzen Sie an geeigneter Stelle die Näherung $\sqrt{0.96} \approx 0.98$.)

(d) Vergleichen Sie kurz die Intervalllängen aus den Aufgabenteilen (b) und (c) und kommentieren Sie den Nutzen der Zusatzinformation.

---

[1]Führen Sie alle Einzelschritte explizit und in sauberer Darstellung auf, und halten Sie das Ergebnis deutlich fest.

Warum ist er relativ gering?

$$(4+4+6+3 = 17 \text{ Punkte})$$

2. In einem kleinen Fürstentum ist das Vermögen der Bürger streng normalverteilt mit Mittelwert 37 000 WE und Standardabweichung 8 000 WE,
wobei WE für die Währungseinheit steht. (Negative Werte sind gegebenenfalls als Schulden zu interpretieren.) Dem Staat selbst steht außerdem
eine prall gefüllte Staatskasse aus dem Verkauf von Bodenschätzen zur
Verfügung.[1] Um allen Bürgern die Reise zu den Olympischen Winterspielen in Vancouver zu erleichtern, wird folgender Vorschlag zur Vermögensumverteilung erwogen:

- Das Vermögen aller Bürger, deren Vermögen geringer als ein unterer
  Minimalwert u ist, wird aus der Staatskasse auf u aufgestockt.

- Falls das Vermögen eines Bürgers einen oberen Maximalwert o übersteigt, wird der übersteigende Betrag konfisziert und der Staatskasse
  zugeführt.

Dabei soll natürlich $u \leq o$ gelten. Zur Analyse dieses Vorschlages kontak-
tiert man Hobby-Statistiker W. O. Beantworten Sie für ihn die folgenden
Fragen:

(a) Nehmen Sie zunächst an, dass $u = 30\,000$ WE und $o = 45\,000$
   WE gesetzt wird. Wie wirkt sich dies auf die folgenden Kenngrößen
   aus? Geben Sie jeweils an, ob die entsprechende Kennzahl nach der
   Vermögensumverteilung größer, kleiner oder unverändert sein wird,
   indem Sie die Lücken mit einem dieser Wörter füllen. Begründungen
   sind nicht erforderlich.

   (i) Der Mittelwert wird _____ sein.

   (ii) Die Standardabweichung wird _____
       sein.

(b) Nehmen Sie jetzt an, dass $u = 29\,000$ WE und $o = 40\,000$ WE gesetzt
   wird. Wie wirkt sich dies auf die folgenden Kenngrößen aus? Geben
   Sie jeweils an, ob die entsprechende Kennzahl nach der Vermögensumverteilung größer, kleiner oder unverändert sein wird, indem Sie

---

[1]Es handelt sich also nicht um die Bundesrepublik Deutschland.

die Lücken mit einem dieser Wörter füllen. Begründungen sind nicht erforderlich.

(i) Der Median wird _____ sein.

(ii) Der Quartilsabstand wird _____ sein.

(c) Nehmen Sie jetzt an, dass $u = 33\,000$ WE und $o = 48\,000$ WE gesetzt wird. Berechnen Sie den Quartilsabstand nach der Vermögensumverteilung.[1]

(d) Geben Sie mittels u und o eine genaue mathematische Bedingung dafür an, dass der Median nach der Vermögensumverteilung größer ist. Angabe der Bedingung genügt, Begründungen sind nicht erforderlich.

(e) Nehmen Sie nun an, dass $u \le 37\,000$ WE $\le o$ ist. Geben Sie unter diesen Umständen mittels u und o mit Begründung eine genaue mathematische Bedingung dafür an, dass die Staatskasse nach der Vermögensumverteilung voller sein wird.[1]

(5+5+5+2+5 = 22 Punkte)

3. Auch bei den Olympischen Spielen in Vancouver haben Umfragen Hochkonjunktur. Hobby-Statistiker W. O. hat einige davon gelesen:

(a) Zunächst interessiert man sich für das Körpergewicht der 2 700 teilnehmenden Athleten. Dazu wurde eine einfache Zufallsstichprobe von 2 500 Sportlern untersucht und das Körpergewicht erhoben. Der Mittelwert dieser Stichprobe betrug 71.0 kg bei einer Standardabweichung von 4.0 kg. Ferner kann man davon ausgehen, dass das Körpergewicht dieser Athleten gut einer Normalverteilung folgt. Hobby-Statistiker W. O. liest in der Auswertung der Studie folgende Sätze:

---

[1] Führen Sie alle Einzelschritte explizit und in sauberer Darstellung auf, und halten Sie das Ergebnis deutlich fest.

> *(1) Für den Standardfehler des Mittels erhält man nach der bootstrap-Methode $(\sqrt{2\,500} \times 4\ kg)/\sqrt{2\,500} = 0.08\ kg$.*
>
> *(2) Ein approximatives 95 %-Konfidenzintervall für den Mittelwert dieser Stichprobe ist daher das Intervall $[71.0 - 0.08\ kg, 71.0 + 0.08\ kg]$.*
>
> *(3) Weiterhin kann man aus den Daten schließen, dass angenähert 95 % aller teilnehmenden Athleten ein Körpergewicht zwischen 70.920 kg und 71.080 kg haben.*

Hobby-Statistiker W. O. erhält diesen Bericht zur Begutachtung für eine wissenschaftliche Zeitschrift. Gehen Sie den Bericht Satz für Satz durch, zeigen Sie eventuell darin verborgene Fehler auf, und stellen Sie die Aussagen so weit wie möglich richtig. Neue numerische Berechnungen brauchen Sie dabei nicht anzustellen, gegebenenfalls nennen Sie einfach die korrigierten präzisen mathematischen Ausdrücke und Formeln ohne numerische Auswertung.

(*Hinweis:* Schreiben Sie in vollständigen Sätzen; ein bis drei prägnante Antwortsätze pro Punkt, den Sie ansprechen wollen, reichen aus; mehr Detail ist nicht gefordert. Für bloße Stichwörter oder reine Formeln gibt es keine Punkte. Zum einfacheren Bezug auf den Text können Sie die Satznummerierung verwenden. Es werden höchstens die ersten 300 Wörter Ihrer Lösung gewertet.)

(b) Bei einer anderen Umfrage wurden 2 500 Besucher (also nicht Sportler) der Eröffnungsfeier mittels einer einfachen Zufallsstichprobe ausgewählt und nach ihrer Nationalität befragt. Anschließend wurde aus den Daten dieser Stichprobe mit der üblichen Methode ein approximatives 95 %-Konfidenzintervall für den Anteil der Besucher der Eröffnungsfeier mit kanadischer Nationalität gebildet. Warum wird dieses Konfidenzintervall als „approximativ" bezeichnet?

$(9+3 = 12\ \text{Punkte})$

4. (a) Die Hotelkette RESTAWHILE bietet während der Olympischen Spiele insgesamt 2 287 Einzelzimmer an, die alle leicht vergeben werden können. In der Tat nimmt das Management sogar eine gewisse Überbelegung in Kauf, da man aus Erfahrung mit etlichen kurzfristigen Stornierungen rechnet. Man geht dabei davon aus, dass jede Buchung (unabhängig von allen anderen) mit einer Wahrscheinlichkeit von 0.1 storniert wird, und akzeptiert insgesamt 2 500 Buchungen. Man fragt Hobby-Statistiker W. O. nach der Wahrscheinlichkeit, dass es unter

diesen Umständen zu einem Engpass kommt. Stellen Sie ein Schachtelmodell für diese Situation auf, und berechnen Sie die gesuchte Überbuchungswahrscheinlichkeit.[1] Wenden Sie dabei die Stetigkeitskorrektur an.

(b) Auch die Hotelkette BIGRESTAWHILE bemüht Hobby-Statistiker W. O. mit einer Anfrage. Man möchte hier mit der gleichen Überbuchungswahrscheinlichkeit wie in Teil (a) arbeiten; allerdings verfügt BIGRESTAWHILE bei sonst gleichen Bedingungen wie in (a) über wesentlich mehr Einzelzimmer. Hobby-Statistiker W. O. empfiehlt nach einigem Überlegen, dass man 22 500 (also neunmal mehr) Buchungen akzeptieren kann. Bedeutet dies, dass BIGRESTAWHILE $9 \times 2287 = 20583$ Einzelzimmer zur Verfügung hat? Oder sind es mehr oder weniger? Kann man vielleicht sogar die genaue Zahl – unter den gleichen Maßgaben wie in Teil (a) – angeben? Falls man diese Zahl bestimmen kann, tun Sie es.[1] Falls das nicht möglich ist, begründen Sie das möglichst präzise, und geben Sie genau an, welche Information dazu fehlt.

(*Hinweis:* Ergebnisse aus Teil (a) dürfen dabei selbstverständlich benutzt werden.)

$$(10+8 = 18 \text{ Punkte})$$

5. Bei den Olympischen Spielen in Vancouver umfasst die Mannschaft des Landes A 40 Athleten, diejenige des Landes B 30 Athleten und diejenige des Landes C ebenfalls 30 Athleten. Hobby-Statistiker W. O. soll aus diesen insgesamt 100 Sportlern insgesamt 10 Sportler zufällig auswählen. Er zieht dafür drei Methoden in Betracht:

- Methode (I): Einmaliges zufälliges Auswählen mit Zurücklegen eines der drei Länder, anschließend einmaliges zufälliges Ziehen mit Zurücklegen eines einzelnen Sportlers aus diesem Land. Dieses Vorgehen wird insgesamt zehnmal wiederholt.

- Methode (II): Aufschreiben der insgesamt 100 Namen der Sportler in alphabetischer Reihenfolge. (Dabei kann angenommen werden, dass alle Namen voneinander verschieden sind.) Unterteilen dieser Liste in zehn Blöcke von je zehn aufeinanderfolgenden Namen. Anschließend zufälliges Auswählen eines solchen Namensblockes und Verwenden dieser zehn Namen.

---
[1]Führen Sie alle Einzelschritte explizit und in sauberer Darstellung auf, und halten Sie das Ergebnis deutlich fest.

- Methode (III): Viermaliges zufälliges Ziehen ohne Zurücklegen aus den 40 Sportlern des Landes A, dreimaliges zufälliges Ziehen ohne Zurücklegen aus den 30 Sportlern des Landes B, dreimaliges zufälliges Ziehen ohne Zurücklegen aus den 30 Sportlern des Landes C.

Beantworten Sie für jede der drei Methoden die folgenden Fragen:

(1) Ist die Methode eine Wahrscheinlichkeitsmethode? (Antworten Sie mit „Ja" oder „Nein"; Begründungen sind nicht erforderlich.)

(2) Mit welchem technischen Begriff aus der Statistik könnte man die Methode am besten bezeichnen? (Angabe des Begriffs genügt; Begründungen sind nicht erforderlich.)

(3) Liefert die Methode dasselbe wie eine einfache Zufallsstichprobe (simple random sampling) aus allen 100 Sportlern? (Antworten Sie mit „Ja" oder „Nein"; Begründungen sind nicht erforderlich.)

(a) Antworten zu Methode (I):

zu Frage (1):

zu Frage (2):

zu Frage (3):

(b) Antworten zu Methode (II):

zu Frage (1):

zu Frage (2):

zu Frage (3):

(c) Antworten zu Methode (III):

zu Frage (1):

zu Frage (2):

zu Frage (3):

(4+4+4 = 12 Punkte)

6. Während der Olympischen Spiele in Vancouver wurden an fünf teilnehmenden Sportlern die folgenden fünf Datenpunkte erhoben, wobei die Variable x einen Blutwert (in geeigneten, hier nicht interessierenden Einheiten) und die Variable y einen Lungenfunktionswert (in geeigneten, hier nicht interessierenden Einheiten) angibt.

x	y
6	5
12	8
4	2
0	4
8	6

(a) Berechnen Sie den Korrelationskoeffizienten von x und y.[1] Rechnen Sie hier ganz exakt, d. h. ohne Rundung.

(b) Wie lautet das 60 %-Quantil der y-Werte? Benutzen Sie dabei die Konventionen dieses Buches. (Angabe des Wertes genügt; Begründungen sind nicht erforderlich).

$(7+2 = 9 \text{ Punkte})$

7. Doping dürfte auch bei den Olympischen Spielen in Vancouver ein ernsthaftes Problem sein. Hobby-Statistiker W. O. geht davon aus, dass exakt 20 % der teilnehmenden Sportler „Dopingsünder" sind. Allerdings hat er in die Dopingtests wenig Zutrauen. Er nimmt an, dass die Wahrscheinlichkeit, im Verlauf der Spiele bei den Dopingkontrollen „Dopingalarm" auszulösen, für jeden „Dopingsünder" 0.8 beträgt. Umgekehrt wird aber auch bei ehrlichen Sportlern mit Wahrscheinlichkeit 0.15 (zunächst) „Dopingalarm" ausgelöst.

(a) Stellen Sie diese Situation in einem Baumdiagramm übersichtlich dar. (Benutzen Sie dabei an den Pfaden die Wahrscheinlichkeiten selbst, keine absoluten Häufigkeiten. Begründungen sind nicht erforderlich.)

(b) Überlegen Sie nun, welche absoluten Häufigkeiten zu erwarten sind, wenn das Verfahren auf genau 2 700 Sportler angewendet wird. Füllen

---

[1]Führen Sie alle Einzelschritte explizit und in sauberer Darstellung auf, und halten Sie das Ergebnis deutlich fest.

Sie dazu die folgende Tabelle aus, und ergänzen Sie auch die Randsummen. Begründungen sind nicht erforderlich.

		„Dopingalarm"		Summe
		ja	nein	
„Dopingsünder"	ja			
	nein			
	Summe			2 700

(c) Nehmen Sie an, ein Sportler wird aus den 2 700 Sportlern zufällig
ausgewählt. Wie groß sind dann die folgenden Wahrscheinlichkeiten?

(*Hinweis:* Angabe der Wahrscheinlichkeiten als ungekürzte Brüche
reicht aus; numerische Auswertung oder Begründungen sind nicht erforderlich.)

(i) Wahrscheinlichkeit dafür, dass kein „Dopingalarm" ausgelöst
wird

(ii) Wahrscheinlichkeit dafür, dass der Sportler durch die Kontrolle
nicht korrekt eingestuft wird

(iii) bedingte Wahrscheinlichkeit dafür, dass der Sportler kein „Dopingsünder" ist, obwohl „Dopingalarm" ausgelöst wurde

(d) Nehmen Sie an, einer der 2 700 Sportler wird zufällig ausgewählt. Sind
die Ereignisse

DS: Der Sportler ist ein „Dopingsünder"

und

DA: Der Sportler löst „Dopingalarm" aus

unabhängig?[1]

(4+4+6+4 = 18 Punkte)

---

[1] Führen Sie alle Einzelschritte explizit und in sauberer Darstellung auf, und halten Sie
das Ergebnis deutlich fest.

8. Hobby-Statistiker W. O. berät einen Mediziner bei einer Studie über die Ernährungsgewohnheiten der Athleten bei den Olympischen Winterspielen in Vancouver. Dabei geht es insbesondere um die Frage, ob es sich um Vegetarier handelt oder nicht und wie dies mit dem Geschlecht zusammenhängt.

Allerdings wohnt nur ein Teil der Athleten im Olympischen Dorf. Die Datenaufnahme wurde daher getrennt für die Gruppe der im Dorf residierenden Athleten („Residents") und für die Gruppe der außerhalb untergebrachten Athleten („Nonresidents") durchgeführt. In jeder der beiden Teilgruppen war der Anteil der Vegetarier bei den Männern deutlich niedriger als bei den Frauen. Kann man hieraus schließen, dass dies auch für die Gesamtheit der Athleten so ist? Falls ja, erklären Sie genau, warum diese Folgerung gültig ist.[1] Falls nein, widerlegen Sie den Schluss durch ein konkretes und illustratives (aber nicht unbedingt realistisches) Gegenbeispiel.

(*Hinweis:* Achten Sie besonders auf eine klare Darstellung Ihrer Antwort. Für unklare oder unvollständig erläuterte Ausführungen gibt es nur sehr wenige Punkte.)

(12 Punkte)

Zusatzfrage (ohne Wertung)

Der Aufgabensteller (nicht der Bearbeiter!) dieser Klausur stand bei der Ausarbeitung der Klausur offensichtlich

☐   unter Schock (Worüber nur ...?)

☐   unter dem Eindruck der Olympischen Spiele in Vancouver

☐   unter Drogen

☐   _____ [2]

---

[1] Führen Sie alle Einzelschritte explizit und in sauberer Darstellung auf, und halten Sie das Ergebnis deutlich fest.

[2] Bitte beachten Sie, dass die Beantwortung der Zusatzfrage *nicht* anonym erfolgt.

3.11   Klausur „Salzgebäck"

1. Der Verzehr von Salzgebäck kann leicht zu Übergewicht führen. Für 10 000 Studierende an deutschen Universitäten liegen Hobby-Statistiker W. O. detaillierte Messungen vor. Der Datensatz zeigt den Zusammenhang zwischen Salzgebäckkonsum (Variable x) und Körpergewicht (Variable y). Das Streuungsdiagramm der 10 000 Punkte (x_i, y_i), $i = 1, \ldots, 10\,000$, war sehr schön zwetschgenförmig.
Ferner ergaben sich folgende Resultate (in geeigneten, hier nicht interessierenden Einheiten):

arithmetisches Mittel des Salzgebäckkonsums (MWx)	=	75
Standardabweichung des Salzgebäckkonsums (SDx)	=	15
arithmetisches Mittel des Körpergewichtes (MWy)	=	70
Standardabweichung des Körpergewichtes (SDy)	=	10
Korrelationskoeffizient r	=	0.6

   (a) Welcher Prozentsatz der Studierenden hat einen Salzgebäckkonsum zwischen 60 und 82.5?[1]

   (b) Welcher Prozentsatz der Studierenden mit Körpergewicht 80 hat einen Salzgebäckkonsum von weniger als 66?[1]

   (c) Wie lautet die Regressionsgerade von y auf x?[1]

   (d) Wie groß ist der r.m.s.-Fehler der Regressionsgeraden von y auf x?[1]

$$(3+5+4+2 = 14 \text{ Punkte})$$

2. Für einen Salzgebäckhersteller soll Hobby-Statistiker W. O. einen geeigneten Wirtschaftsprüfer auswählen. Er informiert sich erst einmal über den Markt und stößt auf den Artikel „Im Sog der großen vier" von Georg Giersberg und Joachim Jahn (*Frankfurter Allgemeine Zeitung*, 27. November 2010, Seite 13). Dort heißt es:

---

[1]Führen Sie alle Einzelschritte explizit und in sauberer Darstellung auf, und halten Sie das Ergebnis deutlich fest.

Die Branche der Wirtschaftsprüfer ist im Umbruch, der ganz eindeutig auf eine zunehmende Konzentration hinausläuft und das über Jahrzehnte geprägte Selbstverständnis vom freien Beruf gründlich erschüttert.

[...]

Heute gibt es international nur noch die „Big Four": Deloitte, KPMG, PWC und Ernst & Young.

[...]

In Deutschland setzen die vier Großen der Branche 4,5 Milliarden Euro [...] um. Die 25 größten Gesellschaften kommen nur auf etwa 5,5 Milliarden Euro. Das heißt, die diesen vier vom Umsatz her folgenden 21 Unternehmen setzen zusammen gerade einmal so viel um wie einer (sic!) der vier großen Gesellschaften. Nach den „großen vier" – und Deloitte muss mit 600 Millionen Umsatz hart um die Zugehörigkeit kämpfen – kommt lange nichts.

(Ende des Zitats)

(a) Hobby-Statistiker W. O. möchte als erstes eine Lorenzkurve nach den Konventionen dieses Buches zeichnen. Dafür will er nur die zweihundert umsatzstärksten Gesellschaften betrachten. Er geht davon aus, dass deren Gesamtumsatz 10 Milliarden Euro beträgt. Geben Sie unten die Beschriftung der Achsen und alle Punkte (unter Einschluss des Anfangspunktes und des Endpunktes) an, die man für die Lorenzkurve aus dem Textausschnitt entnehmen oder erschließen kann. (Begründungen sind nicht erforderlich.)

Beschriftung der horizontalen Achse:

Beschriftung der vertikalen Achse:

Punkte auf der Lorenzkurve:

(b) Welchen Wert auf der vertikalen Achse hat die Lorenzkurve aus Teil (a) an der Stelle 92.75 % der horizontalen Achse? (Angabe des Wertes reicht aus; eine Begründung ist nicht erforderlich.)

(c) Was lässt sich über den Umsatz des nach Umsatz zweitgrößten Unternehmens sagen? (Angabe eines möglichst präzisen Mindest- und Höchstumsatzes reicht aus; Begründungen sind nicht erforderlich.)

(d) Wie groß ist der Umsatz des nach Umsatz an 25. Stelle stehenden Unternehmens höchstens? (Angabe eines exakten mathematischen Ausdrucks für den Höchstumsatz reicht aus; Begründungen sind nicht erforderlich.)

(e) Man betrachte nun den Median und den Mittelwert der Umsätze aller 200 Unternehmen, die Hobby-Statistiker W. O. in die Untersuchung einbezieht. Welcher dieser Werte ist größer? Oder kann man das gar nicht sagen? Geben Sie eine mathematisch ganz exakte Begründung für Ihre Antwort an.[1]

(6+3+3+3+7 = 22 Punkte)

3. Ein Problem bei Salzgebäck ist natürlich der Salzgehalt. Eine Analyse von 15 Stück Salzgebäck ergab folgende Salzgehalte (in g):

5.8, 2.3, 6.6, 5.8, 1.7, 3.5, 3.9, 0.9, 4.6, 2.4, 2.5, 8.7, 1.5, 7.2, 3.0.

(a) Erstellen Sie ein sinnvolles Stem-and-Leaf-Display. Ordnen Sie dabei die Blätter in aufsteigender Reihenfolge an. Benutzen Sie dabei die Konventionen dieses Buches.

(b) Geben Sie eine 5-Number-Summary dieser Daten an. Benutzen Sie dabei die Konventionen dieses Buches.

(c) Vervollständigen Sie die folgende Skizze zu einem Histogramm für diese Daten mit den Klassen [0 g, 2.0 g[, [2.0 g, 4.0 g[und [4.0 g, 9.0 g[. Dabei soll jeweils der linke Randpunkt eingeschlossen und der rechte Randpunkt ausgeschlossen sein. Geben Sie jeweils die Höhe der Histogrammsäulen genau an, und ergänzen Sie auch die Achsenbeschriftung.

---

[1]Führen Sie alle Einzelschritte explizit und in sauberer Darstellung auf, und halten Sie das Ergebnis deutlich fest.

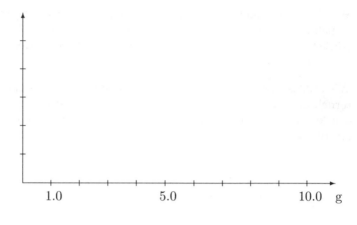

(5+4+5 = 14 Punkte)

4. Die Produktion einer bestimmten Sorte Salzgebäck in einer Fabrik wird auf drei Maschinen A, B und C durchgeführt. Dabei werden auf Maschine A 40 %, auf Maschine B 35 % und auf Maschine C 25 % der Produktion erstellt. Die Maschinen arbeiten mit den Ausschussanteilen 2 % (Maschine A), 5 % (Maschine B) und 4 % (Maschine C).

(a) Stellen Sie diese Situation mittels eines Baumdiagramms dar.

(b) Ein Stück Salzgebäck aus der Produktion wird zufällig gewählt und erweist sich als Ausschuss. Auf welcher Maschine wurde es mit größter Wahrscheinlichkeit produziert?[1]

(c) Wie groß ist die Wahrscheinlichkeit, dass ein zufällig aus der Gesamtproduktion ausgewähltes Stück Salzgebäck einwandfrei ist?[1] (Rechnen Sie hier ganz exakt, d. h. ohne zu runden.)

(d) Wie groß ist die bedingte Wahrscheinlichkeit dafür, dass ein zufällig aus der Gesamtproduktion ausgewähltes Stück Salzgebäck einwandfrei ist, unter der Bedingung, dass es nicht auf Maschine B produziert wurde?[1] (Rechnen Sie Zähler und Nenner des sich ergebenden Bruches ganz exakt aus; die Division braucht nicht ausgeführt zu werden.)

(5+5+3+4 = 17 Punkte)

---

[1]Führen Sie alle Einzelschritte explizit und in sauberer Darstellung auf, und halten Sie das Ergebnis deutlich fest.

5. (a) Schon 16:15 Uhr und nun noch eine nervige Übung bei Hobby-Statistiker W. O.! Studentin S. Portlich kann das nur mit Hilfe einer Tüte Kartoffelchips überstehen, die sie über die Übung verteilt langsam zu sich nimmt. Ob das aber für die 90 Minuten reicht?

Hobby-Statistiker W. O. erkennt hier ein beachtliches Geschäftspotential und beschließt, ein neues Salzgebäck auf den Markt zu bringen, das Studierenden bei diesem Problem gezielt helfen soll. Sein Salzgebäck SPINNLI$^{\text{©}}$ soll in Form einer appetitlichen Spinne und in Packungen von jeweils genau 64 Stück verkauft werden. Ein Salzgebäckhersteller sichert zu, dass er SPINNLI$^{\text{©}}$ so herstellen kann, dass die Zeit, in der ein einzelnes Stück im Mund zergeht, normalverteilt ist mit Mittelwert m Minuten und Standardabweichung $s = 15$ Sekunden. Der Mittelwert m kann dabei von Hobby-Statistiker W. O. beliebig gewählt werden. Hobby-Statistiker W. O. hat schon einen verkaufsfördernden Werbespruch („Spinnt der Dozent auch noch so sehr – mit SPINNLI$^{\text{©}}$ stört dich das nicht mehr!"), möchte aber noch eine wissenschaftlich begründete Aussage auf die Packung drucken, dass die 64 Stück einer Packung mit Wahrscheinlichkeit 99.86501 % einen Zeitraum von mindestens 90 Minuten abdecken. Wie muss er m wählen?[1] Geben Sie ganz explizit ein Schachtelmodell für Ihre Überlegungen an.

(b) In Österreich gibt es genau 65 Geschäfte, die den Verkauf des Salzgebäcks SPINNLI$^{\text{©}}$ übernehmen möchten. Hobby-Statistiker W. O. möchte für jedes eine aufwendige Absatzschätzung durchführen lassen, hat dafür aber nicht genug Geld. Also zieht er eine einfache Zufallsstichprobe vom Umfang 49 und besorgt sich nur dafür Absatzschätzungen. Er geht davon aus, dass derartige Absatzschätzungen (in geeigneten, hier nicht interessierenden Einheiten) gut durch eine Normalverteilung mit Mittelwert a und Standardabweichung b beschrieben werden können. Für die Stichprobe ergibt sich das arithmetische Mittel 12.7 und die Standardabweichung 1.4. Falls möglich, leiten Sie aus diesen Stichprobendaten ein approximatives 80 %-Konfidenzintervall für das Mittel der 65 potentiellen Absatzschätzungen her.[1] Geben Sie dabei ganz explizit ein Schachtelmodell für Ihre Überlegungen an. Falls das nicht möglich ist, erläutern Sie genau, warum es nicht geht.[1]

(11+11 = 22 Punkte)

---

[1]Führen Sie alle Einzelschritte explizit und in sauberer Darstellung auf, und halten Sie das Ergebnis deutlich fest.

6. Hobby-Statistiker W. O. hat in einer Schachtel 29 Zettel gesammelt, auf denen die Gewichte von 29 Stück Salzgebäck (in g) stehen. Der Mittelwert der Schachtel ist 1.5 [g], die Standardabweichung beträgt 0.3 [g].

    (a) Wie groß sind der Erwartungswert und der Standardfehler für die Summe von 36 Ziehungen mit Zurücklegen aus dieser Schachtel?[1]

    (b) Kann man eine Schachtel mit genau sechs Zetteln angeben, so dass das einmalige Ziehen aus dieser Schachtel den gleichen Erwartungswert und den gleichen Standardfehler besitzt wie die in Teil (a) betrachtete Summe von 36 Ziehungen aus der ursprünglichen Schachtel? Falls ja, geben Sie eine solche Schachtel an.[1] Falls nein, begründen Sie, warum das nicht möglich ist.[1]

(3+7 = 10 Punkte)

7. Hobby-Statistiker W. O. besitzt eine Sortiment-Packung mit vier verschiedenen Sorten Salzgebäck. Im Moment befinden sich in den vier Fächern noch folgende Anzahlen:

- in Fach 1: 20 Brezeln
- in Fach 2: 30 Cracker
- in Fach 3: 30 Ministicks
- in Fach 4: 20 Erdnussflips.

Er möchte daraus eine Stichprobe vom Umfang 8 ziehen und betrachtet folgende Möglichkeiten:

- Methode (I): Einmaliges zufälliges Auswählen mit Zurücklegen eines der vier Fächer, anschließend einmaliges zufälliges Ziehen mit Zurücklegen eines einzelnen Stückes Salzgebäck aus diesem Fach. Dieses Vorgehen wird insgesamt achtmal wiederholt.
- Methode (II): Ziehen einer einfachen Zufallsstichprobe (simple random sample) aus allen 100 noch vorhandenen Stücken Salzgebäck.
- Methode (III): Zweimaliges zufälliges Ziehen ohne Zurücklegen aus jedem der vier Fächer.

Beantworten Sie die folgenden Fragen:

---

[1]Führen Sie alle Einzelschritte explizit und in sauberer Darstellung auf, und halten Sie das Ergebnis deutlich fest.

(a) Welche dieser Methoden sind Wahrscheinlichkeitsmethoden? (Geben Sie die Kürzel an; Begründungen sind nicht erforderlich.)

(b) Mit welchem technischen Begriff aus der Statistik könnte man die Methode (III) am besten bezeichnen? (Angabe des Begriffs genügt; Begründungen sind nicht erforderlich.)

(c) Mit welcher Wahrscheinlichkeit erhält er mit Methode (I) genau fünf Brezeln? (Angabe eines mathematisch exakten Ausdrucks genügt; numerische Auswertung und Begründungen sind nicht erforderlich.)

(d) Mit welcher Wahrscheinlichkeit erhält er mit Methode (II) genau fünf Brezeln? (Angabe eines mathematisch exakten Ausdrucks mit kurzer stichwortartiger Begründung genügt; numerische Auswertung ist nicht erforderlich.)

$$(2+1+2+6 = 11 \text{ Punkte})$$

8. Der Verzehr von Salzgebäck wird wegen der damit verbundenen Aufnahme von Kochsalz als Risikofaktor für Bluthochdruck angesehen.
   In einer Studie wurde daher im Jahre 2010 eine große Anzahl Erwachsener verschiedener Altersgruppen hinsichtlich ihres Blutdrucks untersucht bzw. über ihren Konsum an Salzgebäck befragt. Man kann davon ausgehen, dass die Studie hinsichtlich der Auswahl und Anzahl der Befragten hohen Standards genügte und sorgfältig durchgeführt wurde. Es ergaben sich u. a. die folgenden Beobachtungen:

(A) Erwachsene mit hohem Konsum an Salzgebäck hatten im Mittel deutlich höhere Blutdruckwerte.

(B) Die Sechzigjährigen hatten im Mittel einen deutlich geringeren Salzgebäckkonsum als die Dreißigjährigen.

Hobby-Statistiker W. O. ist mit der Auswertung betraut. Helfen Sie ihm bei der Beantwortung der folgenden Fragen:

(a) Handelt es sich um eine Beobachtungsstudie oder um ein kontrolliertes Experiment? (Angabe des richtigen Stichwortes genügt; Begründungen sind nicht erforderlich.)

(b) Handelt es sich um eine Längsschnittstudie oder um eine Querschnittstudie?

(*Hinweis:* Angabe des richtigen Stichwortes genügt; Begründungen sind nicht erforderlich.)

(c) Kann man aus Beobachtung (A) schließen, dass Konsum von Salzgebäck zu erhöhtem Blutdruck führt? Begründen Sie Ihre Antwort möglichst prägnant.

(*Hinweis:* Schreiben Sie in vollständigen Sätzen; zwei bis vier prägnante Antwortsätze reichen aus; mehr Detail ist hier nicht gefordert. Für bloße Stichwörter oder reine Formeln gibt es keine Punkte. Es werden höchstens die ersten 80 Wörter Ihrer Lösung gewertet.)

(d) Kann man aus Beobachtung (B) schließen, dass Menschen mit zunehmendem Alter den Appetit auf Salzgebäck verlieren? Begründen Sie Ihre Antwort möglichst prägnant.

(*Hinweis:* Schreiben Sie in vollständigen Sätzen; zwei bis vier prägnante Antwortsätze reichen aus; mehr Detail ist hier nicht gefordert. Für bloße Stichwörter oder reine Formeln gibt es keine Punkte. Es werden höchstens die ersten 80 Wörter Ihrer Lösung gewertet.)

$$(1+1+4+4 = 10 \text{ Punkte})$$

Zusatzfrage (ohne Wertung)

Was tat der Aufgabensteller (nicht der Bearbeiter!) dieser Klausur während der Erstellung dieser Klausur?

☐   Er schaute Fernsehen.

☐   Er knabberte Salzgebäck.

☐   Er trainierte auf einem Hometrainer.

☐   _____ [1]

---

[1] Bitte beachten Sie, dass die Beantwortung der Zusatzfrage *nicht* anonym erfolgt.

3.12 Klausur „Überlastung"

1. Arbeitsüberlastung kann leicht zu einem Verlust an körperlicher Wider-
   standsfähigkeit führen. Ein Mediziner hat daher im Rahmen einer großen
   Studie 1 500 Arbeitnehmer in deutschen Großbetrieben untersucht. Der
   Datensatz zeigt den Zusammenhang zwischen Arbeitsbelastung (Variable x) und Erkältungsresistenz (Variable y). Das Streuungsdiagramm der
   1 500 Punkte (x_i, y_i), $i = 1, \ldots, 1\,500$, war sehr schön zwetschgenförmig.
   Ferner ergaben sich folgende Resultate (in geeigneten, hier nicht interessierenden Einheiten):

arithmetisches Mittel der Arbeitsbelastung (MWx)	=	135
Standardabweichung der Arbeitsbelastung (SDx)	=	16
arithmetisches Mittel der Erkältungsresistenz (MWy)	=	100
Standardabweichung der Erkältungsresistenz (SDy)	=	20
Korrelationskoeffizient r	=	-0.8

   (a) Welcher Prozentsatz der Arbeitnehmer hat eine Arbeitsbelastung zwi-
        schen 123 und 139?[1]

   (b) Welcher Prozentsatz der Arbeitnehmer mit Arbeitsbelastung 127 hat
        eine Erkältungsresistenz von mehr als 114?[1]

   (c) Wie lautet die Regressionsgerade von x auf y?[1]

   $$(3+5+4 = 12 \text{ Punkte})$$

2. Eine Universität hat drei Fakultäten mit jeweils genau 60 Dozenten. Der
   Präsident möchte sich einen Eindruck von der Mehrbelastung der Dozenten durch den doppelten Abiturjahrgang verschaffen und dazu sechs
   zufällig ausgewählte Dozenten zu einer Teestunde einladen. Hobby-Statistiker W. O. hat zwei Methoden für diese Auswahl ausgearbeitet.

   (a) Bei der ersten Methode legt man eine alphabetische Liste der Dozen-
        tennamen an. Man wählt dann eine Zufallszahl zwischen 1 und 30
        (jeweils einschließlich) und wählt von dieser Zahl an (einschließlich
        der Zahl selbst) jeden dreißigsten Namen für die Stichprobe aus.

---

[1] Führen Sie alle Einzelschritte explizit und in sauberer Darstellung auf, und halten Sie
das Ergebnis deutlich fest.

    (i) Ist dies eine Wahrscheinlichkeitsmethode? (Antworten Sie lediglich mit „Ja" oder „Nein".)

    (ii) Mit welchem Begriff aus der Statistik würde man dieses Verfahren am ehesten bezeichnen? (Angabe des Begriffs genügt.)

    (iii) Ist es dasselbe wie das Ziehen einer einfachen Zufallsstichprobe (simple random sample)? Begründen Sie Ihre Antwort ganz präzise.[1]

(b) Bei der zweiten Methode wählt man aus jeder Fakultät jeweils zwei Dozenten durch zufälliges Ziehen ohne Zurücklegen aus.

    (i) Ist dies eine Wahrscheinlichkeitsmethode? (Antworten Sie lediglich mit „Ja" oder „Nein".)

    (ii) Mit welchem Begriff aus der Statistik würde man dieses Verfahren am ehesten bezeichnen? (Angabe des Begriffs genügt.)

    (iii) Ist es dasselbe wie das Ziehen einer einfachen Zufallsstichprobe (simple random sample)? Begründen Sie Ihre Antwort ganz präzise.[1]

(6+6 = 12 Punkte)

3. In der Großstadt X gibt es zwei Taxiunternehmen: „Blue Cab" mit n blauen und „Green Cab" mit $400 - n$ grünen Taxis. Hobby-Statistiker W. O. hat bei einem Besuch in X in einem von ihm (wegen des Regenwetters) zufällig bestiegenen Taxi seinen grauen Rucksack vergessen, weil er wegen Arbeitsüberlastung in letzter Zeit sehr schusselig geworden ist. Er glaubt, die Farbe des Taxis sei „grün" gewesen, ist sich aber nicht sicher. Aus früherer Erfahrung weiß er aber, dass er sich (unabhängig von der Farbe) in genau 60 % der Fälle korrekt an die Farbe von Taxis erinnert.

(a) Stellen Sie die Situation durch ein Baumdiagramm dar. Verwenden Sie dabei den Buchstaben p für die unbekannte Wahrscheinlichkeit dafür, dass ein zufällig gewähltes Taxi „grün" ist.

(b) Als Hobby-Statistiker W. O. bei dem Taxiunternehmen „Green Cab" nach seinem Rucksack fragt, erfährt er, dass dort noch nichts abgegeben worden sei. Im Übrigen sei aber auch die bedingte Wahrscheinlichkeit dafür, dass das Taxi „grün" war unter der Bedingung, dass er sich an „grün" erinnert, lediglich 0.5 (und nicht – wie er vielleicht

---

[1] Führen Sie alle Einzelschritte explizit und in sauberer Darstellung auf, und halten Sie das Ergebnis deutlich fest.

vermutet habe – höher). Kann Hobby-Statistiker W. O. hieraus ermitteln, wie viele Taxis dem Unternehmen „Green Cab" gehören? Falls ja, ermitteln Sie diesen Wert; falls nein, begründen Sie genau, warum es nicht geht.[1]

(c) Nehmen Sie nun an, dass die unbekannte Wahrscheinlichkeit dafür, dass ein zufällig gewähltes Taxi „grün" ist, nicht p, sondern kleiner ist. Wäre dann die bedingte Wahrscheinlichkeit, dass das Taxi „grün" war unter der Bedingung, dass Hobby-Statistiker W. O. sich an „grün" erinnert, größer oder kleiner als zuvor? Antworten Sie hier lediglich mit „größer" oder „kleiner"; Begründungen sind nicht erforderlich.

$$(6+9+3 = 18 \text{ Punkte})$$

4. (a) Verkehrswege sind oft völlig überlastet, was mit der großen Mobilität der Menschen heutzutage zusammenhängt. So besitzen von 200 000 in einer bestimmten Stadt gemeldeten Erwachsenen 160 000 mindestens ein Auto. Die Stadtverwaltung wählt aus ihrer Kartei zufällig (mit Zurücklegen) 1 600 Erwachsene aus. Mit welcher Wahrscheinlichkeit wird der Anteil der Autobesitzer in dieser Stichprobe zwischen 78.25 % und 79.30 % betragen? Stellen Sie ein Schachtelmodell für diese Situation auf, und ermitteln Sie die gesuchte Wahrscheinlichkeit.[1] Rechnen Sie dabei bis auf etwaige Tabellenbenutzung exakt, d. h. ohne Rundung.

(b) In Teil (a) waren kurz gefasst folgende Daten gegeben:

Erwachsene (Stadt): 200 000
davon Autobesitzer: 160 000
Stichprobengröße: 1 600
Ziehen mit Zurücklegen.

Entscheiden Sie für die folgenden Situationen, ob die Wahrscheinlichkeit aus (a) nun größer, kleiner oder gleich groß sein wird. Fügen Sie jeweils das betreffende Wort ein; Begründungen sind nicht erforderlich.

   (i) Erwachsene (Stadt): 1 000 000
   davon Autobesitzer: 800 000
   Stichprobengröße: 1 600
   Ziehen mit Zurücklegen.

---

[1] Führen Sie alle Einzelschritte explizit und in sauberer Darstellung auf, und halten Sie das Ergebnis deutlich fest.

Die Wahrscheinlichkeit, dass der Anteil der Autobesitzer in der Stichprobe zwischen 78.25 % und 79.30 % beträgt, wird

_____ sein als/wie in Teil (a).

(ii) Erwachsene (Stadt): 1 000 000
davon Autobesitzer: 800 000
Stichprobengröße: 6 400
Ziehen mit Zurücklegen.

Die Wahrscheinlichkeit, dass der Anteil der Autobesitzer in der Stichprobe zwischen 78.25 % und 79.30 % beträgt, wird

_____ sein als/wie in Teil (a).

(iii) Erwachsene (Stadt): 10 000
davon Autobesitzer: 8 000
Stichprobengröße: 10 000
Ziehen ohne Zurücklegen.

Die Wahrscheinlichkeit, dass der Anteil der Autobesitzer in der Stichprobe zwischen 78.25 % und 79.30 % beträgt, wird

_____ sein als/wie in Teil (a).

(13+7 = 20 Punkte)

5. Um die Lebensdauer langlebiger technischer Objekte zu ermitteln oder zu vergleichen, werden diese gelegentlich durch bewusste Überlastung einem beschleunigten Alterungsprozess ausgesetzt. Hobby-Statistiker W. O. liest in einem solchen Versuchsprotokoll, dass man eine einfache Zufallsstichprobe von 4 900 elektronischen Elementen (z. B. Kondensatoren) aus einer Charge von 1 500 000 Stück entnommen und dafür (unter genau definierter Überlastung) die Lebensdauern bestimmt hat. Für die mittlere Lebensdauer ergab sich (auf die übliche Weise) das Intervall [1 095.05, 1 104.95] (in geeigneten, hier nicht interessierenden Zeiteinheiten) als approximatives 90 %-Konfidenzintervall. Man kann ferner davon ausgehen, dass die Lebensdauern selbst einer Normalverteilung folgen. Nehmen Sie an, man hätte die ganze Charge dem gleichen Test unterworfen. In etwa wie viele Objekte hätten dann eine Lebensdauer von mehr als 1 247?[1]

(10 Punkte)

---

[1] Führen Sie alle Einzelschritte explizit und in sauberer Darstellung auf, und halten Sie das Ergebnis deutlich fest.

6. Hobby-Statistiker W. O. fragt sich, ob die Umstellung auf eine kürzere
Schulzeit in Bayern eine Überlastung der Schüler bedeutet. Er untersucht
zu Vergleichszwecken die Abiturnoten aller 25 723 im Schuljahr 2004/05
in Bayern bestandenen Abiturprüfungen (an allgemein bildenden Gym-
nasien und integrierten Gesamtschulen). Die folgende Tabelle gibt diese
Daten an (Quelle: Sekretariat der Ständigen Konferenz der Kultusminis-
ter der Länder in der Bundesrepublik Deutschland[1]):

Note	Anzahl	Anteil (in %)	aufsummierte Anzahl	aufsummierter Anteil (in %)
1.0	269	1.05	269	1.05
1.1	206	0.80	475	1.85
1.2	286	1.11	761	2.96
1.3	390	1.52	1 151	4.47
1.4	448	1.74	1 599	6.22
1.5	584	2.27	2 183	8.49
1.6	769	2.99	2 952	11.48
1.7	838	3.26	3 790	14.73
1.8	1 026	3.99	4 816	18.72
1.9	1 082	4.21	5 898	22.93
2.0	1 081	4.20	6 979	27.13
2.1	1 270	4.94	8 249	32.07
2.2	1 367	5.31	9 616	37.38
2.3	1 516	5.89	11 132	43.28
2.4	1 483	5.77	12 615	49.04
2.5	1 589	6.18	14 204	55.22
2.6	1 606	6.24	15 810	61.46
2.7	1 496	5.82	17 306	67.28
2.8	1 451	5.64	18 757	72.92
2.9	1 394	5.42	20 151	78.34
3.0	1 232	4.79	21 383	83.13
3.1	1 097	4.26	22 480	87.39
3.2	997	3.88	23 477	91.27
3.3	818	3.18	24 295	94.45
3.4	598	2.32	24 893	96.77
3.5	435	1.69	25 328	98.46
3.6	264	1.03	25 592	99.49
3.7	112	0.44	25 704	99.93
3.8	18	0.07	25 722	100.00
3.9	1	0.00	25 723	100.00
4.0	0	0.00	25 723	100.00

---

[1] URL (Stand: 13.02.2013):
http://www.gew.de/Binaries/Binary29527/5KMK-Abiturnoten_2005%20%282%29.pdf

(a) Ist ein Stem-and-Leaf-Display für diesen Datensatz sinnvoll? Begründen Sie kurz Ihre Antwort.

(b) Geben Sie eine 5-Number-Summary dieser Daten an. Benutzen Sie dabei die Konventionen dieses Buches.
(*Hinweis:* Begründungen sind nicht erforderlich.)

(c) Erstellen Sie einen (liegenden) Boxplot für diese Daten. Benutzen Sie dabei die Konventionen dieses Buches.
(*Hinweis:* Es gibt nur Punkte für eine saubere und klare Darstellung.)

(d) Vervollständigen Sie die unten angegebene Skizze zu einem Histogramm für diese Daten mit den Klassen [0.95, 1.05[, [1.05, 2.05[und [2.05, 4.05[. Dabei soll jeweils der linke Randpunkt eingeschlossen und der rechte Randpunkt ausgeschlossen sein. Geben Sie jeweils die Fläche und die Höhe der Histogrammsäulen genau an, und ergänzen Sie auch die Achsenbeschriftung.

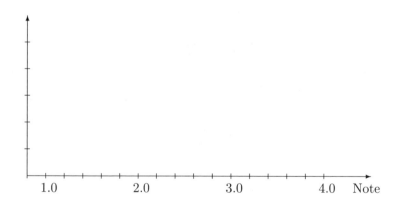

(e) Der Mittelwert der 25 723 Werte ist 2.43 und die Standardabweichung ungefähr 0.60. Wie viel Prozent der Werte würden bei einer Normalverteilung mit diesen Kennzahlen größer sein als 3.63?[1] Wie viel Pro-

---

[1]Führen Sie alle Einzelschritte explizit und in sauberer Darstellung auf, und halten Sie das Ergebnis deutlich fest.

zent der Werte erfüllen diese Bedingung im vorliegenden Datensatz?

(f) Einem Gerücht zufolge wurden genau zwei der 25 723 Werte falsch eingetippt und mit den korrekten Werten bliebe der Mittelwert unverändert, aber die Standardabweichung stiege so stark wie möglich an. Welche Noten haben die beiden falschen Ergebnisse und wie müssten sie korrigiert werden? Wie würde sich dadurch der Quartilsabstand verändern? Oder kann man das alles gar nicht sagen? Begründen Sie Ihre Antwort möglichst präzise.[1]

$$(2+5+4+5+3+9 = 28 \text{ Punkte})$$

7. Lesen Sie zunächst den Vorspann zu Aufgabe 6 bis zum Beginn der Teilaufgabe (a). Der in Aufgabe 6 benutzte Datensatz enthält auch die Angaben für weitere Bundesländer. Weil Hobby-Statistiker W. O. völlig überlastet ist, hat ein Praktikant für ihn diese Daten für ein weiteres Bundesland zur Verarbeitung per Computer aufbereitet. Der Datensatz sieht dann so aus:

(1) Note	(2) Anzahl	(3) Anteil (in %)	(4) aufsummierte Anzahl	(5) aufsummierter Anteil (in %)	(6) Anzahl	(7) Anteil (in %)	(8) aufsummierte Anzahl	(9) aufsummierter Anteil (in %)
x_1	x_2	x_3	x_4	x_5	x_6	x_7	x_8	x_9
1.0	269	1.05	269	1.05	*	*	*	*
1.1	206	0.80	475	1.85	*	*	*	*
⋮	⋮	⋮	⋮	⋮	⋮	⋮	⋮	⋮
3.9	1	0.00	25 723	100.00	*	*	*	*
4.0	0	0.00	25 723	100.00	0	0.00	*	100.00

In den Spalten (2)–(5) stehen die Werte für Bayern, in den Spalten (6)–(9) diejenigen für das andere Bundesland. Wie man aus der letzten Zeile entnehmen kann, trat auch in diesem Bundesland die Note „4.0" überhaupt nicht auf. Alle übrigen Werte sind unbekannt. Man kann jedoch davon ausgehen, dass in jeder der Spalten (1)–(9) wenigstens zwei voneinander verschiedene Werte auftreten, so dass alle Korrelationskoeffizienten zwischen zwei beliebigen Spalten definiert sind.

---

[1] Führen Sie alle Einzelschritte explizit und in sauberer Darstellung auf, und halten Sie das Ergebnis deutlich fest.

(a) Der Praktikant hat bereits mit Hilfe eines Computerprogramms die Korrelationsmatrix für die Größen x_6 bis x_9 aus den Spalten (6)–(9) berechnet. Geben Sie diese Korrelationsmatrix soweit möglich an. Schreiben Sie für Werte, die nicht bestimmbar sind, explizit die Abkürzung „nb" (für „nicht bestimmbar") hinein. Es reicht aus, eine untere Dreiecksmatrix unter Einschluss der Diagonalen anzugeben. Begründungen sind nicht erforderlich.

(b) Ist der Korrelationskoeffizient von x_1 und x_9 positiv, negativ oder Null? Oder kann man das gar nicht sagen? Begründen Sie Ihre Antwort durch möglichst präzise – idealerweise sogar mathematisch zwingende – Argumente.[1]

(c) Nehmen Sie an, dass der Korrelationskoeffizient von x_3 und x_7 genau gleich Eins ist. Kann man daraus etwas über die Notenverteilungen in Bayern und dem anderen Bundesland schließen? Machen Sie möglichst weitreichende Aussagen und begründen Sie diese durch ganz präzise mathematische Herleitungen[1], oder begründen Sie, warum das nicht geht.[1]

$$(4+8+8 = 20 \text{ Punkte})$$

Zusatzfrage (ohne Wertung)

Der Aufgabensteller (nicht der Bearbeiter!) dieser Klausur leidet offensichtlich vor allem

☐   an Masern

☐   unter Überlastung

☐   an Langeweile

☐   _____[2]

---

[1]Führen Sie alle Einzelschritte explizit und in sauberer Darstellung auf, und halten Sie das Ergebnis deutlich fest.

[2]Bitte beachten Sie, dass die Beantwortung der Zusatzfrage *nicht* anonym erfolgt.

3.13 Klausur „Wagner-Gedenkjahr"

1. Im Wagnerjahr 2013 veranstaltet ein Kaufhaus ein Quiz, bei dem die Kandidaten zwischen 0 (einschließlich) und 500 (ausschließlich) Punkte erzielen konnten. Insgesamt nahmen 400 Kandidaten teil und erzielten folgende Resultate:

   - 160 Kandidaten erzielten zwischen 0 (einschließlich) und 50 (ausschließlich) Punkte

   - 120 Kandidaten erzielten zwischen 150 (einschließlich) und 185 (ausschließlich) Punkte

   - 120 Kandidaten erzielten zwischen 405 (einschließlich) und 500 (ausschließlich).

Hobby-Statistiker W. O. möchte dies in einem Histogramm darstellen, das drei Säulen mit den Grundseiten $[0, a[$, $[a, b[$ und $[b, 500[$ (jeweils in Punkten) besitzt, wobei der linke Randpunkt jeweils eingeschlossen und der rechte Randpunkt jeweils ausgeschlossen ist. Jeder der obigen Bereiche soll ganz in einer Säule liegen; es soll also $50 \leq a \leq 150$ und $185 \leq b \leq 405$ sein. Ferner soll die zweite Säule (über dem Intervall $[a, b[$ in Punkten) die Höhe $\frac{1}{8}$ (in den entsprechenden Einheiten) und die dritte Säule (über dem Intervall $[b, 500[$ in Punkten) die Höhe $\frac{1}{6}$ (in den entsprechenden Einheiten) haben.

   (a) Welchen Wert hat b? (Angabe des Wertes genügt, Begründungen sind nicht erforderlich.)

   (b) Welchen Wert hat a? (Angabe des Wertes genügt, Begründungen sind nicht erforderlich.)

   (c) Wie hoch ist die erste Säule (über dem Intervall $[0, a[$ in Punkten)? Welche Einheit muss dabei benutzt werden? (Angabe des Wertes einschließlich der Einheit genügt, Begründungen sind nicht erforderlich.)

   (d) Vervollständigen Sie die folgende Skizze des Histogramms. Geben Sie in der Skizze jeweils auch die Höhe und die Fläche der Histogrammsäulen in den Konventionen dieses Buches genau an, und ergänzen Sie zudem die Achsenbeschriftungen.

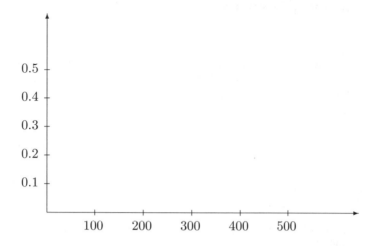

(3+3+3+3 = 12 Punkte)

2. Der Sitzplan mit Preiskategorien für die Bayreuther Festspiele im Wagnerjahr 2013 weist aus, dass es im Bereich A1 (Parkett, 1.–6. Reihe) genau 219 Sitzplätze in der höchsten Preiskategorie (280 EUR) gibt. Davon liegen 107 Plätze auf der rechten und 112 Plätze auf der linken Seite des Hauses.

Hobby-Statistiker W. O. soll daraus genau zwei Plätze zufällig auswählen, deren Inhaber nach der Eröffnungsveranstaltung in einem Lokalsender interviewt werden sollen. (Man kann dabei davon ausgehen, dass alle Plätze auch belegt sein werden.) Er zieht zwei Methoden für diese Auswahl in Betracht.

(a) Bei der ersten Methode (Methode A) zieht man aus dem rechten Block (107 Plätze) und aus dem linken Block (112 Plätze) jeweils separat eine einfache Zufallsstichprobe vom Umfang 1 und fügt diese anschließend zusammen.

   (i) Ist dies eine Wahrscheinlichkeitsmethode? (Antworten Sie lediglich mit „Ja" oder „Nein".)

   (ii) Mit welchem Begriff aus der Statistik würde man dieses Verfahren am ehesten bezeichnen? (Angabe des Begriffs genügt.)

   (iii) Wie viele verschiedene Auswahlen von zwei Plätzen sind bei diesem Verfahren möglich? Begründen Sie Ihre Antwort präzise, und geben Sie die Zahl vollständig ausgerechnet an.[1]

---

[1]Führen Sie alle Einzelschritte explizit und in sauberer Darstellung auf, und halten Sie das Ergebnis deutlich fest.

(b) Bei der zweiten Methode (Methode B) wählt man zunächst durch Werfen einer fairen Münze eine Seite und dann durch zufälliges Ziehen ohne Zurücklegen einen Platz auf dieser Seite aus. Dieser Platz wird also im nächsten Durchgang nicht mehr berücksichtigt. Anschließend wird das gesamte Verfahren (für die verbliebenen 218 Plätze) wiederholt.

  (i) Ist dies eine Wahrscheinlichkeitsmethode? (Antworten Sie lediglich mit „Ja" oder „Nein".)

  (ii) Mit welchem Begriff aus der Statistik würde man dieses Verfahren am ehesten bezeichnen? (Angabe des Begriffs genügt.)

  (iii) Wie viele verschiedene Auswahlen von zwei Plätzen sind bei diesem Verfahren möglich? Begründen Sie Ihre Antwort präzise, und geben Sie die Zahl vollständig ausgerechnet an.[1]

(c) Man entscheidet sich dafür, Methode B aus Teilaufgabe (b) zu verwenden. Die drei Ehepaare X, Y und Z haben jeweils Karten im Bereich A1 für die Eröffnungsveranstaltung. Ehepaar X sitzt im rechten Block (107 Plätze) und Ehepaar Y im linken Block (112 Plätze). Bei Ehepaar Z sitzt der Ehemann im rechten Block und die Ehefrau im linken Block. Berechnen Sie für alle drei Ehepaare die exakte Wahrscheinlichkeit dafür, dass gerade dieses Ehepaar als die zwei Interviewpartner ausgewählt wird.[1] Geben Sie diese Wahrscheinlichkeiten als vollständig gekürzte Brüche (oder als Produkte davon) an. Welches Ehepaar hat die größte Chance für das Interview und welches die geringste?

(5+5+11 = 21 Punkte)

3. Gerade im Wagnerjahr kann man exzellente Aufführungen bei den Bayreuther Festspielen erwarten. Leider sind Karten nicht ganz billig. Ein kleiner Spekulationsgewinn mit Aktien käme Hobby-Statistiker W. O. daher sehr gelegen! In der Zeitung *Frankfurter Allgemeine Sonntagszeitung* (vom 13. Januar 2013, Seite 36) liest Hobby-Statistiker W. O. in einem Artikel von Joachim Weimann mit der Überschrift „Das Spiel mit den Wahrscheinlichkeiten" Folgendes:

> Ein Beispiel: Sie überlegen sich, ob Sie eine Aktie kaufen sollen. Sie sind sehr optimistisch und erwarten, dass der Kurs mit einer Wahrscheinlichkeit von 95 Prozent im nächsten Quartal steigt.

[1]Führen Sie alle Einzelschritte explizit und in sauberer Darstellung auf, und halten Sie das Ergebnis deutlich fest.

Einen Verlust befürchten Sie nur mit einer Wahrscheinlichkeit
von 5 Prozent. Das sind die A-priori-Wahrscheinlichkeiten, über
die Sie zunächst verfügen. Jetzt kommt ein bekannter Analyst
und sagt voraus, dass der Aktienkurs fallen wird. Nehmen wir
an, Sie wissen aus Erfahrung, dass der Analyst in 80 Prozent
der Fälle recht hat. Sollten Sie jetzt die Aktie nicht kaufen, weil
sie viel zu riskant ist?
Wenn Sie die Information des Analysten richtig verarbeiten und
die A-posteriori-Wahrscheinlichkeit dafür berechnen, mit der
Aktie Verlust zu machen, dann werden Sie zu dem Ergebnis
kommen, dass auch nach der pessimistischen Prognose des Experten die Verlustwahrscheinlichkeit nur knapp über [...] liegt.

(Ende des Zitats)

(a) Stellen Sie die Situation durch ein Baumdiagramm dar.

(b) Berechnen Sie die im obigen Zitat an der Stelle [...] ausgelassene
    Wahrscheinlichkeit.[1] Geben Sie diese als vollständig gekürzten Bruch
    an.

(c) Nehmen Sie nun an, dass der Anleger im obigen Beispiel nicht mit
    der Wahrscheinlichkeit 0.95, sondern allgemeiner mit der A-priori-
    Wahrscheinlichkeit p eine Kurssteigerung (unter sonst gleichen Be-
    dingungen) erwartet. Für welche Werte von p wäre dann die bedingte
    Wahrscheinlichkeit, dass der Kurs fällt, unter der Bedingung, dass der
    Experte einen Kursrückgang prognostiziert hat, kleiner als 0.5?[1]

(d) Im Vorspann zu obigem Artikel heißt es:

    Bei der Einschätzung von Gewinnchancen vertrauen wir oft
    unserer Intuition. Doch statt dem Bauchgefühl zu folgen, soll-
    ten wir lieber nachrechnen.

    Im Club der Hobby-Statistiker wird daraufhin lebhaft diskutiert. Man
    ist sich einig, dass die A-priori-Wahrscheinlichkeit des Anlegers ganz
    sicher als „Bauchgefühl" einzustufen ist. Uneinig ist man darüber, ob
    die A-posteriori-Wahrscheinlichkeit aus (b) nun dem obigen Ziel ge-
    recht wird und nichts mehr mit „Bauchgefühl" zu tun hat. Erklären
    Sie kurz den Sachverhalt. Nehmen Sie dabei zur Illustration kurz Be-
    zug auf Teil (b) und Teil (c).

---

[1]Führen Sie alle Einzelschritte explizit und in sauberer Darstellung auf, und halten Sie
das Ergebnis deutlich fest.

(*Hinweis:* Schreiben Sie in vollständigen Sätzen; drei bis vier prägnante Antwortsätze reichen aus; mehr Detail ist hier nicht gefordert. Für bloße Stichwörter oder reine Formeln gibt es keine Punkte. Es werden höchstens die ersten 100 Wörter Ihrer Lösung gewertet.)

(6+5+5+7 = 23 Punkte)

4. Hustenanfälle sind während Opernaufführungen ausgesprochen unangenehm. Hobby-Statistiker W. O. hat jedoch einen Weg gefunden, Hustenreiz auch bei Erkältung zu unterdrücken: Er muss dazu allerdings ununterbrochen Hustentabletten mit einem bestimmten Wirkstoff im Mund zergehen lassen.

   (a) Für einen Opernbesuch im Wagnerjahr möchte Hobby-Statistiker W. O. ganz sicher gehen. Die Opernaufführung wird 300 Minuten dauern. Die Tabletten gibt es nur in Schachteln zu 25 Stück, und Hobby-Statistiker W. O. hat genau eine Schachtel gekauft. Dem Beipackzettel entnimmt er, dass die Zeit, in der eine einzelne Tablette im Mund zergeht, normalverteilt ist mit Mittelwert $m = 12.42$ Minuten und Standardabweichung s Minuten. Für welchen Wert von s kann Hobby-Statistiker W. O. davon ausgehen, dass er mit Wahrscheinlichkeit 91.92 % mindestens 300 Minuten hustenfrei bleibt?[1] Geben Sie ganz explizit ein Schachtelmodell für Ihre Überlegungen an.

   (b) Hobby-Statistiker W. O. ist nicht allein mit seinem Hustenproblem. Für eine Proberechnung geht er davon aus, dass von 500 Besuchern einer Opernaufführung 45 Hustentabletten bei sich haben und dass aus den 500 Personen eine einfache Zufallsstichprobe von 190 Personen gezogen wird. Mit welcher Wahrscheinlichkeit befinden sich unter diesen 190 Personen dann 20 Personen mit Hustentabletten?[1] Geben Sie

   (*Hinweis:* Die Herleitung und Angabe eines klaren, kompakten und exakten mathematischen Ausdrucks genügt; numerische Auswertung oder Vereinfachung ist nicht erforderlich.)

(11+5 = 16 Punkte)

5. Im Wagnerjahr interessiert natürlich auch die Frage, ob Wagner-Opern eher von Frauen oder von Männern bevorzugt werden. Hobby-Statistiker

---

[1] Führen Sie alle Einzelschritte explizit und in sauberer Darstellung auf, und halten Sie das Ergebnis deutlich fest.

W. O. hat im Vorgriff darauf bei mehreren Veranstaltungen der Bayreuther Festspiele in den letzten Jahren schon einige Daten erhoben: Eine Türsteherin („blaues Mädchen") hat jeweils zu Beginn die Anzahl der Männer auf den ersten 30 belegten Plätzen ausgezählt (Variable x). Um Fehler beim Zählen oder bei der Klassifikation auszuschließen, hat ein zweites „blaues Mädchen" unter den gleichen Bedingungen (also bei den gleichen Veranstaltungen und auf den gleichen Plätzen) zur Gegenkontrolle die Anzahl der Frauen gezählt (Variable y). Dabei ergaben sich keine Diskrepanzen, so dass die Daten als gesichert gelten können. Hobby-Statistiker W. O. wertet die Ergebnisse mit einem Computerprogramm aus. Als durchschnittliche Anzahl der Frauen (Mittelwert von y) ergibt sich dabei 16.5; als Standardabweichung der Anzahl der Männer (Standardabweichung von x) erhält man 2.4.

(a) Bestimmen Sie ganz exakt und mit genauer Begründung den Mittelwert von $x - y$, oder erklären Sie, warum das nicht geht.[1]

(b) Bestimmen Sie ganz exakt und mit genauer Begründung die Standardabweichung von y, oder erklären Sie, warum das nicht geht.[1]

(c) Bestimmen Sie ganz exakt und mit genauer Begründung den Korrelationskoeffizienten von x und y, oder erklären Sie, warum das nicht geht.[1]

(d) Bestimmen Sie ganz exakt und mit genauer Begründung den r.m.s.-Fehler der Regressionsgeraden von x auf y, oder erklären Sie, warum das nicht geht.[1]

(4+4+4+4 = 16 Punkte)

6. Das Wagner-Gedenkjahr ist zugleich auch ein Verdi-Gedenkjahr. Daher nimmt ein Marktforschungsinstitut an, dass die Ausgaben für Opterntonträger und Opernliteratur in diesem Jahr stark steigen. Eine große Anzahl von Konsumenten wurde deswegen hinsichtlich ihrer im letzten Jahr getätigten (Variable x_1) bzw. in diesem Jahr geplanten (Variable x_2) Ausgaben in diesem Bereich befragt. Das Streuungsdiagramm der Datenpunkte (x_1, x_2) war sehr schön zwetschgenförmig. Ferner ergab sich (in geeigneten, hier nicht interessierenden Einheiten) für x_1 der Mittelwert

---

[1] Führen Sie alle Einzelschritte explizit und in sauberer Darstellung auf, und halten Sie das Ergebnis deutlich fest.

$MW(x_1) = 180$, für x_2 der Mittelwert $MW(x_2) = 240$ und die Kovarianzmatrix

$$C = \begin{pmatrix} 25 & 18 \\ 18 & 36 \end{pmatrix}.$$

(a) Von Interesse sind insbesondere die Konsumenten mit einem Wert für x_1 von (ungefähr) 175. Welcher Anteil hiervon hat einen Wert von x_2, der niedriger liegt als 234?[1]

(b) Welcher Prozentsatz der befragten Konsumenten hatte im letzten Jahr Ausgaben zwischen 177.5 und 187.5?[1]

(12+3 = 15 Punkte)

7. Anlässlich des Wagnerjahres fragt sich Hobby-Statistiker W. O., ob das Einkommen unter den Festspielbesuchern gleichmäßiger verteilt ist als in der Gesamtbevölkerung. In der Zeitung *Frankfurter Allgemeine Sonntagszeitung* (vom 30. September 2012, Seite 42) findet er in einem Artikel von Georg Meck, Felix Brocker und Stefan Walter mit der Überschrift „Geht es bei uns gerecht zu?" eine Graphik, aus der zu entnehmen ist, dass im Jahr 2009 die unteren 50 % der Einkommensbezieher 31 % des Gesamteinkommens erhielten. Für die Festspielbesucher geht er davon aus, dass auf die unteren 40 % der Besucher 35 % des Gesamteinkommens und die unteren 60 % der Besucher 55 % des Gesamteinkommens entfällt. (Diese Daten sind rein hypothetisch.)

(a) Veranschaulichen Sie diese Daten für Hobby-Statistiker W. O. durch zwei Lorenzkurven, die in die gleiche Graphik eingetragen werden sollen. Eine gute und ausführlich beschriftete Handskizze, die den Aufbau der Graphik und die genaue Lage der eingetragenen Elemente klar erkennen lässt, reicht dazu aus. Benutzen Sie dabei die Konventionen dieses Buches.

(b) Nehmen Sie jetzt an, dass diese Lorenzkurven zutreffend sind. In welcher Gruppe wäre dann die Einkommensverteilung homogener? Oder kann man das gar nicht sagen? Begründen Sie kurz Ihre Antwort.

(*Hinweis:* Schreiben Sie in vollständigen Sätzen; ein bis drei prägnante Antwortsätze reichen aus; mehr Detail ist hier nicht gefordert. Für bloße Stichwörter oder reine Formeln gibt es keine Punkte. Es werden höchstens die ersten 50 Wörter Ihrer Lösung gewertet.)

---

[1] Führen Sie alle Einzelschritte explizit und in sauberer Darstellung auf, und halten Sie das Ergebnis deutlich fest.

(c) Nehmen Sie wieder an, dass diese Lorenzkurven zutreffend sind. In welcher Gruppe wären dann die Einkommen höher? Oder kann man das gar nicht sagen? Begründen Sie kurz Ihre Antwort.

(*Hinweis:* Schreiben Sie in vollständigen Sätzen; ein bis drei prägnante Antwortsätze reichen aus; mehr Detail ist hier nicht gefordert. Für bloße Stichwörter oder reine Formeln gibt es keine Punkte. Es werden höchstens die ersten 50 Wörter Ihrer Lösung gewertet.)

(9+4+4 = 17 Punkte)

Zusatzfrage (ohne Wertung)

Diese Klausur entstand vermutlich

☐   (zu) spät abends

☐   im Wagner-Gedenkjahr

☐   an Neujahr

☐   _____[1]

---

[1]Bitte beachten Sie, dass die Beantwortung der Zusatzfrage *nicht* anonym erfolgt.

3.14   Klausur „Geheimdienste"

1. Hat Wirtschaftsspionage durch Geheimdienste Deutschland möglicherweise geschadet? Hobby-Statistiker W. O. vermutet dies und hat aus diesem Grund entsprechende Daten gesammelt. In der Zeitung *Frankfurter Allgemeine Sonntagszeitung* (vom 21. April 2013, Seite 23) findet er in einem Artikel von Lisa Nienhaus mit der Überschrift „Armes Deutschland" eine Graphik, aus der für 15 Länder des Euroraums (ohne Irland und Estland) folgende Daten über das Bruttoinlandsprodukt (BIP) pro Kopf in TEUR (= tausend EUR) im Jahr 2012 zu entnehmen sind:

Rang	Land	BIP je Einwohner (in TEUR in 2012)
1	Luxemburg	83
2	Österreich	37
3	Niederlande	36
4	Finnland	36
5	Belgien	34
6	Deutschland	32
7	Frankreich	32
8	Italien	26
9	Spanien	23
10	Zypern	21
11	Slowenien	17
12	Griechenland	17
13	Malta	16
14	Portugal	16
15	Slowakei	13

(a) Erstellen Sie ein sinnvolles Stem-and-Leaf-Display für diese Daten. Ordnen Sie dabei die Blätter in aufsteigender Reihenfolge an, und benutzen Sie die Konventionen dieses Buches.

(b) Geben Sie eine 5-Number-Summary dieser Daten an. Benutzen Sie dabei die Konventionen dieses Buches.

   (*Hinweis:* Begründungen sind nicht erforderlich.)

(c) Ergänzen Sie in der umseitigen Skizze einen (liegenden) Boxplot für diese Daten. Benutzen Sie dabei die Konventionen dieses Buches. Geben Sie explizit an, welche Ausreißer(kandidaten) sich ergeben.

(*Hinweis:* Es gibt nur Punkte für eine saubere und klare Darstellung.)

0   50   100   TEUR

Ausreißer(kandidaten):

(d) Die Graphik enthält auch Daten über das Medianvermögen und das
Durchschnittsvermögen je Haushalt in den 15 Ländern in TEUR (er-
hoben in den Jahren 2008 bis 2010). Die folgende Tabelle zeigt einen
Ausschnitt davon:

Rang (nach BIP)	Land	Median-vermögen (je Haushalt in TEUR) (Variable x)	Durchschnitts-vermögen (je Haushalt in TEUR) (Variable y)
1	Österreich	76	265
2	Niederlande	104	[a]
3	Finnland	86	162
4	Italien	174	275

Leider ist der Wert an der Stelle [a] unleserlich geworden. Hobby-
Statistiker W. O. hatte aber bereits vorher die Regressionsgerade von
y auf x für diese vier Länder berechnet und dafür (leicht gerundet)
die Gleichung $y = 0.63x + 148.7$ (in TEUR) erhalten. Kann er damit
den Wert an der Stelle [a] rekonstruieren? Falls das möglich ist, tun
Sie dies.[1] Falls dies nicht möglich ist, begründen Sie genau, warum es
nicht geht.[1]

---

[1] Führen Sie alle Einzelschritte explizit und in sauberer Darstellung auf, und halten Sie
das Ergebnis deutlich fest.

(e) In der Tabelle aus Teil (d) – und in der Tat für alle 15 Länder – ist jeweils das Medianvermögen deutlich niedriger als das Durchschnittsvermögen. Ein Datenhistogramm für das Vermögen der Haushalte in einem dieser Länder würde also nach den Konventionen dieses Buches

vermutlich _____ (linksschief/rechtsschief) sein. In der Graphik des oben genannten Artikels heißt es dazu:

Je stärker das Durchschnitts- das Medianvermögen über-

steigt, desto _____ (niedriger/höher/ homogener/volatiler) sind in der Regel die Vermögen der

_____ (Armen/Reichen/Haushalte/Länder).

Füllen Sie jeweils die Lücken mit dem am besten passenden Begriff aus der dahinter angebotenen Liste von Optionen, die in Klammern und in Schrägschrift dem Text hinzugefügt wurde. Begründungen sind nicht erforderlich.

$$(3+4+6+7+5 = 25 \text{ Punkte})$$

2. Der Verein der Hobby-Geheimagenten hat Angst vor Ausspähung im Internet und verwaltet daher das Verzeichnis seiner 500 Mitglieder prinzipiell nicht auf einem Computer, sondern auf Karteikarten. Für eine Studie beauftragt der Vereinspräsident den Hobby-Statistiker W. O., eine einfache Zufallsstichprobe (simple random sample) von 50 Mitgliedern zu ziehen und in geeigneter Weise auszuwerten. Hobby-Statistiker W. O. sucht also die Geschäftsstelle auf (genauer gesagt den Keller dort), zieht zufällig und ohne Zurücklegen 50 der 500 Karteikarten und nimmt diese mit.

(a) In seinem Arbeitszimmer erreicht ihn schon eine E-Mail: Man kann aus Kostengründen nur eine Stichprobe vom Umfang 10 (statt 50) auswerten lassen. (Die gezogenen Mitglieder sollen nämlich persönlich befragt und medizinisch untersucht werden.) Hobby-Statistiker W. O. will sich den erneuten Weg sparen und zieht einfach zufällig und ohne Zurücklegen 10 Karten aus den 50 mitgebrachten. Läuft dieses „zweistufige Verfahren" auf dasselbe hinaus wie eine einfache Zufallsstichprobe vom Umfang 10 aus allen 500 Karteikarten? Nehmen Sie zur Klärung dieser Frage an, dass 10 bestimmte Mitglieder fest fixiert und betrachtet werden, und bestimmen Sie zunächst[1]

(i) die Wahrscheinlichkeit, dass genau die Karten dieser 10 Mitglieder in einer einfachen Zufallsstichprobe vom Umfang 10 aus den 500 Karten gezogen werden;

(ii) die Wahrscheinlichkeit, dass die Karten dieser 10 Mitglieder unter den 50 im ersten Schritt des zweistufigen Verfahrens gezogenen Karteikarten enthalten sind;

(iii) die bedingte Wahrscheinlichkeit dafür, dass genau die Karten dieser 10 Mitglieder im zweiten Schritt des zweistufigen Verfahrens gezogen werden unter der Bedingung, dass sie im ersten Schritt unter die 50 Karten gelangt sind;

(iv) die Wahrscheinlichkeit, dass genau die Karten dieser 10 Mitglieder in dem zweistufigen Verfahren als letztliche Stichprobe gezogen werden.

Klären Sie dann durch genauen Vergleich der Wahrscheinlichkeiten aus (i) und (iv) die obige Frage.[1]

(b) Bevor Hobby-Statistiker W. O. die 10 ausgewählten Mitglieder anschreiben kann, erhält er eine weitere Nachricht: Man traue ihm nicht mehr und storniere hiermit den Auftrag. Die Studie solle von einem Kollegen durchgeführt werden, und Hobby-Statistiker W. O. solle die 50 Karteikarten zurücksenden. Das tut dieser auch, lässt sich dafür aber bis nach der Abgabefrist der Studie Zeit. Er kann deswegen ganz sicher sein, dass der als Nachfolger beauftragte Kollege seine neuen 10 Karten nur aus den 450 noch in der Geschäftsstelle verbliebenen gezogen hat. Trotzdem liest er in dessen Abschlussbericht, dass die Studie auf 10 Mitgliedern beruhe, die ein „simple random sample" aus den 500 Mitgliedern darstellten. Ist das korrekt, oder kann Hobby-Statistiker W. O. dies als Kritikpunkt nutzen? Begründen Sie Ihre Antwort ganz präzise.[1]

(c) Bevor die 50 Karteikarten von Hobby-Statistiker W. O. eintreffen, aber nachdem der andere Kollege seinerseits 10 Karten gezogen hat, wird der Vereinspräsident gebeten, aus den Mitgliedern zufällig einen Vertreter für ein Presseinterview auszuwählen. Er lässt also zufällig eine Karte aus den 440 zu diesem Zeitpunkt in der Geschäftsstelle verbliebenen Karteikarten ziehen. Mit welcher Wahrscheinlichkeit kann

---

[1]Führen Sie alle Einzelschritte explizit und in sauberer Darstellung auf, und halten Sie das Ergebnis deutlich fest. Bei Aufgabenteil (a) reicht die Angabe übersichtlicher und genauer mathematischer Ausdrücke aus, numerische Auswertung oder weitestgehende Vereinfachung ist nicht erforderlich.

er auf der Basis der ihm bisher vorliegenden Information damit rechnen, selbst die gewählte Person zu sein? Begründen Sie Ihre Antwort ganz präzise.[1]

(8+4+3 = 15 Punkte)

3. Geheimdienste versuchen, auch durch Abhören von Nachrichtenkanälen an Informationen zu gelangen. Nachrichten werden dabei als Abfolgen von „0" und „1" codiert. Für eine Analyse geht Hobby-Statistiker W. O. von folgenden Gegebenheiten aus:

- Ein zufällig herausgegriffenes gesendetes Signal ist mit Wahrscheinlichkeit q eine „0" und mit Wahrscheinlichkeit $1 - q$ eine „1".

- Falls eine „0" gesendet wurde, so wird mit Wahrscheinlichkeit p_0 korrekterweise eine „0" abgehört, mit Wahrscheinlichkeit $1-p_0$ ergibt sich hingegen fälschlicherweise eine „1".

- Falls eine „1" gesendet wurde, so wird mit Wahrscheinlichkeit p_1 korrekterweise eine „1" abgehört, mit Wahrscheinlichkeit $1-p_1$ ergibt sich hingegen fälschlicherweise eine „0".

(a) Stellen Sie die Situation durch ein Baumdiagramm dar. Benutzen Sie dabei die oben eingeführten Bezeichnungen und die Konventionen dieses Buches. (In der Nachrichtentechnik werden Kanäle zum Teil etwas anders dargestellt.)

(b) Nehmen Sie nur für diesen Aufgabenteil an, dass $q = 0.6$, $p_0 = 0.8$ und $p_1 = 0.6$ ist. Aus der Folge der abgehörten Zeichen wird zufällig eines ausgewählt; es ist eine „0". Mit welcher Wahrscheinlichkeit war unter diesen Umständen auch das zugehörige gesendete Signal eine „0"?[1] Geben Sie diese als vollständig gekürzten Bruch an.

(c) Nehmen Sie wiederum nur für diesen Aufgabenteil an, dass $q = 0.6$, $p_0 = 0.8$ und $p_1 = 0.6$ ist. Aus der Folge der abgehörten Zeichen werden zufällig 400 ausgewählt; man kann davon ausgehen, dass sie unabhängig sind. Gesucht sind der Erwartungswert und der Standardfehler der Anzahl der „1" unter diesen 400 Zeichen. Erstellen Sie ein sinnvolles Schachtelmodell, und bestimmen Sie diese Größen.[1]

(d) Wichtige Nachrichten werden oft mehrfach gesendet, um die Zuverlässigkeit (gegen technische Störungen) zu erhöhen. Für einen speziellen

---

[1]Führen Sie alle Einzelschritte explizit und in sauberer Darstellung auf, und halten Sie das Ergebnis deutlich fest.

Test wird das Zeichen „0" dreimal hintereinander gesendet, also als Zeichenkette „000". Das zugehörige abgehörte Zeichentripel wird als ursprüngliches Zeichen „0" interpretiert, wenn es mindestens zweimal „0" enthält. Mit welcher Wahrscheinlichkeit ist dies der Fall? Geben Sie ein Stichwort zur Begründung und einen exakten mathematischen Ausdruck dafür mit Hilfe der allgemeinen Bezeichnungen q, p_0 und p_1 aus dem Vorspann an. Weitere Begründungen oder Rechnungen sind nicht erforderlich.

(6+5+7+4 = 22 Punkte)

4. Ein Geheimdienst hat die Internetkontakte einer riesigen Anzahl von Personen überwacht und aufgezeichnet. Hobby-Statistiker W. O. kann in Erfahrung bringen, dass insbesondere die Verweildauern auf einer bestimmten Webseite im Mai 2012 (Variable x) und im Mai 2013 (Variable y) – in geeigneten, hier nicht interessierenden Einheiten – erfasst wurden. Dabei ergaben sich mittels einer Computerberechnung folgende Resultate:

arithmetisches Mittel der Verweildauer im Mai 2012 (MWx)   =   80
Standardabweichung der Verweildauer im Mai 2012 (SDx)   =   4

arithmetisches Mittel der Verweildauer im Mai 2013 (MWy)   =   38
Standardabweichung der Verweildauer im Mai 2013 (SDy)   =   3

Korrelationskoeffizient r =   0.8

Das Streuungsdiagramm war sehr schön zwetschgenförmig.

(a) Wie lautet der Mittelwertvektor dieses Datensatzes? (Angabe des Vektors genügt, Begründungen sind nicht erforderlich.)

(b) Wie lautet die Kovarianzmatrix dieses Datensatzes? (Angabe der Matrix genügt, Begründungen sind nicht erforderlich.)

(c) Wie lautet die Korrelationsmatrix dieses Datensatzes? (Angabe der Matrix genügt, Begründungen sind nicht erforderlich.)

(d) Welcher (ungefähre) Prozentsatz der Personen hat eine Verweildauer im Mai 2012 von nicht mehr als 82.8?[1]

---

[1] Führen Sie alle Einzelschritte explizit und in sauberer Darstellung auf, und halten Sie das Ergebnis deutlich fest.

(e) Hobby-Statistiker W. O. betrachtet nun diejenigen Personen, bei denen die Verweildauern im Mai 2012 und im Mai 2013 (gerundet auf den nächsten ganzzahligen Wert) gleich groß waren. Wie groß ist für diesen Teilbestand ungefähr der Korrelationskoeffizient zwischen den Verweildauern im Mai 2012 und den Verweildauern im Mai 2013?

(*Hinweis:* Antwort und Begründung müssen hier durch vollständige Sätze gegeben werden; Formeln und Stichwörter reichen nicht aus. Es werden nur die ersten 40 Wörter Ihrer Lösung gewertet.)

(f) Hobby-Statistiker W. O. betrachtet nun diejenigen Personen, bei denen die Verweildauern im Mai 2012 und im Mai 2013 zusammen (gerundet auf den nächsten ganzzahligen Wert) den Wert 112 haben. Wie groß ist für diesen Teilbestand ungefähr der Korrelationskoeffizient zwischen den Verweildauern im Mai 2012 und den Verweildauern im Mai 2013?

(*Hinweis:* Antwort und Begründung müssen hier durch vollständige Sätze gegeben werden; Formeln und Stichwörter reichen nicht aus. Es werden nur die ersten 40 Wörter Ihrer Lösung gewertet.)

(g) Für jede Person des Datensatzes wurde durch Einsetzen ihres x-Wertes in die Regressionsgerade von y auf x eine Prognose $\hat{y}$ für den y-Wert erstellt. Die Abweichungen $y - \hat{y}$ wurden analysiert. Wie groß sind der Mittelwert und die Standardabweichung dieser Abweichungen?[1]

(h) Man betrachte nun den (ungefähren) Anteil der Personen, die eine Verweildauer im Mai 2012 von mehr als 85 oder eine Verweildauer im Mai 2013 von mehr als 41.75 oder sogar beides aufweisen. Welche der folgenden Aussagen trifft am ehesten zu?

  (i) Der betreffende Anteil ist 0.

  (ii) Der betreffende Anteil liegt zwischen 0 und 0.05.

  (iii) Der betreffende Anteil liegt zwischen 0.05 und 0.08.

  (iv) Der betreffende Anteil ist 0.08.

  (v) Der betreffende Anteil liegt zwischen 0.08 und 0.25.

  (vi) Der betreffende Anteil liegt zwischen 0.25 und 0.8.

  (vii) Der betreffende Anteil ist 0.8.

  (viii) Der betreffende Anteil liegt zwischen 0.8 und 1.

---

[1] Führen Sie alle Einzelschritte explizit und in sauberer Darstellung auf, und halten Sie das Ergebnis deutlich fest.

Geben Sie die Nummer der richtigen Antwort an, und begründen Sie Ihre Wahl ganz präzise durch eine mathematisch zwingende Argumentation.[1]

Antwort:

Begründung:

$$(2+3+1+3+3+3+3+8 = 26 \text{ Punkte})$$

5. Sind Geheimdienste kontrollierbar? In der Zeitung *Frankfurter Allgemeine Sonntagszeitung* (vom 08. Dezember 2013, Seite 21) findet Hobby-Statistiker W. O. in einem Artikel mit der Überschrift „Die NSA liest immer mit" eine Graphik, aus der hervorgeht, dass von 750 Befragten im Alter von über 16 Jahren 90 % auf die Frage „Lassen sich die ausländischen Geheimdienste in Deutschland einschränken?" mit „Bin skeptisch" antworteten. Nehmen Sie im Folgenden zur Vereinfachung an, dass es sich um 900 (statt 750) Befragte handelte und dass diese durch einfache Zufallsauswahl aus den Bundesbürgern über 16 Jahren ausgewählt wurden.

(a) Berechnen Sie ein möglichst kurzes approximatives 80 %-Konfidenzintervall für den Prozentsatz der Bundesbürger über 16 Jahren, die sich skeptisch zur Einschränkung der Geheimdienste äußern würden.[1]

(b) Nehmen Sie nun an, dass der wahre Anteil in der Gesamtpopulation in der Tat 90 % ist und dass insgesamt 625 Meinungsforschungsinstitute unabhängig voneinander entsprechende Umfragen durchgeführt und ganz exakte 80 %-Konfidenzintervalle gebildet haben. Sie können also davon ausgehen, dass jedes solche Intervall genau mit der Wahrscheinlichkeit 0.8 den wahren Wert überdeckt. Die Anzahl der Intervalle, die den wahren Wert enthalten, ist dann eine Zufallsgröße, die mit X bezeichnet werde. Berechnen Sie den Erwartungswert und den Standardfehler von X.[1]

(c) Wie groß ist die Wahrscheinlichkeit dafür, dass genau 490 der in Aufgabenteil (b) gebildeten 625 Intervalle den wahren Wert 90 % einschließen? Geben Sie hierfür ein Stichwort zur Begründung und einen mathematisch exakten Ausdruck an. Weitere Begründungen oder eine

---

[1]Führen Sie alle Einzelschritte explizit und in sauberer Darstellung auf, und halten Sie das Ergebnis deutlich fest.

numerische Auswertung sind nicht erforderlich.

(d) Berechnen Sie eine geeignete Näherung für die in Aufgabenteil (c) genannte Wahrscheinlichkeit.[1]

   (*Hinweis:* Beachten Sie Aufgabenteil (b).)

$$(9+6+3+5 = 23 \text{ Punkte})$$

6. Welche Veränderungen zeigen sich bei Menschen, nachdem diese erfahren, dass sie überwacht werden (z. B. durch Geheimdienste im Internet)? Hobby-Statistiker W. O. versucht, einen Psychologen zu einer Studie über diese Problematik zu bewegen. In dieser Studie sollen zwei Gruppen von Menschen (Behandlungsgruppe und Kontrollgruppe) miteinander und mit Blick auf bestimmte Aspekte verglichen werden, um den Effekt der Kenntnis der Überwachung („Behandlung") zu prüfen. Der Versuch kann entweder als kontrolliertes Experiment oder als Beobachtungsstudie durchgeführt werden.

(a) Worin besteht der entscheidende Unterschied zwischen einem kontrollierten Experiment und einer Beobachtungsstudie?

   (*Hinweis:* Die Antwort muss durch vollständige Sätze gegeben werden; Formeln und Stichwörter reichen nicht aus. Es werden nur die ersten 60 Wörter Ihrer Lösung gewertet.)

(b) Welche der beiden Varianten (Beobachtungsstudie oder kontrolliertes Experiment) ist aus statistischer Sicht zu empfehlen und warum?

   (*Hinweis:* Die Antwort muss durch vollständige Sätze gegeben werden; Formeln und Stichwörter reichen nicht aus. Es werden nur die ersten 60 Wörter Ihrer Lösung gewertet.)

(c) Man gebe jeweils ein Beispiel an für ein Merkmal von Personen, das

   (i) qualitativ

   (ii) quantitativ und diskret

   (iii) quantitativ und stetig

   ist.

$$(3+3+3 = 9 \text{ Punkte})$$

---

[1] Führen Sie alle Einzelschritte explizit und in sauberer Darstellung auf, und halten Sie das Ergebnis deutlich fest.

Zusatzfrage (ohne Wertung)

Der Aufgabensteller (nicht der Bearbeiter!) dieser Klausur ist offensichtlich kein großer Freund von

☐   schönen Urlauben

☐   übertriebener Überwachung durch Geheimdienste

☐   spannender Statistik

☐   _____[1]

---

[1] Bitte beachten Sie, dass die Beantwortung der Zusatzfrage *nicht* anonym erfolgt.

3.15   Klausur „Schokolade"

Gemeinsamer Hintergrund zu den Aufgaben 1 und 2:

Verbessert Schokolade das Denkvermögen? In der Studie „Chocolate Consumption, Cognitive Function, and Nobel Laureates" in der hoch renommierten Zeitschrift *The New England Journal of Medicine* (vom 18. Oktober 2012, Seite 1562–1564, DOI: 10.1056/NEJMon1211064) kommt der Autor F. H. Messerli[1] zu dem Schluss

> Chocolate consumption enhances cognitive function, which is a sine qua non for winning the Nobel Prize, and it closely correlates with the number of Nobel laureates in each country.[2]

Hobby-Statistiker W. O. möchte die Ergebnisse reproduzieren und hat deshalb (ähnlich wie in der erwähnten Studie) Daten über den jährlichen Schokoladekonsum (in kg/Kopf) (Variable x) und die bisherige Anzahl der Nobelpreisträger (pro 10 Millionen Einwohner) (Variable y) für 23 Länder zusammengestellt. Die Daten in der umseitigen Tabelle entsprechen denen der obigen Studie, sind aber etwas aktueller.[3]

---

[1]Herr Messerli ist offenbar Schweizer. Nicht ganz überraschend kommt die Schweiz bei seiner Auswahl der Daten sowohl bei Schokoladenkonsum als auch bei der Anzahl der Nobelpreisträger auf den Spitzenplatz. Trotz − oder vielleicht gerade wegen − des betont hochwissenschaftlichen Tons ist die „Studie" übrigens wohl eher „mit einem Augenzwinkern" zu lesen ...

[2]*frei übersetzt etwa:* Schokoladenkonsum verbessert die kognitive Funktion, die eine notwendige Voraussetzung für den Gewinn eines Nobelpreises ist, und er korreliert stark mit der Anzahl der Nobelpreisträger in jedem Land.

[3]Diese Fußnote dokumentiert nur die Herkunft der Daten; sie ist für die Bearbeitung der Aufgabe nicht von Belang. Die Angaben für den Verbrauch stammen zumeist aus dem CAOBISCO Statistical Bulletin 2013, S. 36, und beziehen sich auf das Jahr 2011, sofern nicht in Klammern ein anderes Bezugsjahr angegeben ist. Die Schokoladenkonsumwerte für die Niederlande und Kanada stammen aus http://www.theobroma-cacao.de/wissen/wirtschaft/international/konsum (Stand: 20.01.2015). Die Werte für die Nobelpreisträger stammen aus http://en.wikipedia.org/wiki/List_of_countries_by_Nobel_laureates_per_capita (Stand: 20.01.2015).

Nr.	Kenn-zeichen	Name	Schokoladenkonsum pro Jahr (in kg/Kopf)	Nobelpreisträger (Anzahl pro 10 Mio. Einwohner)
1	D	Deutschland	11.6	12.7
2	CH	Schweiz	10.6	30.9
3	UK	Vereinigtes Königreich	9.8	19.5
4	N	Norwegen	9.2	25.8
5	A	Österreich	8.7	24.7
6	DK	Dänemark	8.2	24.9
7	FIN	Finnland	6.8	7.4
8	F	Frankreich	6.6	9.5
9	S	Schweden	6.2	30.3
10	B	Belgien	5.7	9.0
11	USA	Vereinigte Staaten (2009)	5.3	10.9
12	NL	Niederlande (2004)	4.5	11.3
13	AUS	Australien (2009)	4.2	5.1
14	I	Italien	4.1	3.3
15	CDN	Kanada (2004)	3.9	6.3
16	BR	Brasilien	3.5	0.1
17	E	Spanien	3.2	1.7
18	PL	Polen	2.7	3.1
19	IRL	Irland	2.6	13.0
20	P	Portugal	2.6	1.9
21	GR	Griechenland	2.4	1.8
22	J	Japan	2.2	1.7
23	RC	China (2003)	0.7	0.1

Das Streuungsdiagramm der Daten sieht so aus:

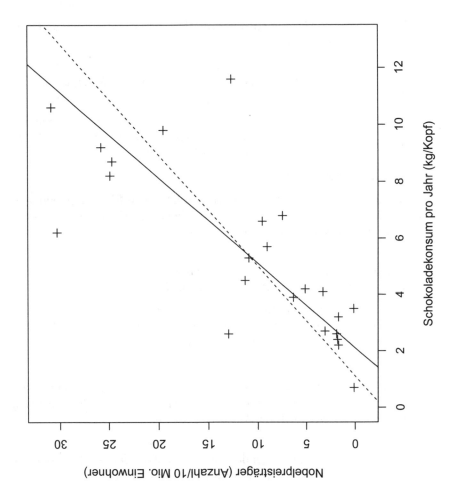

1. *Hinweis:* Lesen Sie zunächst den gemeinsamen Hintergrund zu den Aufgaben 1 und 2 auf den Seiten 181 bis 183.

(a) Handelt es sich um ein kontrolliertes Experiment oder um eine Beobachtungsstudie?

(b) Beurteilen Sie, ob die folgende Aussage richtig oder falsch ist oder ob das auf der Basis des Datensatzes gar nicht entscheidbar ist:

„Je höher der Schokoladekonsum (in den verwendeten Einheiten) war, desto höher war der Tendenz nach auch die Zahl der Nobelpreisträger (in den verwendeten Einhciten)."

Begründen Sie kurz Ihre Antwort.

(*Hinweis:* Die Antwort muss durch vollständige Sätze gegeben werden; Formeln und Stichwörter reichen nicht aus. Es werden höchstens die ersten 40 Wörter Ihrer Antwort gewertet.)

(c) Beurteilen Sie, ob die folgende Aussage richtig oder falsch ist oder ob das auf der Basis des Datensatzes gar nicht entscheidbar ist:

„Wenn der Schokoladekonsum (in den verwendeten Einheiten) in einem Land erhöht wird, so wird dadurch auch die Zahl der Nobelpreisträger (in den verwendeten Einheiten) steigen."

Begründen Sie kurz Ihre Antwort.

(*Hinweis:* Die Antwort muss durch vollständige Sätze gegeben werden; Formeln und Stichwörter reichen nicht aus. Es werden höchstens die ersten 40 Wörter Ihrer Antwort gewertet.)

(d) Beurteilen Sie, ob die folgende Aussage richtig oder falsch ist oder ob das auf der Basis des Datensatzes gar nicht entscheidbar ist:

„Wenn man in jedem Land der Studie eine Stichprobe vom Umfang 1 000 Personen zieht und für jede Person den Schokoladekonsum und den Intelligenzquotienten misst, so wird das entstehende Streuungsdiagramm für die 23 000 Punkte zwar nicht unbedingt einen so hohen, aber doch einen positiven Korrelationskoeffizienten aufweisen."

Begründen Sie kurz Ihre Antwort.

(*Hinweis:* Die Antwort muss durch vollständige Sätze gegeben werden; Formeln und Stichwörter reichen nicht aus. Es werden höchstens die ersten 40 Wörter Ihrer Antwort gewertet.)

(e) Geben Sie eine 5-Number-Summary für den Schokoladekonsum (Variable x) an. Benutzen Sie dabei die Konventionen dieses Buches.

(*Hinweis:* Begründungen sind nicht erforderlich.)

$$(1+3+3+3+4 = 14 \text{ Punkte})$$

2. *Hinweis:* Lesen Sie zunächst den gemeinsamen Hintergrund zu den Aufgaben 1 und 2 auf den Seiten 181 bis 183.

Im Streuungsdiagramm sind zwei Geraden eingetragen: die SD-Gerade und die Regressionsgerade von y auf x.

(a) Geben Sie an, welche dieser Geraden die durchgezogene und welche die gestrichelte Linie ist.

(*Hinweis:* Begründungen sind nicht erforderlich.)

Die durchgezogene Linie ist die

Die gestrichelte Linie ist die

(b) Welcher der folgenden Vektoren liegt wohl am nächsten beim Mittelwertvektor für diesen Datensatz?

$$\mathrm{MV}_1 = \left(\begin{array}{c} 5.0 \\ 10.3 \end{array} \right), \ \mathrm{MV}_2 = \left(\begin{array}{c} 5.5 \\ 10.0 \end{array} \right), \ \mathrm{MV}_3 = \left(\begin{array}{c} 5.5 \\ 11.0 \end{array} \right),$$

$$\mathrm{MV}_4 = \left(\begin{array}{c} 5.0 \\ 11.0 \end{array} \right), \ \mathrm{MV}_5 = \left(\begin{array}{c} 6.0 \\ 10.5 \end{array} \right), \ \mathrm{MV}_6 = \left(\begin{array}{c} 6.5 \\ 13.5 \end{array} \right).$$

Oder kann man das aufgrund der vorhandenen Informationen ohne genauere Rechnung gar nicht ermitteln? Geben Sie eine genaue Begründung für Ihre Antwort an.

(*Hinweis:* Die Antwort muss durch vollständige Sätze gegeben werden; Formeln und Stichwörter reichen nicht aus. Es werden höchstens die ersten 40 Wörter Ihrer Antwort gewertet.)

(c) Aus dem Streuungsdiagramm liest Hobby-Statistiker W. O. ab, dass SDx ungefähr den Wert 3, SDy ungefähr den Wert 10 und der Korrelationskoeffizient r ungefähr den Wert 0.8 besitzt. Wie würde bei Zugrundelegen dieser Näherungswerte die Kovarianzmatrix des Datensatzes lauten?

(*Hinweis:* Begründungen sind nicht erforderlich.)

(d) Für welches Land ergibt sich das größte negative Residuum (mit Blick auf die Regressionsgerade von y auf x)?

(*Hinweis:* Begründungen sind nicht erforderlich.)

(e) Schweden scheint bei moderatem Schokoladekonsum ungewöhnlich viele Nobelpreisträger zu haben. Herr Messerli vermutet hier einen „Heimvorteil". Damit dies die Ergebnisse nicht verzerrt, möchte Hobby-Statistiker W. O. dies korrigieren und ersetzt daher für Schweden die tatsächliche Anzahl der Nobelpreisträger durch die nach der SD-Geraden für Schweden vorhergesagte Zahl. Diesen neuen Datensatz bezeichnet er mit $\hat{y}$ und berechnet dann die Regressionsgerade von $\hat{y}$ auf x. Er fragt sich, wie sich diese Datenänderung auf den r.m.s.-Fehler der Regressionsgeraden auswirkt. Ist der r.m.s.-Fehler der Regressionsgeraden von $\hat{y}$ auf x größer oder kleiner als derjenige der Regressionsgeraden von y auf x? Oder ist er gleich groß? Oder kann man das überhaupt nicht sagen? Geben Sie eine klare Antwort, und begründen Sie diese präzise.[1]

$$(2+4+2+2+6 = 16 \text{ Punkte})$$

3. Hobby-Statistiker W. O. hat von einem Einkaufsbummel drei Pralinen-schachteln A, B und C von drei verschiedenen Herstellern mitgebracht. Schachtel A enthält 40, Schachtel B 30 und Schachtel C 20 hochfeine Pralinen. Für eine erste Kostprobe möchte er drei Pralinen rein zufällig auswählen und fasst dafür folgende vier Methoden ins Auge:

- Methode (I): zufälliges Auswählen mit Zurücklegen einer der drei Schachteln, anschließend dreimaliges zufälliges Ziehen ohne Zurücklegen einer einzelnen Praline aus der gewählten Schachtel

- Methode (II): dreimaliges zufälliges Ziehen ohne Zurücklegen aus allen 90 Pralinen

- Methode (III): direktes Nehmen der ersten drei Pralinen aus der Schachtel A

- Methode (IV): einmaliges zufälliges Ziehen ohne Zurücklegen aus jeder der drei Schachteln in der Reihenfolge A, B, und C.

(a) Ist Methode (I) eine Wahrscheinlichkeitsmethode? Mit welchem technischen Begriff aus diesem Buch könnte man sie am besten bezeichnen?

---

[1] Führen Sie alle Einzelschritte explizit und in sauberer Darstellung auf, und halten Sie das Ergebnis deutlich fest.

(*Hinweis:* Antworten Sie mit „Ja" oder „Nein", und geben Sie den Begriff an.)

(b) Ist Methode (III) eine Wahrscheinlichkeitsmethode? Mit welchem technischen Begriff aus diesem Buch könnte man sie am besten bezeichnen?

(*Hinweis:* Antworten Sie mit „Ja" oder „Nein", und geben Sie den Begriff an.)

(c) Ist Methode (IV) eine Wahrscheinlichkeitsmethode? Mit welchem technischen Begriff aus diesem Buch könnte man sie am besten bezeichnen?

(*Hinweis:* Antworten Sie mit „Ja" oder „Nein", und geben Sie den Begriff an.)

(d) Eine von den 30 Pralinen aus Schachtel B scheint besonders lecker zu sein. Geben Sie für jede der beiden Methoden (I) und (II) die Wahrscheinlichkeit dafür an, dass diese spezielle Praline unter den insgesamt ausgewählten drei Pralinen sein wird.

(*Hinweis:* Angabe der Wahrscheinlichkeiten als vollständig gekürzte Brüche reicht aus; numerische Auswertung oder Begründungen sind nicht erforderlich.)

Bei Methode (I):

Bei Methode (II):

(e) Geben Sie für jede der beiden Methoden (I) und (II) die Wahrscheinlichkeit dafür an, dass eine Praline aus Schachtel A als zweite Praline ausgewählt wird.

(*Hinweis:* Angabe der Wahrscheinlichkeiten als vollständig gekürzte Brüche reicht aus; numerische Auswertung oder Begründungen sind nicht erforderlich.)

Bei Methode (I):

Bei Methode (II):

(f) Hobby-Statistiker W. O. hat eine heimliche Schwäche für die Pralinenkreationen des Herstellers der Schachtel C. Ermitteln Sie für jede der vier Methoden (I) bis (IV) die exakte Wahrscheinlichkeit dafür, dass bei Benutzung dieser Methode alle drei Pralinen aus der Schachtel C stammen werden.[1] Geben Sie diese Wahrscheinlichkeiten als vollständig gekürzte Brüche (oder als Produkte davon) an. Bei welcher Methode ist die Wahrscheinlichkeit am größten, dass Hobby-Statistiker W. O. (wie erhofft) alle drei Pralinen aus Schachtel C ziehen wird? Leiten Sie dies genau her.[1]

$$(3+3+3+4+4+9 = 26 \text{ Punkte})$$

4. Die Durchmesser von Rumkugeln eines bestimmten Typs folgen sehr genau einer Normalverteilung. Hobby-Statistiker W. O. hat festgestellt, dass 11.51 % aller Kugeln einen größeren Durchmesser als 23.4 mm haben und dass 9.68 % aller Kugeln einen Durchmesser von weniger als 18.4 mm besitzen. Er möchte einen Schwellenwert a so bestimmen, dass genau 1.39 % der Rumkugeln einen kleineren Durchmesser haben als a. Führen Sie für ihn die Berechnung von a durch.[1]

$$(10 \text{ Punkte})$$

5. Schokolinsen werden vom Hersteller XY AG in mehreren Farben produziert. Besonders begehrt sind die Schokolinsen mit der Farbe „gold". Genau 20 % der hergestellten Schokolinsen haben diese Farbe. Die Schokolinsen werden in Maxibeuteln zu je (genau) 400 Stück verkauft, die ganz zufällig automatisch aus der Produktion zusammengemischt werden.

(a) Mit welcher Wahrscheinlichkeit wird der Anteil der goldenen Schokolinsen in einem Maxibeutel dann zwischen 19.6 % und 20.8 % betragen? Stellen Sie ein Schachtelmodell für diese Situation auf, und ermitteln Sie die gesuchte Wahrscheinlichkeit.[1] Ermitteln Sie weiterhin die Wahrscheinlichkeit dafür, dass in einem Maxibeutel weniger als 19 % goldene Schokolinsen enthalten sind. Rechnen Sie dabei bis auf etwaige Tabellenbenutzung exakt, d. h. ohne Rundung. Benutzen Sie nicht die Stetigkeitskorrektur.

(b) In Anlehnung an den sogenannten „Trüffelzins" für Genussscheine der Confiserie Lauenstein[2] oder den „Schoggi-Koffer" der Firma Lindt &

---

[1] Führen Sie alle Einzelschritte explizit und in sauberer Darstellung auf, und halten Sie das Ergebnis deutlich fest.

[2] Der Zins für spezielle Lauenstein-Genussscheine sollte wahlweise in Trüffeln ausbezahlt werden. Die BaFin untersagte jedoch diese Konstruktion.

Sprüngli[1] möchte die Geschäftsleitung der XY AG den Aktionären eine „Naturaldividende" in Form eines Maxibeutels Schokolinsen zukommen lassen. Man fürchtet allerdings, dass die Aktionäre verärgert sind, wenn in ihrem Beutel weniger als 19 % goldene Schokolinsen enthalten sind. Die Wahrscheinlichkeit für solche Beutel erscheint nach den Ergebnissen aus Aufgabenteil (a) zu hoch; sie soll nach den Vorstellungen der Geschäftsleitung höchstens 10.56 % betragen. Um den Produktionsprozess nicht zu verändern, schlägt Hobby-Statistiker W. O. vor, einfach „XXL-Maxibeutel" zu produzieren, die nicht 400, sondern n Schokolinsen enthalten. Wie muss n (mindestens) gewählt werden, damit obiges Ziel erreicht wird? Leiten Sie diesen Wert mit genauer Begründung her.[2]

(*Hinweis:* Benutzen Sie nicht die Stetigkeitskorrektur. Ergebnisse aus Aufgabenteil (a) können selbstverständlich benutzt werden.)

(13+8 = 21 Punkte)

6. Gibt es hinsichtlich des Schokoladekonsums Unterschiede zwischen den Geschlechtern? Hobby-Statistiker W. O. arbeitet an einer Studie darüber und hat von einer Confiserie einige Daten erhalten. Die Confiserie vertreibt zwei nahezu identische Pralinensortimente, jedoch einmal in der „hellen" (Milchschokolade) und einmal in der „dunklen" (Bitterschokolade) Variante. Wenn man nur diese beiden Produkte betrachtet, zeigt sich, dass 40 % der Käufer männlich und 60 % der Käufer weiblich sind. Im Durchschnitt entscheiden sich 80 % der weiblichen Käufer für die „helle" Variante, aber nur 60 % der männlichen Käufer.

(a) Stellen Sie diese Situation mittels eines Baumdiagramms dar.

(b) Wenn ein (zufällig ausgewählter) Käufer die „dunkle" Variante gewählt hat, mit welcher Wahrscheinlichkeit ist er dann männlich?[2] Leiten Sie die gesuchte Wahrscheinlichkeit her, und geben Sie sie als vollständig gekürzten Bruch an. Vergleichen Sie diese Wahrscheinlichkeit dann mit der (unbedingten) Wahrscheinlichkeit, dass der Käufer männlich ist.

---

[1] Aktionäre der Firma erhalten auf der Hauptversammlung einen Koffer mit Schokoladeprodukten als Präsent. Eine Aktie dieser Firma kostet derzeit (Februar 2015) etwa 55 000 EUR.
[2] Führen Sie alle Einzelschritte explizit und in sauberer Darstellung auf, und halten Sie das Ergebnis deutlich fest.

(c) Wie groß ist die (unbedingte) Wahrscheinlichkeit, dass ein (zufällig ausgewählter) Käufer die „helle" Variante kauft?[1] Leiten Sie die gesuchte Wahrscheinlichkeit her, und geben Sie sie als vollständig gekürzten Bruch oder als Dezimalzahl oder als Prozentwert an.

$$(5+5+3 = 13 \text{ Punkte})$$

7. Die Absatzzahlen verschiedener europäischer Schokoladenproduzenten für Europa (Variable x) und für die USA (Variable y) – in geeigneten, hier nicht interessierenden Einheiten – wurden in einer Studie analysiert. Dabei wurde auch der Korrelationskoeffizient berechnet. Allerdings wurde das Berechnungsschema aus Datenschutzgründen an vielen Stellen bewusst unkenntlich gemacht und nur folgende Tabelle auf einer Konferenz präsentiert:

Produzent	x	y	x in Std. Einh.	y in Std. Einh.	Produkt
Kindt & Hüpfli	u	v	a	b	c
Madbury-Kappes	*	*	-1	0	0
Puchard	*	*	0	d	0
Zitter	*	*	1.5	e	3
Grumpf	*	*	0.5	0	0
Kestlé	*	*	-1.5	1	-1.5
Bollwerck	9	7	1	0	0
Marotti	7	2	0.5	-1	-0.5

Summe der Produkte: f

Hobby-Statistiker W. O. möchte hieraus möglichst viel Information gewinnen. Helfen Sie ihm bei seinen Überlegungen.

(a) Wie lauten die Mittelwerte MWx und MWy und die Standardabweichungen SDx und SDy dieses Datensatzes? Leiten Sie diese Größen mit genauer Begründung her.[1]

---

[1] Führen Sie alle Einzelschritte explizit und in sauberer Darstellung auf, und halten Sie das Ergebnis deutlich fest.

(b) Ist es möglich, die an den umrahmten Stellen $\boxed{a}$ – $\boxed{f}$ stehenden Werte zu ermitteln? Falls dies möglich ist, leiten Sie diese Werte mit genauer Begründung her.[1] Falls dies nicht möglich ist, begründen Sie genau, warum es nicht geht.[1]

(c) Hobby-Statistiker W. O. ist insbesondere an den umrahmten Werten $\boxed{u}$ und $\boxed{v}$ interessiert. Ist es möglich, diese Werte zu ermitteln? Falls dies möglich ist, leiten Sie diese Werte mit genauer Begründung her.[1] Falls dies nicht möglich ist, begründen Sie genau, warum es nicht geht.[1]

(6+12+2 = 20 Punkte)

Zusatzfrage (ohne Wertung)

Was auch immer das Problem ist, die Lösung ist nach Ansicht des Aufgabenstellers (nicht des Bearbeiters!) dieser Klausur offenbar stets

☐   Statistik

☐   sowieso nicht erreichbar

☐   Schokolade

☐   _____ [2]

---

[1]Führen Sie alle Einzelschritte explizit und in sauberer Darstellung auf, und halten Sie das Ergebnis deutlich fest.
[2]Bitte beachten Sie, dass die Beantwortung der Zusatzfrage *nicht* anonym erfolgt.

3.16 Klausur „VW-Abgasaffäre"

1. Bei der VW-Abgasaffäre wird mitunter darauf verwiesen, dass – anders als bei den mutmaßlich durch fehlerhafte Zündschlösser in GM-Fahrzeugen verursachten Todesfällen – niemand dadurch zu Tode gekommen sei. Dies ist jedoch fraglich, da ja eine erhöhte Abgasbelastung auch Todesfälle nach sich ziehen kann.[1] Hobby-Statistiker W. O. hat allein für Kalifornien von renommierten Experten folgende Schätzungen für die Anzahl der zusätzlichen Toten erhalten:

   57, 70, 12, 24, 67, 44, 15, 88, 42, 19, 50, 75.

   (a) Erstellen Sie ein sinnvolles Stem-and-Leaf-Display für diese Daten. Ordnen Sie dabei die Blätter in aufsteigender Reihenfolge an.

   (b) Geben Sie eine 5-Number-Summary dieser Daten an. Benutzen Sie dabei die Konventionen dieses Buches.

   (c) Erstellen Sie einen (liegenden) Boxplot für diese Daten. Benutzen Sie dabei die Konventionen dieses Buches.

   (*Hinweis:* Es gibt nur Punkte für eine saubere und klare Darstellung.)

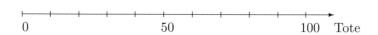

   0   50   100   Tote

   (d) Vervollständigen Sie die folgende Skizze zu einem Histogramm für diese Daten mit den Klassen [10, 20[, [20, 70[und [70, 90[. Dabei soll jeweils der linke Randpunkt eingeschlossen und der rechte Randpunkt ausgeschlossen sein. Geben Sie jeweils auch die Höhe und die Fläche der Histogrammsäulen in den Konventionen dieses Buches genau an, und ergänzen Sie zudem die Achsenbeschriftungen. Wählen Sie die Skala so, dass die höchste Säule die vorgesehene Zeichenfläche gut ausfüllt.

---

[1] Für mehr Information vgl. man etwa den Artikel „The Volkswagen scandal" von J. R. Krall und R. D. Peng in *Significance*, vol. 12 issue 6, december 2015, 12–15.

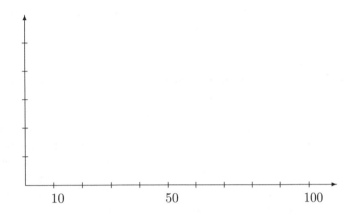

$$(4+4+4+5 = 17 \text{ Punkte})$$

2. Wegen der VW-Abgasaffäre erwägt Hobby-Statistiker W. O. künftig öfter mit dem Bus zu fahren. Allerdings hat er Bedenken, den Fahrschein zu vergessen, da er in letzter Zeit sehr zerstreut ist.[1] Er möchte aber natürlich nicht unangenehm auffallen. Deswegen liest er mit Interesse das schöne T!p-Rätsel „Schwarzfahrer in Bayreuth" aus der Studentenzeitung *Der Tip* (Nummer 566 vom 19. November 2015, S. 8). Dort heißt es:

> Nachdem die Tage in Bayreuth wieder kälter werden, fahren viele Studenten mit dem Bus zur Uni. Von den 15 Personen im morgendlichen Expressbus haben fünf Studenten ihr Semesterticket vergessen. Der Fahrkartenkontrolleur macht beim Aussteigen eine Stichprobe und fragt sechs Studenten nach ihrem Ticket. Wie groß ist die Wahrscheinlichkeit, dass zwei der sechs kontrollierten Studenten schwarzgefahren sind?

Helfen Sie ihm bei der Lösung.

(a) Gehen Sie dabei in dieser Teilaufgabe davon aus, dass es sich um eine einfache Zufallsstichprobe handelt und dass mit „Schwarzfahren" das Vergessen des – an sich ja durchaus bezahlten und vorhandenen – Semestertickets gemeint ist.

    (i) Wie groß ist die Anzahl der „möglichen" Fälle?[2]

    (ii) Wie groß ist die Anzahl der „günstigen" Fälle?[2]

---

[1]Das ist in seinem Beruf übrigens nicht ungewöhnlich und insofern noch kein Grund zur – je nachdem – Besorgnis oder Freude.

[2]Führen Sie alle Einzelschritte explizit und in sauberer Darstellung auf, und halten Sie das Ergebnis deutlich fest.

(iii) Wie groß ist die gesuchte Wahrscheinlichkeit?[1] (Angabe der Wahrscheinlichkeit als vollständig gekürzter Bruch reicht aus, numerische Auswertung ist nicht erforderlich.)

(b) Tatsächlich zieht der Kontrolleur keine einfache Zufallsstichprobe, sondern weist lediglich den Busfahrer an, nur einen Türflügel zu öffnen. Er kontrolliert dann die letzten sechs aussteigenden Studenten. Allerdings haben die Studenten vorher als Teil einer Statistikübungsaufgabe die Reihenfolge, in der sie aussteigen, dadurch bestimmt, dass sie aus einer Schachtel mit fünfzehn Zetteln mit den Zahlen $1, \ldots, 15$ ohne Zurücklegen je einen Zettel zufällig gezogen haben. Sie steigen dann in der Reihenfolge der Zahlen aus. Der Kontrolleur überprüft also die Studenten mit den Zahlen $10, \ldots, 15$. Wie groß ist unter diesen Umständen die gesuchte Wahrscheinlichkeit?[1]

(9+4 = 13 Punkte)

3. Die Umrüstung der von der VW-Abgasaffäre betroffenen VW-Modelle ist nicht ganz einfach. Für ein bestimmtes Modell werden drei Arbeitsschritte A1, A2 und A3 erforderlich sein:

- A1: Anbringen eines Plastiksiebs im Abgastrakt
- A2: Anbringen einer zusätzlichen Befestigungsschelle im Abgastrakt
- A3: Aufspielen einer neuen Software.

Man hat dazu bereits umfangreiche Zeitstudien in verschiedenen Testwerkstätten an vielen Kraftfahrzeugen vornehmen lassen, um zu testen, wie lange die einzelnen Arbeitsschritte dauern. Dabei ist klar, dass die Arbeitsschritte A1 und A2 eng miteinander zusammenhängen, während A3 davon nahezu unabhängig ist, da man hierfür nicht am Abgastrakt arbeiten muss.

(a) Hobby-Statistiker W. O. erhält einen ersten sehr umfangreichen Datensatz aus einer Testwerkstatt in Bayern. Der Mittelwertvektor MV und die Kovarianzmatrix C für die Zeitdauern der drei Arbeitsschritte lauten (in geeigneten, hier nicht interessierenden Zeiteinheiten):

$$\text{MV} = \begin{pmatrix} 50 \\ 70 \\ 100 \end{pmatrix} \quad \text{und} \quad \text{C} = \begin{pmatrix} 25 & 2 & 20 \\ 2 & 16 & 2 \\ 20 & 2 & 25 \end{pmatrix}.$$

---

[1] Führen Sie alle Einzelschritte explizit und in sauberer Darstellung auf, und halten Sie das Ergebnis deutlich fest.

Allerdings ist man sich nicht mehr sicher, ob man die – in der üblichen Weise mit x_i für die i-te Komponente – bezeichneten Variablen
auch genau in der Reihenfolge A1, A2, A3 aufgezeichnet hat. Falls
möglich, leiten Sie mit genauer Begründung her, welche Komponente
wohl am ehesten dem Arbeitsschritt A3 (Softwareaufspielung) entspricht.[1] Falls das nicht möglich ist, begründen Sie, warum es nicht
geht.[1]

(b) Betrachten Sie wieder den Datensatz aus Aufgabenteil (a). Das Streuungsdiagramm für die erste Komponente (x_1) und die dritte Komponente (x_3) war sehr schön zwetschgenförmig. Bearbeiten Sie hierzu
die folgenden beiden Fragestellungen:

(i) Wie lautet die Regressionsgerade von x_3 auf x_1?[1]

(ii) Welcher Prozentsatz der Fahrzeuge mit Wert 60 für x_1 hat einen
x_3-Wert von weniger als 109.2?[1]

(c) Aus einer zweiten Werkstatt erhält Hobby-Statistiker W. O. ebenfalls
einen großen Datensatz des gleichen Typs wie in Aufgabenteil (a).
Man hat hier die Werte in der richtigen Reihenfolge benannt: x_1 ist der
Wert für Arbeitsschritt A1, x_2 ist der Wert für Arbeitsschritt A2 und
x_3 ist der Wert für Arbeitsschritt A3. Hobby-Statistiker W. O. rechnet die Werte aller drei Variablen zunächst in Standardeinheiten um
und benennt die entsprechenden Größen mit $\tilde{x}_1$, $\tilde{x}_2$ und $\tilde{x}_3$. Das Streuungsdiagramm für $\tilde{x}_1$ und $\tilde{x}_2$ ist sehr schön zwetschgenförmig. Beim
Einsetzen des Wertes 0.5 in die Gleichung der Regressionsgeraden von
$\tilde{x}_2$ auf $\tilde{x}_1$ erhält er den Wert 0.3. Kann man hieraus bereits den r.m.s.-
Fehler für diese Regressionsgerade bestimmen? Falls dies möglich ist,
leiten Sie diesen Wert mit genauer Begründung her.[1] Falls dies nicht
möglich ist, begründen Sie genau, warum es nicht geht.[1]

(d) Aus einer dritten Werkstatt erhält er nur bereits bearbeitete Daten.
Man hat auch hier die Werte in der richtigen Reihenfolge benannt: x_1
ist der Wert für Arbeitsschritt A1, x_2 ist der Wert für Arbeitsschritt
A2 und x_3 ist der Wert für Arbeitsschritt A3. Anschließend hat man
aber zwei neue Variablen gebildet:

$$y_1 = (x_1 + x_2)/(x_1 + x_2 + x_3)$$

und

$$y_2 = (x_3)/(x_1 + x_2 + x_3).$$

---

[1]Führen Sie alle Einzelschritte explizit und in sauberer Darstellung auf, und halten Sie
das Ergebnis deutlich fest.

Sowohl die y_1-Werte als auch die y_2-Werte waren dabei nicht alle identisch. Kann man hieraus bereits den Korrelationskoeffizienten zwischen den Variablen y_1 und y_2 bestimmen? Falls dies möglich ist, leiten Sie diesen Wert mit genauer Begründung her.[1] Falls dies nicht möglich ist, begründen Sie genau, warum es nicht geht.[1]

$$(5+8+7+4 = 24 \text{ Punkte})$$

4. In der Zeitung *Frankfurter Allgemeine Sonntagszeitung* (vom 27. Dezember 2015, Seite 21) findet Hobby-Statistiker W. O. eine Graphik zu der Überschrift „VW schadet dem Image", aus der hervorgeht, dass 36 % der Befragten auf die Frage:

> Wie stark schadet die VW-Manipulation dem Ansehen deutscher Produkte und Firmen?

die Antwort „stark" wählten.[2] Er hakt nach und bringt Folgendes in Erfahrung:[3]

- Es handelte sich um eine einfache Zufallsstichprobe.

- Es wurden die drei üblichen Approximationen (Bootstrap-Methode, Vernachlässigung des Korrekturfaktors, Normalapproximation) angewendet.

- Die Zielgruppe war die „Bevölkerung von 16 Jahren an". Als ein 78.88 %-Konfidenzintervall für den gesuchten Prozentsatz in der Zielgruppe erhielt man das Intervall [34.8 %, 37.2 %].

(a) Wie groß war die Anzahl der Befragten?[1]

   (*Hinweis:* Es wird eine klare und detailliert erläuterte Darlegung erwartet.)

(b) Wie hätte man die Anwendung der Bootstrap-Methode durch ein vorsichtigeres Verfahren umgehen können?[1] Um welchen Faktor hätte sich dadurch in diesem konkreten Fall die Länge des Konfidenzintervalls vergrößert?[1]

   (*Hinweis:* Angabe des Faktors durch einen mathematisch exakten Ausdruck reicht aus, numerische Auswertung ist nicht erforderlich.)

---

[1] Führen Sie alle Einzelschritte explizit und in sauberer Darstellung auf, und halten Sie das Ergebnis deutlich fest.

[2] Weitere 21 % wählten die Antwort „sehr stark". In dieser Aufgabe soll aber nur die Kategorie „stark" betrachtet werden.

[3] Diese Angaben sind hypothetisch.

(c) Nehmen Sie an, dass die Zielgruppe genau 60 Millionen Menschen umfasst. Wie lautet dann ein mathematisch exakter Ausdruck für den vernachlässigten Korrekturfaktor? Wird er zu Recht vernachlässigt?[1]

(*Hinweis:* Angabe des Ausdrucks reicht aus; numerische Auswertung oder Begründungen für diesen Ausdruck sind nicht erforderlich.)

(d) Wurde die Normalapproximation bei der Berechnung des Konfidenzintervalls zu Recht angewendet?[1] Geben Sie dabei auch explizit das benutzte Schachtelmodell an.

(e) Wie viele Menschen hätte man befragen müssen, wenn man – bei sonst unveränderten Bedingungen – mit einem Konfidenzintervall zufrieden gewesen wäre, das eine Länge von 4.8 % hat?[1]

$$(9+5+2+3+3 = 22 \text{ Punkte})$$

5. Durch eine Schummelsoftware (defeat device) hat der VW-Konzern bei einigen seiner Modelle sichergestellt, dass in Labortests bessere Emissions- und Verbrauchswerte erzielt wurden als unter realen Bedingungen. Hobby-Statistiker W. O. hat den Eindruck, dass dies vielleicht auch in anderen Bereichen ähnlich ist. In diesem Zusammenhang liest er mit Interesse in der Zeitschrift *Forschung & Lehre* (Nr. 1/2016, Seite 38f) einen Artikel von Markus Klein mit dem Titel „Klausurerfolg trotz Unwissenheit", in dem der Autor die Auswirkungen gewisser Vorschriften in den Prüfungsordnungen darstellt. Abgesehen von einigen kleinen (im Text gekennzeichneten) Änderungen, die der rechentechnischen Vereinfachung im Rahmen dieser Klausur dienen, heißt es dort:

> All dies fand ich erstaunlich. Ich versuchte mir auszumalen, wie eine im Antwort-Wahl-Verfahren gestellte Klausur ausfallen würde, die von Studierenden im Zustand vollkommener Unwissenheit bearbeitet wird. Hierfür stellte ich mir der Einfachheit halber eine Single-Choice-Klausur mit 100 Fragen mit jeweils fünf [Anm.: im Original „vier"] Antwortmöglichkeiten vor. Bei jeder Frage besteht damit eine Wahrscheinlichkeit von 20 [Anm.: im Original „25"] Prozent, die richtige Antwort zu erraten. Der Erwartungswert für den Prozentanteil richtiger Antworten liegt damit sowohl für den einzelnen Studierenden als auch für die Studierendengruppe insgesamt bei [**U**] [Anm.: im

---

[1]Führen Sie alle Einzelschritte explizit und in sauberer Darstellung auf, und halten Sie das Ergebnis deutlich fest.

Original steht hier eine Zahl] Prozent. Die absolute Bestehensgrenze [Anm.: diese ist 51 Prozent] wäre folglich deutlich ver-
fehlt. Allerdings greift nun die relative Bestehensgrenze und die
Klausur wäre mit zwei [Anm.: im Original „sieben"] Prozent
richtiger Antworten bestanden. Mittels [**V**] [Anm.: im Original stehen hier Fachbegriffe] lässt sich die dabei zu erwartende
Durchfallquote bestimmen.

(Ende des Zitats)

(a) Stellen Sie explizit ein Schachtelmodell für die von Herrn Professor
Klein betrachtete Situation auf. Berechnen Sie damit den Erwartungswert und den Standardfehler des Prozentanteils richtiger Antworten
für einen Studierenden, der die Antworten durch rein zufällige Auswahl gibt.[1]

(b) Geben Sie einen geeigneten Fachbegriff für [**V**] und einen exakten mathematischen Ausdruck für die erwartete Durchfallquote (bzw. gleich-
bedeutend die Durchfallwahrscheinlichkeit eines einzelnen Studierenden) an.[1]

(*Hinweis:* Angabe des Fachbegriffs und des Ausdrucks reichen aus;
Begründungen oder numerische Auswertung sind nicht erforderlich.)

(c) Berechnen Sie mittels der Normalapproximation eine Näherung für
den Wert aus Aufgabenteil (b). Sie dürfen ohne weitere Begründung
davon ausgehen, dass die Normalapproximation anwendbar ist. Wenden Sie jedoch die Stetigkeitskorrektur korrekt an.

(d) Wenn man eine solche Klausur auf diese Weise durch i Studierende bearbeiten lässt, erhält man i Datenwerte mit den Anzahlen der
richtigen Antworten, die man durch ein Datenhistogramm darstellen
kann. Für wachsendes i nähert sich dieses Datenhistogramm immer
stärker an ein bestimmtes Histogramm bzw. eine bestimmte Kurve
an. Wählen Sie die richtige Option, und füllen Sie die Lücken korrekt
aus. Begründungen sind nicht erforderlich. Es darf nur eine Option
gültige Werte enthalten, sonst gibt es keine Punkte. Versehentlich
falsch eingetragene Werte sind daher deutlich durchzustreichen.

(i) Normalverteilungskurve mit Mittelwert _____ und

Standardabweichung _____ .

---

[1]Führen Sie alle Einzelschritte explizit und in sauberer Darstellung auf, und halten Sie
das Ergebnis deutlich fest.

(ii) Wahrscheinlichkeitshistogramm mit folgenden Säulen:

Grundseite (als Intervall)	Höhe (in %)

(Beschreiben Sie die Säulen in der Tabelle möglichst genau, etwa mittels einer Formel.)

(e) Wenn man eine solche Klausur auf diese Weise durch i Studierende bearbeiten lässt, erhält man i Datenwerte mit den Anzahlen der richtigen Antworten. Die Summe dieser i Werte ist eine Zufallsgröße. Für wachsendes i nähert sich ihr Wahrscheinlichkeitshistogramm immer stärker an ein bestimmtes Histogramm bzw. eine bestimmte Kurve an. Wählen Sie die richtige Option, und füllen Sie die Lücken korrekt aus. Begründungen sind nicht erforderlich. Es darf nur eine Option gültige Werte enthalten, sonst gibt es keine Punkte. Versehentlich falsch eingetragene Werte sind daher deutlich durchzustreichen.

(i) Normalverteilungskurve mit Mittelwert _____ und

Standardabweichung _____ .

(ii) Wahrscheinlichkeitshistogramm mit folgenden Säulen:

Grundseite (als Intervall)	Höhe (in %)

(Beschreiben Sie die Säulen in der Tabelle möglichst genau, etwa mittels einer Formel.)

(7+3+3+6+6 = 25 Punkte)

6. Wegen der VW-Abgasaffäre fragt man sich in Wolfsburg, welche Auswirkungen dies auf den Absatz der VW-Modelle haben kann. Hobby-Statistiker W. O. ist mit entsprechenden Überlegungen befasst und möchte berücksichtigen, dass für den künftigen Absatz auch die Vermögensverteilung in der Bevölkerung eine Rolle spielt. In der Zeitung *ZEIT ONLINE* (vom 25. Januar 2016, 14:25 Uhr) findet er einen Artikel mit der Überschrift „Vermögen in Deutschland sind immer ungleicher verteilt".[1] Dort heißt es:

> Nach Informationen der *Passauer Neuen Presse* verfügten die oberen zehn Prozent der Haushalte im Jahr 2013 über 51,9 Prozent des Nettovermögens.
> [...]
> Demnach verfügten die unteren 50 Prozent der Haushalte 2013 über ein Prozent des Nettovermögens in Deutschland [...]

(Weil es sich um ein wörtliches Zitat handelt, wird im obigen Auszug abweichend von der hier üblichen Konvention ein Komma als Dezimaltrennzeichen benutzt.)

(a) Veranschaulichen Sie diese Daten für Hobby-Statistiker W. O. durch eine Lorenzkurve. Eine gute und ausführlich beschriftete Handskizze, die den Aufbau der Graphik und die genaue Lage der eingetragenen Elemente klar erkennen lässt, reicht dazu aus. Angesichts der Zahlenwerte braucht diese nicht maßstabsgetreu sein. Benutzen Sie dabei die Konventionen dieses Buches.

(b) Welchen Wert auf der vertikalen Achse nimmt die Lorenzkurve aus Aufgabenteil (a) an der Stelle 70 [Prozent der Haushalte] auf der horizontalen Achse an? Berechnen Sie diesen Wert ganz exakt.[2] Benutzen Sie dabei die Konventionen dieses Buches.

(c) Welchen minimalen und welchen maximalen Wert auf der vertikalen Achse könnte die tatsächliche Lorenzkurve unter den Gegebenheiten der Aufgabenstellung an der Stelle 70 [Prozent der Haushalte] auf der horizontalen Achse annehmen? Leiten Sie diese Werte mit genauer und vollständiger Begründung her.[2]

(7+3+9 = 19 Punkte)

---

[1] URL (Stand: 25.01.2016):
http://www.zeit.de/politik/deutschland/2016-01/ungleichheit-vermoegen-reichtum-armut
[2] Führen Sie alle Einzelschritte explizit und in sauberer Darstellung auf, und halten Sie das Ergebnis deutlich fest.

Zusatzfrage (ohne Wertung)

Bei der Erstellung dieser Klausur war der Aufgabensteller offenbar ein
klein wenig – kaum merkbar – genervt von

☐   gutem Essen mit noch besserem Frankenwein

☐   der VW-Abgasaffäre

☐   Statistik

☐   _____ [1]

---

[1] Bitte beachten Sie, dass die Beantwortung der Zusatzfrage *nicht* anonym erfolgt. Benutzen Sie beliebig viele Zusatzblätter, falls Sie den Eindruck haben, dass er von reichlich
vielen Dingen genervt ist ...

4 Lösungsvorschläge

Bitte beachten Sie folgende Hinweise zu den Lösungsvorschlägen zu den Klausuren:

1. Lesen Sie zunächst einmal gründlich die Abschnitte 1.2 und 1.3 durch. Dort sind viele wichtige Erläuterungen und Tipps zusammengestellt.

2. Eine Normalverteilungtabelle befindet sich im Anhang A. Bei der Benutzung der Tabelle wurde stets der nächste in der Tabelle verzeichnete Wert (ohne Interpolation) herangezogen. (Eine Ausnahme bildet nur ein 95 %-Konfidenzintervall, das als Faustregel konventionellerweise mit dem Faktor 2 gebildet wird.) Weitere Hilfsmittel werden nicht benötigt.

3. Als Dezimaltrennzeichen wird ein Punkt statt eines Kommas verwendet.

4. Als Abkürzung für „Wahrscheinlichkeit" wird gelegentlich „P" verwendet.

5. Es handelt sich um Vorschläge. Selbstverständlich wird man in vielen Fällen auch andere Darstellungen finden können. Wenn Sie eine bessere Lösung finden, schreiben Sie mir. Vielen Dank!

4.1 Lösungen zur Klausur „Zeitungen"

1. (a)

2	47
3	2
4	1246
5	14
6	12
7	1

(2 | 4 bedeutet 24 Wörter)

(b) Es handelt sich um 12 Werte, also:
10 %-Quantil = zweitgrößter Wert = 27
70 %-Quantil = neuntgrößter Wert = 54.

(c) Arbeitstabelle:

Klasse (in Wörtern)	Anzahl	Fläche (in %)	Breite der Säule (in Wörtern)	Höhe der Säule (in % pro Wort)
[10, 35[	3	25	25	1.0
[35, 55[	6	50	20	2.5
[55, 105[	3	25	50	0.5

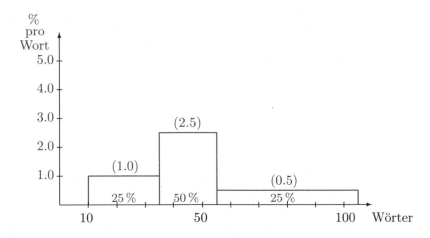

(d) Ausgedrückt als relative Häufigkeiten bzw. als Wahrscheinlichkeiten lautet die Berechnung des Redakteurs (in Kurzschreibweise):

P(Berufsanfänger und Spitzenjob)

$\overset{(*)}{=}$ P(Berufsanfänger) $\times$ P(Spitzenjob)

$=$ 0.2 $\times$ 0.05

$=$ 0.01.

An der Stelle (*) wird dabei die Multiplikationsregel bei Unabhängigkeit benutzt. Unabhängigkeit liegt aber vermutlich nicht vor, weil Spitzenjobs meist Berufserfahrung erfordern dürften. Vermutlich ist daher der fragliche Anteil kleiner als 1 %.

2. Schreibt man $\boxed{1}$ für Wähler der betreffenden Partei und $\boxed{0}$ für Wähler anderer Parteien, so wird also 1 000-mal mit Zurücklegen aus einer 0-1-Schachtel gezogen, die einen Anteil p von $\boxed{1}$ und einen Anteil $(1-p)$ von $\boxed{0}$ aufweist. Die Standardabweichung der Schachtel ist somit nach der vereinfachten Formel $(1-0) \times \sqrt{p \times (1-p)}$. Der Standardfehler für den Prozentsatz der $\boxed{1}$ ist dann (in Prozentpunkten):

$$\frac{\sqrt{n} \times \sqrt{p(1-p)}}{n} \times 100\,\%.$$

Also ergibt sich:

(i) für die CDU ($p = 0.4$):

$$\frac{\sqrt{1\,000} \times \sqrt{0.4 \times 0.6}}{1\,000} \times 100\,\% = \frac{\sqrt{240}}{10}\,\% \approx 1.5\,\% \text{ (lt. Hinweis).}$$

Da sehr oft aus einer recht ausgewogenen Schachtel gezogen wird, ist die Normalverteilung anwendbar. Ein approximatives 95 %-Konfidenzintervall ist daher:

$$40\,\% \pm 2 \times 1.5\,\% = [37\,\%,\ 43\,\%].$$

(ii) für die PDS ($p = 0.05$):

$$\frac{\sqrt{1\,000} \times \sqrt{0.05 \times 0.95}}{1\,000} \times 100\,\% = \frac{\sqrt{47.5}}{10}\,\% \approx 0.7\,\% \text{ (lt. Hinweis).}$$

Die Zahl der Ziehungen ist so groß, dass selbst bei dieser recht schiefen Schachtel die Normalverteilung noch verwendet werden kann. Ein approximatives 95 %-Konfidenzintervall ist daher, wenn auf ganze Zahlen gerundet wird:

$$5\% \pm 2 \times 0.7\% \approx [4\%, \ 6\%].$$

Die Aussagen sind also korrekt, wenn (wie üblich) mit einem Konfidenzniveau von 95 % gearbeitet und eine nicht-technische Ausdrucksweise gewählt wird. Die unterschiedliche Länge der Schwankungsbereiche ist eine Folge der unterschiedlichen Standardabweichungen der Schachteln für verschiedene p.

3. (a) Bei Regression ist

$$(y \text{ in Standardeinheiten}) = r \times (x \text{ in Standardeinheiten}).$$

Somit ist der Korrelationskoeffizient $r = 0.6$. Für den vertikalen Streifen zu $\tilde{x} = 1$ ergibt sich weiter:

neuer Mittelwert $= 0.6 \times 1.0 = 0.6$

neue Standardabweichung $= \sqrt{1 - r^2} \times \mathrm{SD}\tilde{y} = \sqrt{1 - 0.6^2} \times 1 = \sqrt{0.64} = 0.8.$

Umrechnen in Standardeinheiten liefert:

-0.2 entspricht $\dfrac{-0.2 - 0.6}{0.8} = -1$ Standardeinheit.

Die folgende Skizze zeigt die zu bestimmende Fläche:

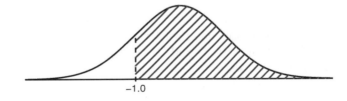

Der gesuchte Anteil beträgt ca. $100\% - 15.87\% = 84.13\%$.

(b) Wegen

$$(x \text{ in Standardeinheiten}) = r \times (y \text{ in Standardeinheiten})$$

und (aus Teil (a)) $r = 0.6$ ergibt sich sofort:

$\tilde{x} = 0.6\tilde{y}.$

(c) Es ist

$$(y \text{ in Standardeinheiten}) = r \times (x \text{ in Standardeinheiten}),$$

also wegen $r = 0.6$ (aus Teil (a))

$$\left(\frac{y - 70}{5}\right) = 0.6 \times \left(\frac{x - 170}{10}\right)$$

bzw.

$$y - 70 = 0.3x - 51$$

und daher endgültig:

$$y = 0.3x + 19.$$

[Bemerkung: Alternativ ist auch die direkte Berechnung nach Formel (3) aus Abschnitt 2.3.2 möglich.]

4. (a) Die Punkte müssen dann alle auf einer Geraden liegen, also hier auf der Geraden durch die Punkte $(0, 4)$ und $(1, 2)$. Für diese Gerade ergibt sich die Steigung $\frac{2 - 4}{1 - 0} = -2$ und der Achsenabschnitt 4, also die Gleichung $y = -2x + 4$. Somit folgt: $x_1 = \frac{8 - 4}{-2} = -2$ und $y_5 = (-2) \times 2 + 4 = 0$. Der Wert x_3 ist beliebig wählbar, z. B. $x_3 = 0$. Für y_3 ergibt sich dann $y_3 = 4$.
   Es ist also möglich, ein entsprechender Satz von Zahlen ist oben angegeben.

   (b) Die Punkte müssen dann wiederum alle auf der Geraden $y = -2x + 4$ durch die Punkte $(0, 4)$ und $(1, 2)$ liegen. Diese hat aber eine negative Steigung, also wäre $r = -1$. Es ist also nicht möglich.

5. (a) Klumpenstichprobe

   (b) Das Schachtelmodell ist:

   125 Millionen Zettel mit den
   Konsumausgaben der Personen

   8 100 Ziehungen

Strenggenommen wird ohne Zurücklegen gezogen, aber der Korrekturfaktor kann vernachlässigt werden, da 8 100 gegenüber 125 Millionen sehr klein ist. Somit ergibt sich:

geschätzte Standardabweichung der Schachtel (nach der bootstrap-Methode) $= 18\,000$

Standardfehler der Summe $= \sqrt{8\,100} \times 18\,000$

Standardfehler des Mittels $= \dfrac{\sqrt{8\,100} \times 18\,000}{8\,100} = \dfrac{18\,000}{90} = 200$ [DM].

Der gesuchte Standardfehler ist 200 [DM].

(c) Der Korrekturfaktor ist jeweils vernachlässigbar, da $8\,100$ sehr klein bezogen auf 5 Millionen oder 125 Millionen ist. Ansonsten aber geht die Bevölkerungsgröße in die Berechnungen gar nicht ein. Es würde sich also überhaupt nicht auf den Standardfehler des Mittels auswirken.

(d) (i) absolute Fehler

(ii) hochgerechneten gesamten Konsumausgaben

Kommentar: Das in Teil (d) thematisierte und in dem Zeitungsartikel explizit angesprochene Verhältnis von Stichprobenumfang und Populationsgröße ist meist gar nicht das eigentliche Problem. Die Stichprobe muss nicht relativ zur Population, sondern absolut groß genug sein – und vor allem gut gezogen werden.

6. (a) Das Schachtelmodell ist:

Normalverteilung mit Mittelwert $= 100$

und Standardabweichung $= 15$

$2\,025$ Ziehungen mit Zurücklegen

Somit ergibt sich:

Erwartungswert der Summe $= 2\,025 \times 100$

Standardfehler der Summe $= \sqrt{2\,025} \times 15$

Erwartungswert des Mittels $= 100$

Standardfehler der Mittels $= \dfrac{\sqrt{2\,025} \times 15}{2\,025} = \dfrac{45 \times 15}{45 \times 45} = \dfrac{15}{45} = \dfrac{1}{3}.$

Umrechnen in Standardeinheiten liefert:

103 entspricht $\dfrac{103 - 100}{1/3} = 9$ Standardeinheiten.

Die Normalapproximation ist anwendbar, weil bereits der Inhalt der Schachtel normalverteilt ist. Die folgende Skizze zeigt die zu bestimmende Fläche:

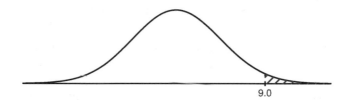

9.0

Die gesuchte Wahrscheinlichkeit beträgt ca. 0 %. Es ist nahezu ausgeschlossen, dass es sich um eine Zufallsschwankung handelt.

(b) Nein. Es bedeutet lediglich, dass eine Zufallsschwankung als mögliche Ursache nicht auszuschließen ist.

(c) Dies zeigt nur, dass eine derartige Abweichung nicht durch Zufall erklärbar ist. Es wäre aber z. B. denkbar, dass Intelligentere eine größere Vorliebe für Alkohol haben. Um eine Intelligenzerhöhung durch Alkohol zu beweisen, wäre ein kontrolliertes Experiment erforderlich; hier handelt es sich aber vermutlich um eine Beobachtungsstudie.

7. (a) Binomialformel:
$$1 - \binom{25}{0}(0.2)^0(0.8)^{25} - \binom{25}{1}(0.2)^1(0.8)^{24} - \binom{25}{2}(0.2)^2(0.8)^{23}$$

(b) Unabhängigkeit:

P(fünfte und sechste) = P(fünfte) × P(sechste) = 0.2 × 0.2 = 0.04

(c) Unabhängigkeit:

P(dritte nicht | vierte) = P(dritte nicht) = 1 − 0.2 = 0.8

(d) Das Schachtelmodell ist:

$4 \times \boxed{0} \qquad 1 \times \boxed{1}$

$\boxed{0}$ $\;\hat{=}\;$ kennt die Antwort nicht

$\boxed{1}$ $\;\hat{=}\;$ kennt die Antwort

25 Ziehungen mit Zurücklegen

Dann entspricht X gerade der Summe der Ziehungen. Somit ergibt sich:

Mittelwert der Schachtel $= 0.2$

Standardabweichung der Schachtel $= \sqrt{0.2 \times 0.8} = \sqrt{0.16} = 0.4$

Erwartungswert der Summe $= 25 \times 0.2 = 5$

Standardfehler der Summe $= \sqrt{25} \times 0.4 = 2.$

(e) Wegen $0.2 < 0.5$ ist dieses Wahrscheinlichkeitshistogramm rechtsschief, hat also skizziert etwa folgende Form:

(f)

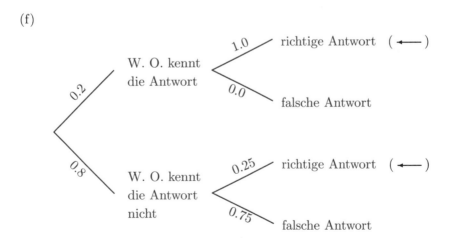

Die Fälle mit einer richtigen Antwort sind im Baumdiagramm durch (◄—) markiert.

zu (i): P(richtige Antwort)

$$= P(\text{W. O. kennt die Antwort}$$
$$\qquad \text{und gibt die richtige Antwort)}$$

$$+ P(\text{W. O. kennt die Antwort nicht}$$
$$\qquad \text{und gibt die richtige Antwort)}$$

$$= 0.2 \times 1.0 + 0.8 \times 0.25$$

$$= 0.2 + 0.2$$

$$= 0.4.$$

zu (ii): P(W. O. kennt die Antwort nicht | richtige Antwort)

$$= \frac{0.8 \times 0.25}{0.2 \times 1.0 + 0.8 \times 0.25} = \frac{0.2}{0.4} = \frac{1}{2}.$$

8. (a) (ii)

  (b) (ii)

  (c) (i) 50
     (ii) 50
    (iii) 50
    (Alle Listen sind symmetrisch um 50.)

4.2 Lösungen zur Klausur „Euro"

1. (a) Das Schachtelmodell für das Werfen einer fairen Münze ist:

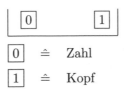

$$\boxed{0} \;\hat{=}\; \text{Zahl}$$
$$\boxed{1} \;\hat{=}\; \text{Kopf}$$

250 Ziehungen mit Zurücklegen

Somit ergibt sich:

Mittelwert der Schachtel $\qquad = \dfrac{1}{2}$

Standardabweichung der Schachtel $= \dfrac{1}{2}$

Erwartungswert der Summe $\qquad = 250 \times \dfrac{1}{2} = 125$

Standardfehler der Summe $\qquad = \sqrt{250} \times \dfrac{1}{2} \approx \sqrt{256} \times \dfrac{1}{2} = 8.$

Gesucht ist die Wahrscheinlichkeit dafür, dass die Summe größer oder gleich 141 ist. Ohne Berücksichtigung der Stetigkeitskorrektur ergibt sich durch Umrechnen in Standardeinheiten:

141 entspricht $\dfrac{141 - 125}{8} = \dfrac{16}{8} = 2$ Standardeinheiten.

Die Normalapproximation ist bei dieser Schachtel ab etwa 25 Ziehungen anwendbar.

Die folgende Skizze zeigt die zu bestimmende Fläche:

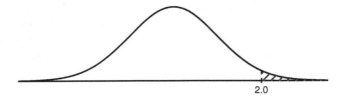

Die gesuchte Wahrscheinlichkeit beträgt ca. $2.28\,\%$.

(b) Man geht von 250 Ziehungen aus einer Schachtel mit einem Anteil p von $\boxed{1}$ (für „Kopf") und einem Anteil $(1 - p)$ von $\boxed{0}$ (für „Zahl") aus. Die geschätzte Wahrscheinlichkeit für „Kopf" (= Anteil p) ist zunächst $\frac{141}{250}$. Für die Standardabweichung der Schachtel ergibt sich die Abschätzung:

$$\sqrt{p(1-p)} \leq \sqrt{\frac{1}{2} \times \frac{1}{2}} = \frac{1}{2}.$$

Der Standardfehler des Anteils ist also:

$$\frac{\sqrt{250} \times \sqrt{p(1-p)}}{250} \leq \frac{\sqrt{250}}{250} \times \frac{1}{2}.$$

Die Normalapproximation ist anwendbar, weil sehr oft (250-mal) aus einer nicht zu schiefen Schachtel gezogen wird $\left(p \approx \frac{141}{250}\right)$.

Als approximatives 68%-Konfidenzintervall ergibt sich:

$$\frac{141}{250} \pm 1 \times \frac{\sqrt{250}}{250} \times \frac{1}{2} \approx \left[\frac{141 - \sqrt{256} \times \frac{1}{2}}{250}, \ \frac{141 + \sqrt{256} \times \frac{1}{2}}{250}\right]$$

$$= \left[\frac{133}{250}, \frac{149}{250}\right]$$

$$= [0.532, \ 0.596]$$

$$= [0.53, \ 0.60].$$

(c) Ein 95%-Konfidenzintervall ergäbe sich durch die Formel:

„Anteil $\pm$ 2 $\times$ (Standardfehler des Anteils)".

Soll es halb so lang sein wie das Intervall aus Teil (b), darf der Standardfehler des Mittels nur ein Viertel des ursprünglichen Wertes haben. Nach den Formeln für den Standardfehler des Mittels (Formel (4) aus 2.4.2) ist dazu ein $4^2 = 16$-mal größerer Stichprobenumfang nötig. Also muss der Stichprobenumfang $16 \times 250 = 4\,000$ sein.

(d) mehr

2. (a)

```
0 | 0005
1 | 27
2 | 3
3 | 01
4 | 25
5 | 078
6 |
7 | 2
```

(1 | 2 bedeutet 12 EUR)

(b)

15 EUR-Beträge

```
        30
5              50
0              72
```

(c)

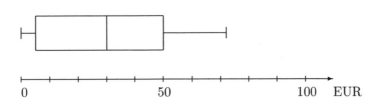

```
0              50              100   EUR
```

(d) Arbeitstabelle:

Klasse (in EUR)	Anzahl	Fläche (in %)	Breite der Säule (in EUR)	Höhe der Säule (in % pro EUR)
[0, 20[	6	40	20	2.0
[20, 40[	3	20	20	1.0
[40, 90[	6	40	50	0.8

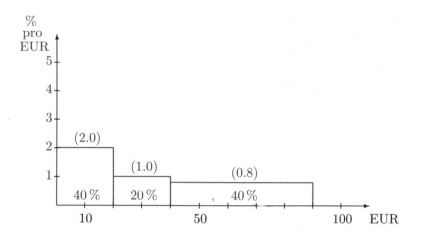

3. (a) Steigung: $r \times \dfrac{\text{SD}y}{\text{SD}x} = 0.8 \times \dfrac{6}{4} = 1.2$

Achsenabschnitt: $25 = 1.2 \times 20 + b$, d. h. $b = 25 - 24 = 1$

Regressionsgerade von y auf x: $y = 1.2x + 1$

(b) Für den vertikalen Streifen zu $x = 25$ ergibt sich nach der Regressionsmethode:

neuer Mittelwert $= 1.2 \times 25 + 1 = 31$

neue Standardabweichung $= \sqrt{1 - r^2} \times \text{SD}y = \sqrt{1 - 0.8^2} \times 6$
$= 0.6 \times 6 = 3.6$.

Umrechnen in Standardeinheiten liefert:

27.4 entspricht $\dfrac{27.4 - 31}{3.6} = -1$ Standardeinheit.

Die folgende Skizze zeigt die zu bestimmende Fläche:

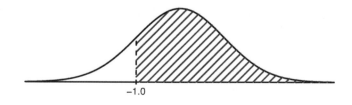

Der Prozentsatz beträgt ca. $100\% - 15.87\% = 84.13\%$.

(c)   MWx $= 10$

     SDx $= 2$

     MWy $= 12.5$

     SDy $= 3$

     r $= 0.8$

Regressionsgerade von y auf x: $y = 1.2x + 0.5$

(d) Die „Steuermoral" ist gut, wenn nominale und reale Steuern gut über-einstimmen, d. h. idealerweise die Datenwolke auf der Identität $y = x$ liegt. Der Korrelationskoeffizient alleine gibt darüber keine Auskunft, man müsste zusätzlich die Gleichung der Regressionsgeraden kennen. Beispielsweise wäre für die exakte Beziehung $y = 10x + 0$ der Korrelationskoeffizient zwar sehr hoch ($r = 1$), aber die „Steuermoral" sehr schlecht, da die nominale Steuer jeweils nur 10 % der realen Steuer betrüge. Man kann also nicht schließen, dass die „Steuermoral" schlechter geworden ist.

> Kommentar: Neben der Verwechslung von Korrelation mit Kausalität ist die Verwechslung des Korrelationskoeffizienten mit der Steigung der Regressionsgeraden einer der häufigsten Irrtümer bei oberflächlicher Anwendung der Statistik. Stellt man etwa eine Korrelation von 0.9 zwischen dem Anteil der Handybesitzer und dem Anteil der lernschwachen Schüler fest, so besagt dies erstens nichts über eine eventuelle Kausalbeziehung und gibt zweitens keine Auskunft über das Ausmaß, in dem man bei Ansteigen des Handybesitzes mit höheren Anteilen lernschwacher Schüler rechnen muss. Hierzu wäre – wenn eine solche Prognose überhaupt sinnvoll ist – die Steigung der Regressionsgeraden und nicht der Korrelationskoeffizient zu betrachten. Der Korrelationskoeffizient beschreibt nur, wie stark sich die Datenpunkte um eine Gerade konzentrieren, aber nicht wie steil die Gerade verläuft.

4. (a) Durch die Einführung des Euro wird das (nominale) Vermögen, aber nicht notwendigerweise die Anzahl der Millionäre halbiert. Ein DM-Millionär (bzw. Euro-Millionär) ist jemand, der mehr als eine Million DM (bzw. mehr als eine Million Euro = 2 Millionen DM) besitzt. Es wäre sehr erstaunlich, wenn die Anzahl derer, die mehr als 2 Millionen DM besitzen, genau so groß wäre wie die Anzahl derer, die mehr als 1 Million DM besitzen. (Oder anders ausgedrückt: Wenn es genau so viele Menschen mit Vermögen zwischen 1 Million DM und 2 Millionen

DM gäbe wie Menschen mit Vermögen über 2 Millionen DM.)

Vermutlich wurden hier Anzahl und Vermögen verwechselt.

(b) Die folgende Skizze zeigt die Situation: (Der Flächenanteil von 29.12 %
bezieht sich darin auf die Gesamtfläche oberhalb von 1, nicht nur auf
die Fläche zwischen 1 und 2.)

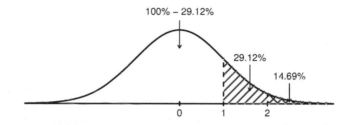

1 Mio DM entspricht 0.55 Standardeinheiten,

2 Mio DM entspricht 1.05 Standardeinheiten.

Somit hat man das Gleichungssystem:

$$\begin{aligned} m + 0.55s &= 1 \text{ Mio DM} & (I) \\ \text{und } m + 1.05s &= 2 \text{ Mio DM.} & (II) \end{aligned}$$

Hieraus folgt durch die Subtraktion $((II) - (I))$:

$0.5s = 1$ Mio DM, d. h. $s = 2$ Mio DM.

Durch Einsetzen in (I) erhält man dann: $m = -100\,000$ DM.

Hobby-Statistiker W. O. kann also m und s bestimmen; sie lauten:

$m = -100\,000$ DM und $s = 2$ Millionen DM.

5. (a)

		Dow für das Gesamtjahr		Summe
		gestiegen	gefallen	
Fünf-Tage-Indikator	gestiegen	32	7	39
	gefallen	12	9	21
Summe		44	16	**60**

(b) (i) $\left(\dfrac{12}{60} =\right) \dfrac{1}{5}$

   (ii) $\left(\dfrac{32 + 7 + 12}{60} = \dfrac{51}{60} =\right) \dfrac{17}{20}$

   (iii) $\left(\dfrac{7 + 12}{60} =\right) \dfrac{19}{60}$

   (iv) $\dfrac{7}{16}$

(c) Es ist $P(D) = \dfrac{44}{60}$ und $P(I) = \dfrac{21}{60}$. Andererseits ist:

$$P(D \text{ und } I) = \dfrac{12}{60} \neq \dfrac{44}{60} \times \dfrac{21}{60} = P(D) \times P(I).$$

Die Ereignisse D und I sind also nicht unabhängig, weil sonst nach der Multiplikationsregel bei Unabhängigkeit

$$P(D \text{ und } I) = P(D) \times P(I)$$

gelten müsste.

(d) Dort wird nur betrachtet, ob der Dow bzw. der Indikator gestiegen oder gefallen ist, aber nicht wie stark. Man betrachtet also die diskreten Variablen

$$\text{X: Dow für das Gesamtjahr} = \begin{cases} +1, & \text{falls gestiegen} \\ -1, & \text{falls nicht gestiegen} \end{cases}$$

und

$$\text{Y: Fünf-Tage-Indikator} = \begin{cases} +1, & \text{falls gestiegen} \\ -1, & \text{falls nicht gestiegen} \end{cases}.$$

(Jede andere Kodierung, z. B. 0 und 1, bedeutet nur einen Skalenwechsel.)

Das Streuungsdiagramm ist dann:

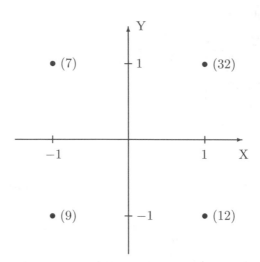

Die Zahlen in Klammern geben dabei an, wie oft die Punkte auftreten. Dieses Diagramm ist nicht zwetschgenförmig. In der Tat ist die Aussagekraft des Korrelationskoeffizienten hier beschränkt und geht nicht über die Betrachtungen in den Teilen (a) und (c) hinaus.

6. (a) Es gibt $\binom{8}{2} = \dfrac{8!}{2! \times 6!} = \dfrac{7 \times 8}{1 \times 2} = 28$ Möglichkeiten, zwei von den acht Themen auszuwählen.

(b) „Günstig" sind die Fälle, in denen wenigstens eines der drei (zwar unbekannten, aber schon festliegenden) Klausurthemen getroffen wird. Im Einzelnen:

Anzahl der Fälle, in denen genau ein Thema getroffen wird:

$$\binom{3}{1}\binom{5}{1} = \frac{3!}{1! \times 2!} \times \frac{5!}{1! \times 4!} = 3 \times 5 = 15$$

Anzahl der Fälle, in denen genau zwei Themen getroffen werden:

$$\binom{3}{2}\binom{5}{0} = \frac{3!}{1! \times 2!} \times \frac{5!}{0! \times 5!} = 3 \times 1 = 3$$

Gesamtzahl der „günstigen" Fälle: $15 + 3 = 18$.

(c) $\dfrac{18}{28} = \dfrac{9}{14}$

4.3   Lösungen zur Klausur „Urlaub"

1. (a)

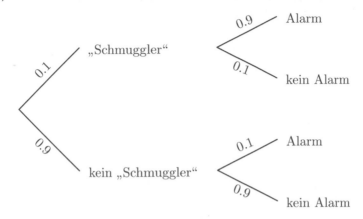

(b)

		Alarm		Summe
		ja	nein	
„Schmuggler"	ja	90	10	100
	nein	90	810	900
Summe		180	820	1 000

(c) (i) $\left(\dfrac{180}{1\,000} = \dfrac{18}{100} =\right)\ \dfrac{9}{50}$

(ii) $\left(\dfrac{900}{1\,000} =\right)\ \dfrac{9}{10}$

(iii) $\left(\dfrac{10}{820} = \right) \dfrac{1}{82}$

(d) Für diesen Anteil p muss dann eine der folgenden miteinander äquivalenten Aussagen gelten:

$$0.9p + 0.1 \times (1 - p) = 0.3$$

$$\Longleftrightarrow \qquad 0.9p + 0.1 - 0.1p = 0.3$$

$$\Longleftrightarrow \qquad\qquad 0.8p = 0.2$$

$$\Longleftrightarrow \qquad\qquad p = \frac{0.2}{0.8} = \frac{1}{4}.$$

2. Der geschätzte Prozentsatz ist $\dfrac{160}{1\,600} \times 100\,\% = 10\,\%$.

Als Schachtelmodell ergibt sich (nach der Bootstrap-Methode):

$$9 \times \boxed{0} \qquad\qquad 1 \times \boxed{1}$$

$\boxed{0} \;\hat{=}\;$ gibt an, die Schule nicht regelmäßig zu schwänzen

$\boxed{1} \;\hat{=}\;$ gibt an, die Schule regelmäßig zu schwänzen

1 600 Ziehungen mit (strenggenommen ohne) Zurücklegen

(Weil die Stichprobe nur einen kleinen Anteil der Grundgesamtheit ausmacht, kann man wie im Fall des Ziehens mit Zurücklegen vorgehen.)

Damit ergibt sich:

geschätzte Standardabweichung der Schachtel $= \sqrt{0.1 \times 0.9}$

$= \sqrt{0.09} = 0.3$

Standardfehler der Anzahl $= \sqrt{1\,600} \times 0.3$

Standardfehler des Anteils in Prozent $= \dfrac{\sqrt{1\,600} \times 0.3}{1\,600} \times 100\,\%$

$= \dfrac{0.3}{40} \times 100\,\% = 0.75\,\%$.

Die Normalapproximation ist hier benutzbar, weil sehr oft (1 600-mal) aus der nicht zu schiefen oben beschriebenen Schachtel gezogen wird. Es ist also möglich, ein solches Konfidenzintervall anzugeben. Das gesuchte approximative 68%-Konfidenzintervall ist:

$10\% \pm 1 \times 0.75\% = [9.25\%,\ 10.75\%]$.

3. (a) Durch direkte Berechnung oder mittels der Binomialformel ergibt sich:

   P(höchstens 1 Ausfall) $= 1 - $ P(2 Ausfälle) $= 1 - p^2$.

   (b) Mittels der Binomialformel ergibt sich:

   P(höchstens 2 Ausfälle) $= 1 - $ P(3 Ausfälle) $- $ P(4 Ausfälle)

   $$= 1 - \binom{4}{3}p^3(1-p)^1 - \binom{4}{4}p^4$$
   $$= 1 - 4p^3(1-p) - p^4.$$

   (c) Es ist:

   $$\begin{aligned} D(p) &= W_B(p) - W_A(p) \\ &= 1 - 4p^3(1-p) - p^4 - 1 + p^2 \\ &= p^2(1 - 4p(1-p) - p^2) \\ &= p^2((1+p)(1-p) - 4p(1-p)) \\ &= p^2(1-p)(1-3p). \end{aligned}$$

   (d) (1) Es ist $D(p) = 0 \Longleftrightarrow \left(p = 0 \text{ oder } p = 1 \text{ oder } p = \dfrac{1}{3} \right)$.

   In diesem Fall sind beide Varianten gleich gut und die Erfolgswahrscheinlichkeit ist 1 (für $p = 0$) bzw. 0 (für $p = 1$) bzw. $\dfrac{8}{9}$ $\left(\text{für } p = \dfrac{1}{3} \right)$.

   (2) Es ist $D(p) > 0 \Longleftrightarrow \left(p < \dfrac{1}{3} \right)$.

   In diesem Fall ist Variante B vorzuziehen. Die Erfolgswahrscheinlichkeit für die Saharadurchquerung ist dann $1 - 4p^3(1-p) - p^4 = 1 - 4p^3 + 3p^4$ und liegt zwischen 1 (für $p \to 0$) und $\dfrac{8}{9}$ $\left(\text{für } p \to \dfrac{1}{3} \right)$.

   Wegen $W_B(p)' = -12p^2 + 12p^3 = -12p^2(1-p) < 0$ fällt die Erfolgswahrscheinlichkeit in diesem Bereich streng monoton.

(3) Es ist $D(p) < 0 \Longleftrightarrow \left(p > \dfrac{1}{3}\right)$.

In diesem Fall ist Variante A vorzuziehen. Die Erfolgswahrscheinlichkeit ist dann gegeben durch $1 - p^2$ und fällt streng monoton vom Wert $\dfrac{8}{9}$ $\left(\text{ausschließlich, für } p \to \dfrac{1}{3}\right)$ auf den Wert 0 (ausschließlich, für $p \to 1$).

Bemerkung: Die folgende Skizze veranschaulicht diese Resultate:

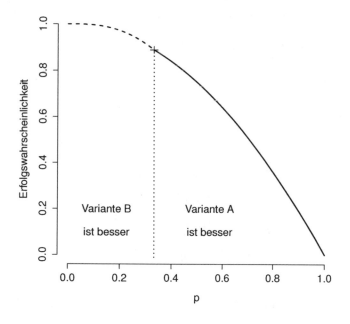

4. (a)

0	0068
1	25
2	027
3	37
4	2
5	5
6	0
7	
8	0
9	0

(1 | 2 bedeutet 12 kg)

(b)

$$
\begin{array}{|cc|}
\hline
\multicolumn{2}{|c|}{\text{16 Gewichte}} \\
\multicolumn{2}{|c|}{24.5} \\
10 & 48.5 \\
0 & 90 \\
\hline
\end{array}
$$

(c) Arbeitstabelle:

Klasse (in kg)	Anzahl	Fläche (in %)	Breite der Säule (in kg)	Höhe der Säule (in % pro kg)
[0, 10[	4	25	10	2.5
[10, 50[	8	50	40	1.25
[50, 100[	4	25	50	0.5

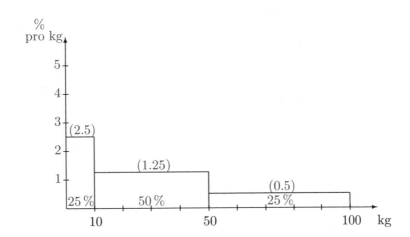

5. (a) Für den vertikalen Streifen zu $x = 210$ ergibt sich nach der Regressionsmethode:

neuer Mittelwert $= 4 \times 210 - 700 = 140$

neue Standardabweichung $=$ r.m.s.-Fehler der Regressionsgeraden von y auf $x = 30$.

Umrechnen in Standardeinheiten liefert:

125 entspricht $\dfrac{125 - 140}{30} = -0.5$ Standardeinheiten.

Die folgende Skizze zeigt die zu bestimmende Fläche:

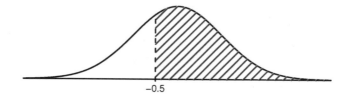

Der Prozentsatz beträgt ca. $100\% - 30.85\% = 69.15\%$.

(b) Weil die Regressionsgerade durch den Punkt (MWx, MWy) verläuft, muss gelten:

$100 = 4 \times \text{MW}x - 700$, d. h. $800 = 4 \times \text{MW}x$, also $\text{MW}x - 200$.

(c) Für die Liste der Residuen muss gelten:

- Mittelwert MW $= 0$. (Das ist stets so für eine Regressionsgerade.)
- Standardabweichung SD $= 30$. (Das ergibt sich aus der Definition des r.m.s.-Fehlers der Regressionsgeraden.)

Für die obige Liste könnte der Mittelwert zwar 0 sein, für die Standardabweichung würde dann aber gelten:

SD der Liste

$$= \sqrt{\frac{1}{1\,000}\left((-500-0)^2 + (2\,000-0)^2 + (-700-0)^2 + \ldots\right)}$$

$$> \sqrt{\frac{2\,000^2}{1\,000}}$$

$$= \sqrt{4\,000}$$

$$> 60.$$

Obige Liste kann daher nicht die Liste der Residuen sein.

6. (a) Das Schachtelmodell ist:

$$1 \times \boxed{0} \qquad 9 \times \boxed{1}$$

$$\boxed{0} \;\hat{=}\; \text{Stornierung}$$

$$\boxed{1} \;\hat{=}\; \text{keine Stornierung}$$

900 Ziehungen mit Zurücklegen

Somit ergibt sich:

Mittelwert der Schachtel $\qquad = 0.9$

$$\text{Standardabweichung der Schachtel} = \sqrt{\frac{9}{10} \times \frac{1}{10}} = \sqrt{\frac{9}{100}}$$

$$= \frac{3}{10} = 0.3$$
(vereinfachte Formel)

Erwartungswert der Summe $\qquad = 900 \times 0.9 = 810$

Standardfehler der Summe $\qquad = \sqrt{900} \times 0.3 = 9.$

Eine Überbuchung liegt ab 833 nicht stornierten Buchungen vor. Bei Anwendung der Stetigkeitskorrektur ist also die Wahrscheinlichkeit dafür zu bestimmen, dass die Summe der Ziehungen 832.5 übersteigt.

Umrechnen in Standardeinheiten liefert:

$$832.5 \text{ entspricht } \frac{832.5 - 810}{9} = \frac{22.5}{9} = 2.5 \text{ Standardeinheiten.}$$

Die Normalapproximation ist hier anwendbar, weil die Anzahl der Ziehungen (900) trotz der Schiefe der Schachtel (s. o.) ausreichend groß ist.

Die folgende Skizze zeigt die zu bestimmende Fläche:

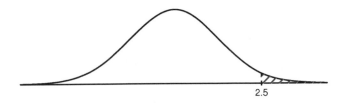

2.5

Der gesuchte Anteil beträgt ca. $0.62\,\%$.

(b) Die Zahlen entsprechen einer Verdreifachung der Zahlen aus Teil (a). Nach den Formeln (Formel (2) aus Abschnitt 2.4.2) wächst der Standardfehler der Summe jedoch nur mit dem Faktor $\sqrt{3}$. Der Wert

2 497.5 entspräche also $\sqrt{3} \times 2.5$ Standardeinheiten, und der Wert 2 496.5 sicher mehr als 3 Standardeinheiten.

$$\left(\text{Dies ergibt sich wegen } \frac{2\,496.5 - 2\,430}{\sqrt{3} \times 9} > \frac{66.5}{2 \times 9} > 3.\right)$$

Die Überbuchungswahrscheinlichkeit wird im Falle (b) also kleiner sein.

(c) Würde der Manager 1 800 Buchungen akzeptieren, läge gerade eine Verdoppelung der Zahlen aus Teil (a) vor. Wie in Teil (b) ergäbe sich dann eine kleinere Überbuchungswahrscheinlichkeit als in Teil (a). Da statt 1 800 sogar nur 1 732 Buchungen akzeptiert werden, ist die Wahrscheinlichkeit für Überbuchung natürlich erst recht kleiner als in Teil (a).

Kommentar: Verdreifacht man alle Zahlen, so ergibt sich eine kleinere Überbuchungswahrscheinlichkeit, weil die Zufallsschwankung (Standardfehler der Summe) nur mit dem Faktor $\sqrt{3}$ wächst und nur unterproportional zunimmt. Falls die Überbuchungswahrscheinlichkeit etwa gesetzlich geregelt ist, hat eine größere Hotelkette Vorteile, da sich bei höherer Zimmerzahl ein besserer Ausgleich im größeren Kollektiv ergibt. Konkret könnten etwa drei Hotels des Typs aus Teil (a) fusionieren und dadurch 27 Zimmer einsparen, ohne eine etwa vorhandene gesetzliche Schranke von 0.62 % für die Überbuchungswahrscheinlichkeit pro Hotelunternehmen zu verletzen. (Dazu kämen noch etwaige Skalenerträge und Einsparungen durch Konzentration und Rationalisierung, die man üblicherweise durch Fusionen anstrebt.) Entsprechende Überlegungen gelten natürlich auch im Finanzbereich, z. B. für Eigenkapitalvorschriften von Banken und Versicherungen.

7. (a) Es ergibt sich:

$$\text{Mittelwert der } x \quad = \frac{-12 - 4 + \ldots - 16}{6} = \frac{-72}{6} = -12$$

$$\text{Standardabweichung der } x = \sqrt{\frac{1}{6}\left(0^2 + 8^2 + \ldots + (-4)^2\right)}$$

$$= \sqrt{\frac{96}{6}} = \sqrt{16} = 4$$

$$\text{Mittelwert der } y \quad = 0$$

Standardabweichung der $y = \sqrt{\dfrac{1}{6}\left((-3)^2 + \ldots + 0^2\right)}$

$$= \sqrt{\dfrac{24}{6}} = \sqrt{4} = 2.$$

Durch Umrechnen in Standardeinheiten erhält man:

x in Standardeinheiten	y in Standardeinheiten	Produkt
$\dfrac{-12 - (-12)}{4} = 0$	$\dfrac{-3 - 0}{2} = -1.5$	0
(usw.) 2	-0.5	-1
0	-0.5	0
0	1.5	0
-1	1	-1
-1	0	0

Summe der Produkte: -2

Der Korrelationskoeffizient ist also

$$r = \text{Mittel der Produkte} = -\frac{2}{6} = -\frac{1}{3}.$$

(b) Steigung: $r \times \dfrac{\mathrm{SD}y}{\mathrm{SD}x} = \left(-\dfrac{1}{3}\right) \times \dfrac{2}{4} = -\dfrac{1}{6}$

Achsenabschnitt: $0 = \left(-\dfrac{1}{6}\right) \times (-12) + b$, d. h. $b = -2$

Regressionsgerade von y auf x: $y = -\dfrac{1}{6}x - 2$

(c) Nach Teil (a) ist:

$(\mathrm{SD}x)^2 = 16$

$(\mathrm{SD}y)^2 = 4$

$\mathrm{cov}(x, y) = \mathrm{SD}x \times \mathrm{SD}y \times r = 4 \times 2 \times \left(-\dfrac{1}{3}\right) = -\dfrac{8}{3}.$

Also ergibt sich:

$$\begin{pmatrix} 16 & -\dfrac{8}{3} \\[2mm] -\dfrac{8}{3} & 4 \end{pmatrix}.$$

8. Es handelt sich nicht um ein Histogramm, da die Flächen nicht Prozentanteile, sondern absolute Zahlen darstellen. Man würde die Graphik als
Balkendiagramm bezeichnen. Nach Tufte ergeben sich folgende Punkte:

(1) Eine Beschriftung (insbesondere der y-Achse) fehlt. Die Graphik ist
nicht eigenständig lesbar, man muss erst die entsprechende Textstelle
finden.

(2) Durch Hinzufügen der Balkenhöhen (17, 108, etc.) könnte man den
Vergleich (etwa zwischen Fakultät II und Fakultät V) wesentlich erleichtern und zugleich die Ergebnisse genau dokumentieren. Das Git-
ternetz und die Hintergrundschattierung könnten dafür weggelassen
werden.

(3) Die wenig aussagekräftige Anordnung nach der Reihenfolge auf der x-
Achse könnte durch eine Anordnung nach der Größe ersetzt werden.
Zudem könnten die Fakultäten „beim Namen" genannt werden.

(4) Da es sich insgesamt nur um 6 Zahlen handelt, wäre zu überlegen, ob
diese nicht genauer und griffiger in einer Tabelle dargestellt werden
könnten.

Das Endprodukt könnte etwa so aussehen:

Fakultät	Studierende pro Professor
Rechts- und Wirtschaftswissenschaften	108
Sprach- und Literaturwissenschaften	58
Kulturwissenschaften	37
Biologie, Chemie und Geowissenschaften	36
Angewandte Naturwissenschaften	25
Mathematik und Physik	17
Universität Bayreuth insgesamt	43.6

Tabelle: Anzahl der Studierenden pro Professor (C3 und C4)

(Die Zahlen 58, 37, 36 und 25 sind in dem Artikel nicht angegeben und
wurden aus der Originalgraphik abgelesen.)

Kommentar: Tufte geht es vor allem darum, Information möglichst klar und sparsam darzustellen. Dafür wäre obige Tabelle sehr geeignet, da sie für sich alleine fast die ganze „Story" vermittelt. (Z. B. geht daraus auch schon hervor, in welchen Fachgebieten Gedränge oder "paradiesische Zustände" herrschen. Man muss dazu den Text gar nicht lesen, weil die Fakultätsnamen angegeben und angeordnet sind.) Es ist eine andere Frage, inwieweit etwa eine Graphik vor allem die Aufmerksamkeit des Betrachters auf den Artikel lenken soll. Dann kann eine unter dem Gesichtspunkt der Informationsdichte nicht optimierte Graphik sehr wohl ihren Zweck erfüllen.

4.4   Lösungen zur Klausur „Aktien"

1. (a) Ja

Ziehen einer einfachen Zufallsstichprobe (simple random sample)

(b) Ja

Ziehen einer geschichteten Stichprobe

(c) Ja

Mehrstufiges Verfahren

(d) Bei Strategie A: $\dfrac{1}{110}$

Bei Strategie B: $\dfrac{1}{30}$

Bei Strategie C: $\left(\dfrac{1}{3} \times \dfrac{1}{30} = \right)\ \dfrac{1}{90}$

Bei Strategie D: $\dfrac{1}{110}$

(e) $\sqrt{\dfrac{110-6}{110-1}} \times \dfrac{\text{SD}}{\sqrt{6}} = \sqrt{\dfrac{104}{109}} \times \dfrac{\text{SD}}{\sqrt{6}}$

2. (a) Es gibt $\dbinom{110}{6}$ Möglichkeiten, 6 aus den 110 Unternehmen ohne Zu-

rücklegen auszuwählen, also $\dbinom{110}{6}$ mögliche Fälle.

Günstig sind diejenigen Fälle, in denen genau 4 aus den 38 ihm bekannten und 2 aus den 72 ihm unbekannten Unternehmen stammen.

Es gibt also $\dbinom{38}{4} \times \dbinom{72}{2}$ günstige Fälle.

Die gesuchte Wahrscheinlichkeit ist also:

$$\dfrac{\dbinom{38}{4} \times \dbinom{72}{2}}{\dbinom{110}{6}} .$$

(b) Die höchste Prognose sei $D_{\max}$. Dann gilt:

(1) $D_{\max}$ wird so groß wie möglich, falls alle anderen so wenig wie möglich prognostizieren. Außer der optimistischsten Bank prognostizieren 9 weitere mindestens 4 300 und die restlichen 3 immerhin wenigstens 4 000. Also ergibt sich:

$$
\begin{aligned}
D_{\max} &\leq \ 13 \times 4\,365 - 9 \times 4\,300 - 3 \times 4\,000 \\
&= 56\,745 - 38\,700 - 12\,000 \\
&= 56\,745 - 50\,700 \\
&= 6\,045.
\end{aligned}
$$

(2) $D_{\max}$ wird so klein wie möglich, falls alle anderen so viel wie möglich prognostizieren, d. h. alle außer HSBC Trinkaus & Burkhardt prognostizieren den gleichen Wert (wobei dieser größer als das Gesamtmittel 4 365 ist). Nun ist:

$$
\begin{aligned}
\frac{56\,745 - 4\,000}{12} &= \frac{52\,745}{12} \\
&= \frac{48\,000 + 4\,800 - 60}{12} + \frac{5}{12} \\
&= 4\,000 + 400 - 5 + \frac{5}{12} \\
&= 4\,395 + \frac{5}{12}.
\end{aligned}
$$

Daher ist $D_{\max} \geq 4\,396$ (wegen der Ganzzahligkeit).

(3) Insgesamt ist $4\,396 \leq D_{\max} \leq 6\,045$.

(Falls man annimmt, dass das Minimum eindeutig ist, verschärft sich die obere Grenze zu 6 043, da dann die beiden anderen Banken mindestens 4 001 prognostizieren.)

Kommentar: Man kann die Wahrscheinlichkeiten aus Teil (a) auch stufenweise als

$$
\frac{38}{110} \times \frac{37}{109} \times \frac{36}{108} \times \frac{35}{107} \times \frac{72}{106} \times \frac{71}{105} \times \binom{6}{4}
$$

berechnen. Dies ist aber weder einfacher noch durchsichtiger als der direkte Weg.

3. (a)

1	156688
2	0248
3	23569
4	155577
5	26
6	456
7	
8	
9	68
10	
11	2
12	
13	3

(1 | 1 bedeutet 11 EUR)

(b)

30 DAX30-Kurse

	40	
22		56
11		133

(c)

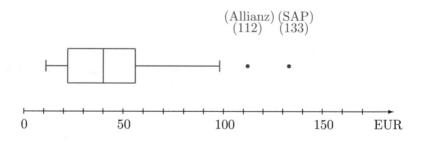

(Nebenrechnung:
    unterer Rand des Normalbereiches $= 22 - 1.5 \times (56 - 22) = -29$
    oberer Rand des Normalbereiches $= 56 + 1.5 \times (56 - 22) = 107$
    kleinster Wert im Normalbereich $= 11$
    größter Wert im Normalbereich $= 98$
    Ausreißerkandidaten: Allianz (112) und SAP (133).)

(d) 15 Werte sind kleiner und 15 Werte sind größer als 40.

Daher muss für a gelten:
(40 EUR − a EUR) × 1.25 % pro EUR = 50 %,

d. h. $(40 - a) = \dfrac{50}{1.25}$, also $a = 0$.

Entsprechend muss für b gelten:
(b EUR − 40 EUR) × 0.5 % pro EUR = 50 %,

d. h. $(b - 40) = \dfrac{50}{0.5}$, also $b = 140$.

4. (a) Das Schachtelmodell ist:

$$1 \times \boxed{4} \qquad\qquad 4 \times \boxed{-1}$$

$\boxed{4} \;\;\hat{=}\;\;$ Gewinn von 4 EUR

$\boxed{-1} \;\;\hat{=}\;\;$ Gewinn von −1 EUR (d. h. Verlust)

6 400 Ziehungen mit Zurücklegen

Somit ergibt sich:

Mittelwert der Schachtel $\qquad = \dfrac{4 + 4 \times (-1)}{5} = 0$

Standardabweichung der Schachtel $= (4 - (-1)) \times \sqrt{\dfrac{1}{5} \times \dfrac{4}{5}}$

$$= \sqrt{4} = 2$$

(vereinfachte Formel)

Erwartungswert der Summe $\qquad = 6\,400 \times 0 = 0$

Standardfehler der Summe $\qquad = \sqrt{6\,400} \times 2 = 160$

Teilnahmegebühr $\qquad\qquad\quad = 6\,400 \times 0.05 = 320$ [EUR].

Damit ihm nach Abzug der Gebühr noch ein positiver Reingewinn verbleibt, muss die Summe der Ziehungen mindestens 320 sein.

Umrechnen in Standardeinheiten (ohne Stetigkeitskorrektur) liefert:

320 entspricht $\dfrac{320 - 0}{160} = 2$ Standardeinheiten.

Die Normalapproximation ist hier anwendbar, weil sehr oft (6 400-mal) aus der nicht zu schiefen obigen Schachtel gezogen wird.

Die folgende Skizze zeigt die zu bestimmende Fläche:

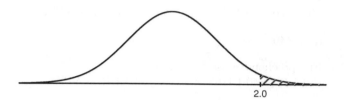

2.0

Der gesuchte Anteil beträgt ca. 2.28%.

(b) Es ist $10.80 + 4 \times 0.05 = 11 = 3 \times 4 - 1$. Ein Reingewinn verbleibt ihm also genau dann, wenn er genau dreimal gewinnt und einmal verliert. Nach der Binomialformel ist die Wahrscheinlichkeit dafür:

$$\binom{4}{3}\left(\frac{1}{5}\right)^{3}\left(1 - \frac{1}{5}\right)^{1}.$$

5. (a) Steigung: $r \times \dfrac{\text{SD}y}{\text{SD}x} = 0.2 \times \dfrac{5}{5} = 0.2$

Achsenabschnitt: $42 = 0.2 \times 40 + b$, d. h. $b = 34$

Regressionsgerade von y auf x: $y = 0.2x + 34$

(b) Wegen der Zwetschgenform ist y ungefähr normalverteilt mit Mittelwert 42 und Standardabweichung 5. Bei der Normalverteilung entspricht 80 % ungefähr der Fläche zwischen -1.3 und $+1.3$ Standardeinheiten. Also leistet das Intervall

$$42 \pm 1.3 \times 5 = 42 \pm 6.5 = [35.5,\ 48.5]$$

das Verlangte.

(c) Wegen der Zwetschgenform sind die y-Werte im vertikalen Streifen zu $x = 35$ näherungsweise normalverteilt und es ist

neuer Mittelwert $= 0.2 \times 35 + 34 = 41$

neue Standardabweichung $= \sqrt{1 - r^2} \times \text{SD}y = \sqrt{1 - 0.04} \times 5$

$= \sqrt{0.96} \times 5 \approx 0.98 \times 5 = 4.9$.

Bei der Normalverteilung entspricht 80 % ungefähr der Fläche zwischen -1.3 und $+1.3$ Standardeinheiten. Also leistet das Intervall

$$41 \pm 1.3 \times 4.9 = 41 \pm 6.37 = [34.63,\ 47.37]$$

das Verlangte.

(d) Die Intervalllänge reduziert sich von $2 \times 1.3 \times 5 = 13$ auf $2 \times 1.3 \times 0.98 \times 5$ $= 12.74$ (also auf 98 % des Ausgangswertes). Der Nutzen der Zusatzinformation ist gering, weil der Betrag von r sehr klein ist ($r = 0.2$).

Kommentar: Wie man in Teil (d) sieht, kann man sich leicht überlegen, welchen Genauigkeitsgewinn man durch Kenntnis einer mit der Zielvariablen korrelierten Zusatzinformation hat. Man kann dann leichter entscheiden, welchen Preis man für die Zusatzinformation zu zahlen bereit ist. Bei schwacher Korrelation lohnt sich das nicht immer. Man beachte auch, dass $\sqrt{1 - r^2}$ nichtlinear ist und erst für höhere (absolute) Werte von r wirklich deutlich abnimmt.

6. (a) $\tilde{y}$ ist eine affin lineare Transformation von x mit

$a = r \times \dfrac{\mathrm{SD}y}{\mathrm{SD}x} = 0.2 \times 1 = 0.2$. Daher gilt für den Mittelwert:

$\mathrm{MW}\tilde{y} = a \times \mathrm{MW}x + b = \mathrm{MW}y = 42$,

da $y = ax + b$ die Regressionsgerade aus 5 (a) ist. (Alternativ folgt dies auch aus der Tatsache, dass die Residuensumme bei der Regression 0 ist, also die „Summe der $(y_i - \tilde{y}_i)$" $= 0$ und damit $\mathrm{MW}y = \mathrm{MW}\tilde{y}$ ist.) Weiter gilt für die Standardabweichung:

$\mathrm{SD}\tilde{y} = 0.2 \times \mathrm{SD}x = 0.2 \times 5 = 1$.

(b) Eine affin lineare Transformation einer Variablen mit einem positiven Faktor a ändert den Korrelationskoeffizienten nicht, also ist:

$\mathrm{corr}(y, \tilde{y}) = \mathrm{corr}(y, ax + b) = \mathrm{corr}(y, x) = 0.2$.

(c) Die Mittelwerte und Standardabweichungen der drei Größen sind aus der Aufgabenstellung und aus Teil (a) bereits bekannt. Ferner ist:

$\mathrm{cov}(\tilde{y}, x) = \mathrm{corr}(\tilde{y}, x) \times 1 \times 5 = \mathrm{corr}(ax + b, x) \times 1 \times 5 = 1 \times 1 \times 5 = 5$

$\mathrm{cov}(y, x) = 0.2 \times 5 \times 5 = 5$

$\mathrm{cov}(y, \tilde{y}) = 0.2 \times 5 \times 1 = 1$.

Somit hat man:

$$\text{Vektor der Mittelwerte} = \begin{pmatrix} 40 \\ 42 \\ 42 \end{pmatrix}$$

$$\text{Kovarianzmatrix} = \begin{pmatrix} 25 & & \\ 5 & 1 & \\ 5 & 1 & 25 \end{pmatrix}.$$

7. Der geschätzte Prozentsatz ist $\dfrac{1\,750}{2\,500} \times 100\,\% = 70\,\%$.

Als Schachtelmodell ergibt sich (nach der bootstrap-Methode):

$$3 \times \boxed{0} \qquad\qquad 7 \times \boxed{1}$$

$\boxed{0}$ $\,\hat{=}\,$ nicht „Dienst nach Vorschrift"

$\boxed{1}$ $\,\hat{=}\,$ „Dienst nach Vorschrift"

2 500 Ziehungen mit (strenggenommen ohne) Zurücklegen

(Weil die Stichprobe nur einen kleinen Anteil der Grundgesamtheit ausmacht, kann man wie im Fall des Ziehens mit Zurücklegen vorgehen.)

Damit ergibt sich:

geschätzte Standardabweichung der Schachtel $= \sqrt{0.7 \times 0.3} = \sqrt{0.21}$ ≈ 0.46

Standardfehler der Anzahl $= \sqrt{2\,500} \times 0.46$

Standardfehler des Anteils in Prozent $= \dfrac{\sqrt{2\,500} \times 0.46}{2\,500} \times 100\,\%$

$= \dfrac{0.46}{50} \times 100\,\% = 0.92\,\%.$

Die Normalapproximation ist hier benutzbar, weil sehr oft (2 500-mal) aus der nicht zu schiefen oben beschriebenen Schachtel gezogen wird. Es ist also möglich, das gesuchte approximative 68 %-Konfidenzintervall ist:

$70\,\% \pm 1 \times 0.92\,\% = 70\,\% \pm 0.92\,\% = [69.08\,\%,\ 70.92\,\%].$

8. (a) Die Ereignisse müssen einander ausschließen.

(b) Realistischer: Die Ereignisse sind unabhängig. Dann ergibt sich:

P(beide fallen nicht aus) $= (1 - 0.001) \times (1 - 0.001)$

$= 1 - 0.002 + 0.000001 = 0.998001.$

(c) Fall (a): $1 - $ P(wenigstens eine Komponente fällt aus)

$= 1 - 2 \times 0.4 = 0.2\ (= 20\,\%)$

Fall (b): P(beide funktionieren)

$= (1 - 0.4) \times (1 - 0.4) = 0.6^2 = 0.36\ (= 36\,\%)$

4.5 Lösungen zur Klausur „EU"

1. (a) Ohne Berücksichtigung des Korrekturfaktors ist:

$$\text{Standardfehler des Mittels} = \frac{\text{SD}}{\sqrt{n}} = \frac{12}{\sqrt{n}},$$

wobei n der Stichprobenumfang ist.

Aus $\dfrac{12}{\sqrt{n}} \leq 1$ folgt $12 \leq \sqrt{n}$ und damit $n \geq 144$.

Für derartige n ist der Korrekturfaktor in der Tat vernachlässigbar (und würde auch nur zu einer Verkleinerung des Standardfehlers des Mittels führen). Die Stichprobe muss also mindestens 144 Personen umfassen.

(b) Es gelten die gleichen Überlegungen wie in Teil (a). Die Stichprobe muss also mindestens 144 Personen umfassen.

(c) Man muss den Stichprobenumfang vervierfachen, also:
$n \geq 4 \times 144 = 576$.

(Der Korrekturfaktor ist dabei immer noch vernachlässigbar und würde auch nur zu einer weiteren Verkleinerung des Standardfehlers des Mittels führen.)

(d) Falls man einen großen Teil der 40 000 Luxemburger Kunden befragt, wird hier der Korrekturfaktor wirksam, während er für Deutschland noch vernachlässigbar bleibt. Hobby-Statistiker W. O. muss also dafür sorgen, dass der Korrekturfaktor ungefähr $\dfrac{1}{2}$ wird. Man hat die Äquivalenzen:

$$\sqrt{\frac{40\,000 - n}{40\,000 - 1}} \approx \frac{1}{2}$$

$$\Longleftrightarrow \quad \frac{40\,000 - n}{40\,000 - 1} \approx \frac{1}{4}$$

$$\Longleftrightarrow \quad 40\,000 - n \approx 10\,000$$

$$\Longleftrightarrow \quad n \approx 30\,000.$$

Man muss also eine Stichprobe vom Umfang 30 000 ziehen. Dann ist der Korrekturfaktor für Deutschland weiterhin etwa 1, für Luxemburg hingegen etwa $\frac{1}{2}$.

Kommentar: Der Standardfehler für das Durchschnittsalter ist dann übertrieben klein. Für Deutschland ergibt sich (ohne den vernachlässigbaren Korrekturfaktor):

$$\frac{12}{\sqrt{30\,000}} = \frac{12}{\sqrt{3} \times 100} = \frac{\sqrt{3}^2 \times 4}{\sqrt{3} \times 100} = \frac{\sqrt{3} \times 4}{100} \approx 0.07.$$

Andererseits verkleinert sich der Standardfehler nur um den Faktor $\sqrt{200} \approx 14$, obwohl der Stichprobenumfang etwa zweihundertmal so groß ist. Für *sehr kleine* Standardfehler braucht man eben *riesige* Stichprobenumfänge. Deshalb sollte man sich jeweils genau überlegen, ob sich dieser Aufwand lohnt.

2. (a) In einer Tabelle lassen sich die benötigten Werte leicht ermitteln:

	aus EU-Staat	nicht aus EU-Staat	Summe
Mann	270	40	310
Frau	310	20	330
Summe	580	60	640

Für die gesuchte Wahrscheinlichkeit erhält man: $\frac{40}{640} = \frac{1}{16}$.

(b) (i) P(beide nicht aus EU)

   = P(erster nicht aus EU)

      × P(zweiter nicht aus EU | erster nicht aus EU)

$$= \frac{5}{25} \times \frac{4}{24} = \frac{1}{5} \times \frac{1}{6} = \frac{1}{30}.$$

(ii) P(genau einer nicht aus EU)

   = P(erster nicht aus EU und zweiter aus EU)

      + P(erster aus EU und zweiter nicht aus EU)

$$= \frac{5}{25} \times \frac{20}{24} + \frac{20}{25} \times \frac{5}{24} = \frac{1}{6} + \frac{1}{6} = \frac{1}{3}.$$

Kommentar: Man kann die Wahrscheinlichkeiten aus Teil (b) auch direkt als Quotient aus der Anzahl der möglichen Fälle und der Anzahl der günstigen Fälle berechnen. Dann ergibt sich:

für (i): $\dfrac{\binom{20}{0} \times \binom{5}{2}}{\binom{25}{2}}$

für (ii): $\dfrac{\binom{20}{1} \times \binom{5}{1}}{\binom{25}{2}}.$

Dieser direkte Weg ist oftmals sogar einfacher als ein stufenweises Vorgehen.

3. (a)

1	
2	
3	8
4	58
5	55
6	
7	17
8	
9	
10	
11	3
12	3
13	
14	
15	
16	8

(3 | 8 bedeutet 3.8 TEUR pro Kopf)

(b)

$$
\begin{array}{c}
\text{10 BIP pro Kopf}\\
\left|
\begin{array}{ccc}
 & 6.3 & \\
4.8 & & 11.3\\
3.8 & & 16.8
\end{array}
\right|
\end{array}
$$

(c)

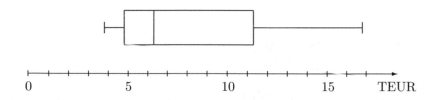

4. (a) Die Steigung der Regressionsgeraden von X_j auf X_i ist:

$$\mathrm{corr}(X_i, X_j) \times \frac{\mathrm{SD}(X_j)}{\mathrm{SD}(X_i)}.$$

Konkret erhält man:

$$\text{aus } (I): \quad \mathrm{corr}(X_1, X_2) \times \frac{\mathrm{SD}(X_2)}{\mathrm{SD}(X_1)} = 0.1$$

$$\text{aus } (II): \quad \mathrm{corr}(X_2, X_3) \times \frac{\mathrm{SD}(X_3)}{\mathrm{SD}(X_2)} = 2$$

$$\text{aus } (III): \quad \mathrm{corr}(X_3, X_1) \times \frac{\mathrm{SD}(X_1)}{\mathrm{SD}(X_3)} = 0.5.$$

Wegen $\mathrm{cov}(X_i, X_j) = \mathrm{corr}(X_i, X_j) \times \mathrm{SD}(X_i) \times \mathrm{SD}(X_j)$ liefert dies:

$$\mathrm{cov}(X_1, X_2) = 0.1 \times 10^2 = 10$$

$$\mathrm{cov}(X_2, X_3) = \ \ 2 \times 2^2 \ \ = 8$$

$$\mathrm{cov}(X_3, X_1) = 0.5 \times 10^2 = 50.$$

Ferner ist $\mathrm{cov}(X_i, X_i) = \mathrm{SD}(X_i)^2$. Die Kovarianzmatrix ist also:

$$\begin{pmatrix} 100 & & \\ 10 & 4 & \\ 50 & 8 & 100 \end{pmatrix}.$$

(b) Einsetzen der Mittelwerte in (I), (II) und (III) liefert ein lineares Gleichungssystem mit drei Gleichungen für die drei Variablen $\text{MW}(X_1)$, $\text{MW}(X_2)$ und $\text{MW}(X_3)$. Spezieller ergibt sich durch Einsetzen von $\text{MW}(X_1)$ in (I) der Wert $\text{MW}(X_2)$, durch Einsetzen von $\text{MW}(X_2)$ in (II) der Wert $\text{MW}(X_3)$ und schließlich durch Einsetzen von $\text{MW}(X_3)$ in (III) der Wert $\text{MW}(X_1)$. Sukzessives Einsetzen liefert also die miteinander äquivalenten Aussagen:

$$\text{MW}(X_1) = 0.5 \times \left[2 \times [0.1 \times \text{MW}(X_1) + 6] - 12 \right] + 9$$

$$\Longleftrightarrow \quad \text{MW}(X_1) = 0.5 \times \left[0.2 \times \text{MW}(X_1) + 12 - 12 \right] + 9$$

$$\Longleftrightarrow \quad \text{MW}(X_1) = 0.1 \times \text{MW}(X_1) + 9$$

$$\Longleftrightarrow \quad 0.9 \times \text{MW}(X_1) = 9$$

$$\Longleftrightarrow \quad \text{MW}(X_1) = 10.$$

Einsetzen in (I) liefert: $\text{MW}(X_2) = 7$.

Einsetzen in (II) ergibt: $\text{MW}(X_3) = 2$.

Der Mittelwertvektor ist also:

$$\begin{pmatrix} 10 \\ 7 \\ 2 \end{pmatrix}.$$

(c) Unter Benutzung von Teil (a) ergibt sich für die Steigung der Regressionsgeraden von X_3 auf X_1:

$$m = \text{corr}(X_1, X_3) \times \frac{\text{SD}(X_3)}{\text{SD}(X_1)} = 0.5 \times \frac{10}{10} = 0.5.$$

Dies stimmt weder mit 2 noch mit 0.2 überein. Beide Kollegen haben also unrecht.

Kommentar: Rein mathematisch kann man funktionale Beziehungen unter gewissen Bedingungen umkehren oder ineinander einsetzen. Darauf laufen die Vorschläge in Teil (c) hinaus. Die statistische Regressionsbeziehung geht jedoch darüber hinaus. Löst man die Gleichung der Regressionsgeraden von y auf x nach x auf, so ergibt sich im Allgemeinen nicht die Gleichung der Regressionsgeraden von x auf y. Setzt man die Gleichung der Regression von y auf x in die Gleichung der Regression von z auf y ein, erhält man im Allgemeinen nicht die Gleichung der Regression von z auf x.

Die Regressionsgerade von X_3 auf X_1 hat im vorliegenden Fall die Gleichung $X_3 = 0.5 X_1 - 3$.

5. (a) Der Mittelwert der drei Zahlen 3, 4 und 5 ist: $\dfrac{3+4+5}{3} = 4$.

Die Standardabweichung der drei Zahlen 3, 4 und 5 ist:

$$\sqrt{\frac{1}{3} \times ((-1)^2 + 0^2 + 1^2)} = \sqrt{\frac{2}{3}}.$$

Der Mittelwert für alle fünf Länder ist 4.

Die Standardabweichung für alle fünf Länder ist 2.

(b) Es sei:

$x_4 :=$ Anzahl vergleichbarer Konkurrenten im vierten Land

$x_5 :=$ Anzahl vergleichbarer Konkurrenten im fünften Land.

Dann ist $\dfrac{1}{5} \times (12 + x_4 + x_5) = 4$, also $x_4 + x_5 = 8$.

Ferner gelten die Äquivalenzen:

$$\sqrt{\frac{1}{5} \times ((-1)^2 + 0^2 + 1^2 + (x_4 - 4)^2 + (x_5 - 4)^2)} = 2$$

$$\Longleftrightarrow \quad (x_4 - 4)^2 + (x_5 - 4)^2 = 18$$

$$\Longleftrightarrow \quad (x_4 - 4)^2 + (4 - x_4)^2 = 18$$
$$(\text{wegen } x_5 = 8 - x_4)$$

$$\Longleftrightarrow \quad (x_4 - 4)^2 = 9$$

$$\Longleftrightarrow \quad x_4 = 1 \quad \text{oder} \quad x_4 = 7$$

Wegen $x_4 < x_5$ folgt also $x_4 = 1$ und $x_5 = 7$.

(c) Die Schachtel $\boxed{-1}\ \boxed{1}$ hat den Mittelwert 0 und die Stan-

dardabweichung 1. Durch Multiplikation mit 2 und Addition von 4 ergibt sich eine Schachtel mit Mittelwert 4 und Standardabweichung 2. Es ist dann also $a = 2$ und $b = 6$. (Diese Schachtel ist sogar eindeutig bestimmt.)

6.

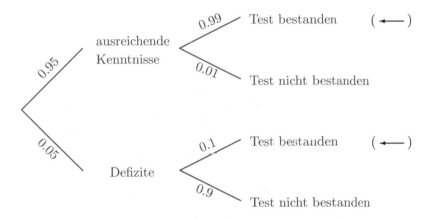

Die relevanten Fälle für die gesuchte Wahrscheinlichkeit sind im Baumdiagramm durch (◄—) markiert. Man erhält:

P(ausreichende Kenntnisse | Test bestanden)

$$= \frac{0.95 \times 0.99}{0.95 \times 0.99 + 0.05 \times 0.1} = \frac{9405}{9455}\ (\approx 0.995).$$

7. (a)

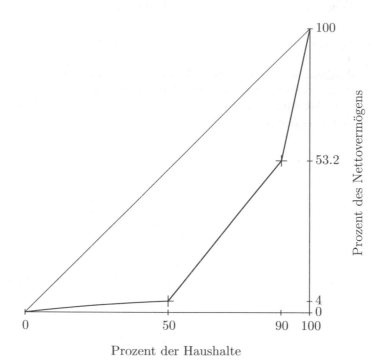

Prozent der Haushalte

(b) Der Grenzwert ist: $60\% \times 40\,000$ EUR $= 24\,000$ EUR.

Umrechnen in Standardeinheiten liefert:

$24\,000$ entspricht $\dfrac{24\,000 - 40\,000}{10\,000} = -1.6$ Standardeinheiten.

Die folgende Skizze zeigt die zu bestimmende Fläche:

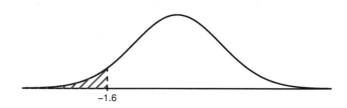

Der gesuchte Anteil beträgt ca. 5.48%.

(c) (iii)

Kommentar: Die Rechnung in Teil (b) zeigt, dass die Armutsschwelle in Standardeinheiten und mit den Bezeichnungen aus Teil (c) bei
$$\frac{0.6m - m}{s} = -0.4\frac{m}{s}$$ liegt. Deshalb ist (iii) die richtige Antwort. Der Vorteil einer solchen relativen Armutsdefinition ist, dass sie die Stellung im Rahmen der Gesamtpopulation betrachtet. Der Nachteil ist, dass die absoluten Verhältnisse keine Rolle spielen. Würde sich etwa das Nettoeinkommen aller Bürger verzehnfachen, hätte dies auf den Anteil der (relativ) Armen keine Auswirkung.

8. (a) Schreibt man SE für den Standardfehler des Mittels, so hat das Konfidenzintervall in diesem Fall folgende Länge:

$$2 \times 2 \times \text{SE} = 4 \times \text{SE} = 4 \times \frac{\text{SD}}{\sqrt{n}} = 4 \times \frac{\sqrt{0.5 \times 0.5}}{\sqrt{n}} = \frac{2}{\sqrt{n}}.$$

Aus $\frac{2}{\sqrt{n}} = 0.05$ folgt $\sqrt{n} = 40$, d. h. $n = 1\,600$. Es ist also $n = 1\,600$ zu wählen, der Korrekturfaktor ist in diesem Fall vernachlässigbar.

(b) Dann gilt für die Standardabweichung der Schachtel:

$$\text{SD} = \sqrt{0.1 \times 0.9} = \sqrt{0.09} = 0.3.$$

Also ergibt sich:

$$4 \times \frac{\text{SD}}{\sqrt{1\,600}} = 4 \times \frac{0.3}{40} = 0.03 = 3\,\%.$$

4.6   Lösungen zur Klausur „Sport"

1. (a) Aus den ersten beiden Zeilen ergibt sich für den Mittelwert MW und die Standardabweichung SD der Datenliste:

$$0.8 = \frac{54 - \text{MW}}{\text{SD}} \quad \text{und} \quad 1.8 = \frac{69 - \text{MW}}{\text{SD}}.$$

Hieraus folgt:

$$1 \times \text{SD} = 69 - 54 = 15$$

und weiter durch Einsetzen

$$\text{MW} = 54 - 15 \times 0.8 = 42.$$

Hobby-Statistiker W. O. kann die Werte rekonstruieren und erhält:

$$[\mathbf{a}] = 42 - 1.4 \times 15 = 21$$

$$[\mathbf{b}] = \frac{42 - 42}{15} = 0$$

$$[\mathbf{c}] = \frac{62 - 42}{15} = \frac{4}{3} = 1.33.$$

(b) Die folgende Skizze zeigt die Situation:

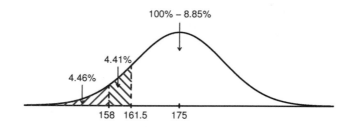

161.5 [Sekunden] entspricht $\dfrac{161.5 - 175}{10} = -1.35$ Standardeinhei-

ten. Also werden nur noch 8.85 % der Teilnehmer weiter berücksichtigt. Die Hälfte davon sind 4.425 %. Die gesuchte Zeit muss also so gewählt werden, dass 4.425 % darunter liegen, d. h. bei -1.7 Standardeinheiten. Dies entspricht $175 - 1.7 \times 10 = 158$ [Sekunden]. Die Teilnehmer für die Spitzengruppe dürfen 158 [Sekunden] nicht überschreiten.

2. (a)

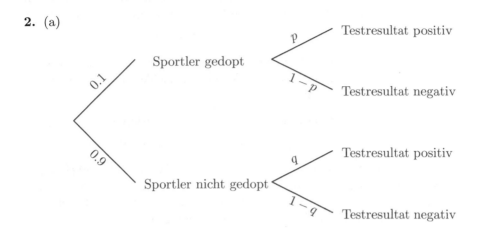

(b) Man hat die Äquivalenzen:

$$\frac{0.1p}{0.1p + 0.9\left(1 - \frac{2}{3}p\right)} = 0.2$$

$$\Longleftrightarrow \quad \frac{0.1p}{0.1p + 0.9 - 0.6p} = 0.2$$

$$\Longleftrightarrow \quad 0.1p = 0.18 - 0.1p$$

$$\Longleftrightarrow \quad 0.2p = 0.18$$

$$\Longleftrightarrow \quad p = 0.9.$$

Hobby-Statistiker W. O. kann den Wert von p ermitteln; es ist $p = 0.9$.

(c) Die Schachtel, die man unterstellen würde, sähe so aus:

$$399 \times \boxed{0} \qquad 1 \times \boxed{1}$$

$\boxed{0} \;\;\hat{=}\;\;$ negatives Dopingresultat

$\boxed{1} \;\;\hat{=}\;\;$ positives Dopingresultat

Diese Schachtel ist zu unsymmetrisch, als dass sich für 400 Ziehungen schon die Normalapproximation nutzen ließe. Man kann also ein solches Konfidenzintervall (mit Hilfe der Normalapproximation) nicht bestimmen.

Kommentar: Wenn ein Test eine Sensitivität von 90 % besitzt, so liefert er bei einem gedopten Sportler mit Wahrscheinlichkeit 0.9 ein positives Resultat. Allerdings ist

$$P(\text{positives Resultat} \mid \text{Sportler gedopt})$$

$$\neq P(\text{Sportler gedopt} \mid \text{positives Resultat}),$$

so dass diese Wahrscheinlichkeit nicht mit der Wahrscheinlichkeit verwechselt werden darf, dass ein positiv getesteter Sportler gedopt war. Letztere muss man mit Hilfe der Bayes-Formel ermitteln. Dafür ergibt sich häufig ein sehr viel niedrigerer Wert, hier z. B. 0.2.

Ein positives Resultat besagt also nicht unbedingt sehr viel. Eine wichtige Voraussetzung ist dabei aber, dass der Sportler zufällig für den Test ausgewählt wurde. Bei Dopingkontrollen kann das der Fall sein. Im medizinischen Bereich sieht das häufig anders aus. Man hat hier zwei mögliche Missverständnisse. Einerseits besteht die Gefahr, die obigen bedingten Wahrscheinlichkeiten zu verwechseln und vorschnell auf eine Erkrankung zu schließen. Andererseits gibt es die Gefahr – nicht zuletzt gestützt auf im Prinzip richtige Warnungen vor der ersten Gefahr – die Wahrscheinlichkeit nach der Bayes-Formel zu berechnen und zu übersehen, dass es u. U. einen Grund für die Durchführung des Testes gab. (Ein Beispiel wäre ein Aids-Test bei allen Patienten, die von einem Aids-infizierten Chirurgen operiert wurden.) Dann ist die Voraussetzung der zufälligen Auswahl nicht gegeben und die Wahrscheinlichkeit einer Erkrankung bei einem positiven Testresultat kann beträchtlich höher sein.

3. (a)

6	03688
7	002247
8	0

(6 | 0 bedeutet 60 kg)

(b) unteres Quartil: 67

oberes Quartil: 73

(c) Ein a%-Quantil ist ein Wert, „unter" (im Sinne von „$\leq$") dem mindestens a% und „über" (im Sinne von „$\geq$") dem mindestens $(100-a)\%$ der Daten liegen. Falls es mehrere solche Werte gibt, bilden diese ein Intervall. Das a%-Quantil ist der Intervallmittelpunkt.

(d) (i) Nach dieser Definition ergibt sich für die Daten aus Teil (a):

$$\text{unteres Quartil} = \text{3. Wert} = 66$$
$$\text{oberes Quartil} = \text{9. Wert} = 72.$$

Da der Datensatz jedoch symmetrisch um 70 liegt, sollten auch das untere und obere Quartil diese Eigenschaft haben.

(ii) Diese Definition ist nicht auf stetige Verteilungen wie z. B. die Normalverteilung anwendbar, da es hier kein „n" gibt.

4. (a) Nach der Definition von $\tilde{x}$ ist $\tilde{x} = \dfrac{x - \text{MW}x}{\text{SD}x} = \dfrac{1}{\text{SD}x}x - \dfrac{\text{MW}x}{\text{SD}x}$,

wobei MWx den Mittelwert von x und SDx die Standardabweichung von x bezeichnen. Da die Punkte $(x, \tilde{x})$ auf einer Geraden liegen, ist dies zugleich die Regressionsgerade und es gilt außerdem für den Korrelationskoeffizienten von x und $\tilde{x}$ die Gleichheit corr$(x, \tilde{x}) = 1$, da $\dfrac{1}{\text{SD}x} \geq 0$ ist. Somit folgt $\dfrac{1}{\text{SD}x} = 0.1$ und $-\dfrac{\text{MW}x}{\text{SD}x} = 2$, d. h. SD$x = 10$

und MW$x = -20$.

Ferner ist $\text{MW}\tilde{x} = \text{MW}\left(\dfrac{x - \text{MW}x}{\text{SD}x}\right) = 0$

und $\qquad \text{SD}\tilde{x} = \text{SD}\left(\dfrac{x - \text{MW}x}{\text{SD}x}\right) = 1.$

Insgesamt ergibt sich somit:

Mittelwertvektor von $\begin{pmatrix} x \\ \tilde{x} \end{pmatrix} = \begin{pmatrix} -20 \\ 0 \end{pmatrix}$

Kovarianzmatrix von $\begin{pmatrix} x \\ \tilde{x} \end{pmatrix} = \begin{pmatrix} 10^2 & 1 \times 10 \times 1 \\ 1 \times 10 \times 1 & 1^2 \end{pmatrix}$

$$= \begin{pmatrix} 100 & 10 \\ 10 & 1 \end{pmatrix}.$$

(b) Beliebig gewählte Werte für den Mittelwert MWy und die Standardabweichung SDy der Variablen y sind mit der Aufgabenstellung vereinbar, z. B. MWy = 0, SDy = 1 oder MWy = 1, SDy = 2. Daher kann man aus den obigen Angaben, in die MWy und SDy nicht eingehen, MWy und SDy auch nicht herleiten.

(c) Da $\tilde{x}$ und $\tilde{y}$ Listen in Standardeinheiten sind, gilt für deren Mittelwerte und Standardabweichungen:

MW$\tilde{x}$ = 0 = MW$\tilde{y}$ und SD$\tilde{x}$ = 1 = SD$\tilde{y}$.

Schreibt man $r := \text{corr}(\tilde{x}, \tilde{y})$ für den Korrelationskoeffizienten von $\tilde{x}$ und $\tilde{y}$, so gilt für die Regressionsgerade von $\tilde{y}$ auf $\tilde{x}$: $\tilde{y} = r \times \tilde{x}$.

Für den vertikalen Streifen über $\tilde{x} = 0$ erhält man:

neuer Mittelwert $= r \times 0 = 0$ (unabhängig vom unbekannten r)

neue Standardabweichung $= \sqrt{1 - r^2} \times 1 = \sqrt{1 - r^2}$.

Umrechnen in Standardeinheiten liefert:

0 entspricht $\dfrac{0 - 0}{\sqrt{1 - r^2}} = 0$ Standardeinheiten (unabhängig vom unbekannten r).

Wegen der Zwetschgenform des Streuungsdiagramms für (x, y) und damit auch für $(\tilde{x}, \tilde{y})$ kann im vertikalen Streifen über $\tilde{x} = 0$ eine Normalverteilung benutzt werden.

Die folgende Skizze zeigt die zu bestimmende Fläche:

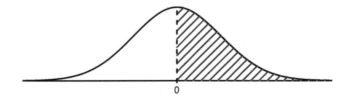

Der gesuchte Anteil beträgt etwa $50\,\%$.

5. (a) $1 - \dbinom{1\,000}{0} \left(\left[(0.5)^{15} \right]^0 \left[1 - (0.5)^{15} \right]^{1\,000} \right)$

$= 1 - (1 - 0.5^{15})^{1\,000}$

(b) Man muss zusätzlich annehmen, dass sich die beiden Ereignisse

A_1: wenigstens einer der ersten 1 000 Fondsmanager schlägt den Index fünfzehnmal in Folge

und

A_2: wenigstens einer der zweiten 1 000 Fondsmanager schlägt den Index fünfzehnmal in Folge

gegenseitig ausschließen. Realistischer scheint aber, dass sie unabhängig voneinander sind. Dann ergibt sich (mit $p = 0.03$):

$$1 - (1 - p)(1 - p)$$
$$= \quad 1 - (1 - 2p + p^2)$$
$$= \quad 2p - p^2$$
$$= \quad 0.06 - 0.0009$$
$$= \quad 0.0591.$$

(c) Das Schachtelmodell ist:

$$\boxed{2 \times \boxed{0} \qquad 8 \times \boxed{1}}$$

$\boxed{0} \quad \hat{=} \quad$ schlägt den DAX nicht

$\boxed{1} \quad \hat{=} \quad$ schlägt den DAX

10 000 Ziehungen mit Zurücklegen

Somit ergibt sich:

Mittelwert der Schachtel $\qquad = 0.8$

Standardabweichung der Schachtel $= \sqrt{\dfrac{8}{10} \times \dfrac{2}{10}} = \sqrt{\dfrac{16}{100}} = 0.4$

Erwartungswert der Summe $\qquad = 10\,000 \times 0.8 = 8\,000$

Standardfehler der Summe $\qquad = \sqrt{10\,000} \times 0.4 = 40.$

Umrechnen in Standardeinheiten liefert:

8 020 entspricht $\dfrac{8\,020 - 8\,000}{40} = 0.5$ Standardeinheiten

8 060 entspricht $\dfrac{8\,060 - 8\,000}{40} = 1.5$ Standardeinheiten.

Die Normalapproximation ist anwendbar, weil sehr oft (10 000-mal)
aus einer nicht zu schiefen Schachtel (s. o.) gezogen wird.

Die folgende Skizze zeigt die zu bestimmende Fläche:

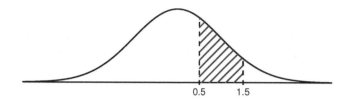

Die gesuchte Wahrscheinlichkeit beträgt ca.
$30.85\,\% - 6.68\,\% = 24.17\,\%$.

Kommentar: Wie man in Teil (a) sieht, ist manche im Nachhinein
spektakuläre Leistung vielleicht einfach ein Zufallsprodukt, so wie bei
hinreichend vielen Würfelspielern eben auch immer bei einigen sehr
viele Sechsen auftreten werden. Mancher „Leistungsträger" entpuppt
sich so gesehen eher als „Glückspilz".
Teil (b) illustriert wieder einmal, dass man Wahrscheinlichkeiten nur
addieren darf, wenn sich die Ereignisse gegenseitig ausschließen. Dass
man bei 6 Würfelwürfen nicht mit Sicherheit eine Sechs erhält, weiß
jeder – bei komplexeren Situationen übersieht man dies leicht.

6. (a) Ein Placebo ist ein täuschend echt verabreichtes Scheinmedikament.
Seine Wirkung wird zunichte gemacht bzw. gefährdet, wenn dies dem
Patienten bekannt ist. Daher kommt nur Vorschlag A in Frage. (28
Wörter)

(b) Bei Verabreichung eines Placebos erfolgt die Behandlung nur zum
Schein, der Placebo-Effekt – sofern er auftritt – ist jedoch völlig
real. Dies wird im Cartoon verwechselt. Es müsste also „Placebo-
Behandlung" heißen, aber auch dann wäre es falsch, dies bekannt zu
geben (vgl. Teil (a)). (42 Wörter)

Kommentar: Die Umgangssprache ist oft unpräzise. „Nur ein Placebo-
Effekt" wäre in den meisten Fällen völlig ausreichend, denn der beab-
sichtigte Effekt (z. B. Heilung) tritt ja dann ein. (Man muss nicht einmal eine reale Behandlung vornehmen. So gesehen, wäre ein Placebo-
Doping wirklich interessant.)

7. (a) Ja

(b) mehrstufige Auswahl

(c) Die Wahrscheinlichkeit dafür, dass beide Spieler aus der gleichen Mannschaft stammen (d. h. der zweite stammt aus der gleichen Mannschaft wie der erste), ist

– bei einer einfachen Zufallsstichprobe: $\dfrac{10}{43}$

– bei der von Hobby-Statistiker W. O. vorgeschlagenen Methode: $\dfrac{1}{4}$.

Wegen $\dfrac{10}{43} < \dfrac{11}{44} = \dfrac{1}{4}$ ist die Methode nicht dasselbe wie eine einfache Zufallsstichprobe.

(Oder als Alternative: Man betrachtet die Wahrscheinlichkeit dafür, dass beide Spieler aus der Mannschaft A stammen. Man erhält die Wahrscheinlichkeiten $\dfrac{11}{44} \times \dfrac{10}{43}$ für eine einfache Zufallsstichprobe und

$\dfrac{1}{4} \times \dfrac{1}{4}$ für die von Hobby-Statistiker W. O. vorgeschlagene Methode.)

4.7 Lösungen zur Klausur „Schnee"

1. (a) $7 \times 3 \times 2 = 42$

(b) Man muss aus den folgenden drei Schachteln jeweils einmal ziehen:

für Hemden: [1] [2] [3] [4] [5] [6] [7]

für Hosen: [1] [2] [3]

für Jacken: [1] [2] .

(c) Falls das ginge, so müsste $17 = a \times b \times c$ sein, wobei a bzw. b bzw. c die Anzahl der Zettel in der Schachtel für Hemden bzw. Hosen bzw. Jacken ist. Nun ist aber 17 eine Primzahl, es ist also nur $17 = 17 \times 1 \times 1 = 1 \times 17 \times 1 = 1 \times 1 \times 17$ möglich. Diese Fälle scheiden aber aus, weil $a \leq 7$, $b \leq 3$ und $c \leq 2$ sein muss. Es geht also nicht.

2. (a) Zunächst ist für die einzelnen Schachteln aus Aufgabe 1 (b):

für [1] [2] [3] [4] [5] [6] [7] :

Mittelwert $= 4$

Standardabweichung

$$= \sqrt{\frac{1}{7}\left((-3)^2 + (-2)^2 + (-1)^2 + 0^2 + 1^2 + 2^2 + 3^2\right)} = \sqrt{4} = 2$$

für [1] [2] [3] :

Mittelwert $= 2$

Standardabweichung $= \sqrt{\frac{1}{3}\left((-1)^2 + 0^2 + 1^2\right)} = \sqrt{\frac{2}{3}}$

für [1] [2] :

Mittelwert $= 1.5$

Standardabweichung $= \sqrt{\frac{1}{2} \times \frac{1}{2}} = \frac{1}{2}.$

Die Kovarianzen außerhalb der Diagonalen sind 0, weil die Ziehungen für Hemden, Hosen und Jacken unabhängig voneinander erfolgen. (Alle Kombinationen sind möglich, vgl. auch Aufgabe 1 (b)). Daher ergibt sich:

Mittelwertvektor:
$$\begin{pmatrix} 4 \\ 2 \\ \dfrac{3}{2} \end{pmatrix}$$

Kovarianzmatrix:
$$\begin{pmatrix} 4 & 0 & 0 \\ 0 & \dfrac{2}{3} & 0 \\ 0 & 0 & \dfrac{1}{4} \end{pmatrix}.$$

(b) Normalverteilungskurve mit Mittelwert $i \times \dfrac{3}{2}$ und Standardabweichung $\sqrt{i} \times \dfrac{1}{2}$.

(c) Wahrscheinlichkeitshistogramm mit folgenden Säulen:

Grundseite (als Intervall)	Höhe (in %)
[0.5, 1.5[	50
[1.5, 2.5[	50

3. (a)

```
0 | 9
1 | 03
2 | 23
3 | 14
4 | 05
5 | 2
6 | 05
7 | 1
8 |
9 |
```

(0 | 9 bedeutet 9 cm)

(b) Ordnet man die 17 Werte der Größe nach in aufsteigender Reihenfolge an, so ist:

Minimum   = 1. Wert = 5

unteres Quartil = 5. Wert = 22

Median   = 9. Wert = 38

oberes Quartil = 13. Wert = 54

Maximum   = 17. Wert = 71.

Diese fünf Werte kommen also alle in der Datenliste vor. Da 5, 38, und 54 unter den leserlichen nicht vorkommen, müssen sie drei der vier durch * gekennzeichneten Werte stellen.

Der letzte Wert kann nicht exakt bestimmt werden. Er liegt zwischen 54 und 71 (jeweils einschließlich).

(c)

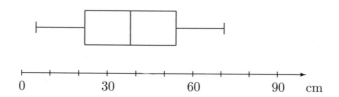

4. (a) Für den vertikalen Streifen zu $x = 45$ ergibt sich nach der Regressionsmethode:

neuer Mittelwert $= -1.2 \times 45 + 92 = -54 + 92 = 38$

neue Standardabweichung = r.m.s.-Fehler der Regressionsgeraden von y auf $x = 24$.

Umrechnen in Standardeinheiten liefert:

26 entspricht $\dfrac{26 - 38}{24} = -0.5$ Standardeinheiten.

Die folgende Skizze zeigt die zu bestimmende Fläche:

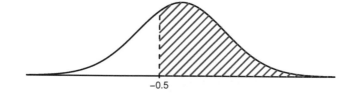

Der Prozentsatz beträgt ca. $100\% - 30.85\% = 69.15\%$.

(b) Man hat:

$$\sqrt{1 - r^2} \times \mathrm{SD}y = 24$$

$$\implies \quad \sqrt{1 - r^2} \times 30 = 24$$

$$\implies \quad \sqrt{1 - r^2} = \frac{24}{30}$$

$$\implies \quad \sqrt{1 - r^2} = \frac{4}{5}$$

$$\implies \quad 1 - r^2 = \frac{16}{25}$$

$$\implies \quad r^2 = \frac{9}{25}$$

$$\implies \quad r = \frac{3}{5} \text{ oder } r = -\frac{3}{5}.$$

Wegen $r \times \dfrac{\mathrm{SD}y}{\mathrm{SD}x} = -1.2 < 0$ muss also $r = -\dfrac{3}{5}$ sein.

(c) Wegen $r \times \dfrac{\mathrm{SD}y}{\mathrm{SD}x} = -1.2$ ergeben sich die Folgerungen:

$$-\frac{3}{5} \times \frac{30}{\mathrm{SD}x} = -1.2$$

$$\implies \quad \frac{3}{5} \times \frac{30}{\mathrm{SD}x} = \frac{6}{5}$$

$$\implies \quad 30 \times \frac{3}{5} \times \frac{5}{6} = \mathrm{SD}x$$

$$\implies \quad \mathrm{SD}x = 15.$$

Damit ergibt sich für den gesuchten r.m.s.-Fehler:

$$\sqrt{1 - r^2} \times \mathrm{SD}x = \sqrt{1 - \frac{9}{25}} \times 15 = \frac{4}{5} \times 15 = 12.$$

5. (a) Mit der Binomialformel ergibt sich:

$$\binom{10}{9} \left(\frac{3}{5}\right)^9 \left(\frac{2}{5}\right)^1 + \binom{10}{10} \left(\frac{3}{5}\right)^{10} \left(\frac{2}{5}\right)^0 .$$

(b) Aufgrund der Unabhängigkeit ergibt sich:

$$\frac{3}{5} \times \frac{3}{5} = \frac{9}{25} \ (= 0.36).$$

(c) Aufgrund der Unabhängigkeit ergibt sich:

$$\frac{3}{5} \ (= 0.6).$$

(d) Baumdiagramm:

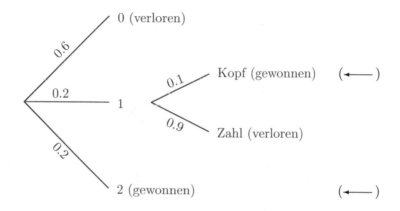

Die Fälle, in denen man gewonnen hat, sind im Baumdiagramm durch ($\longleftarrow$) markiert.

zu (i): P(Gewinn)

$$= P(\boxed{2} \text{ beim Ziehen})$$

$$\qquad + P(\boxed{1} \text{ beim Ziehen und „Kopf“ beim Münzwurf})$$

$$= \frac{1}{5} + \frac{1}{5} \times 0.1$$

$$= \frac{1}{5} + \frac{1}{50}$$

$$= \frac{11}{50}.$$

zu (ii): P(durch Hoffnungslauf gewonnen | gewonnen)

$$= \frac{\dfrac{1}{5} \times \dfrac{1}{10}}{\dfrac{1}{5} \times \dfrac{1}{10} + \dfrac{1}{5}} = \frac{\dfrac{1}{50}}{\dfrac{11}{50}} = \frac{1}{11}.$$

6. (a) Es ergibt sich:

$$\text{Mittelwert der Schachtel} = \frac{3}{5}$$

$$\text{Standardabweichung der Schachtel} = \sqrt{\frac{1}{5} \times \left(3 \times \left(-\frac{3}{5}\right)^2 + \left(\frac{2}{5}\right)^2 + \left(\frac{7}{5}\right)^2\right)}$$

$$= \sqrt{\frac{1}{5} \times \frac{27 + 4 + 49}{25}} = \sqrt{\frac{16}{25}} = \frac{4}{5}$$

$$\text{Erwartungswert der Summe} = 4\,900 \times \frac{3}{5} = 490 \times 6 = 2\,940$$

$$\text{Standardfehler der Summe} = \sqrt{4\,900} \times \frac{4}{5} = 70 \times \frac{4}{5} = 56.$$

Durch Umrechnen in Standardeinheiten erhält man:

$$2\,912 \text{ entspricht } \frac{2\,912 - 2\,940}{56} = -0.5 \text{ Standardeinheiten}$$

$$2\,996 \text{ entspricht } \frac{2\,996 - 2\,940}{56} = 1.0 \text{ Standardeinheiten.}$$

Die Normalapproximation ist anwendbar, weil sehr oft (4 900-mal) aus einer nicht extrem schiefen Schachtel (vgl. Aufgabenstellung) gezogen wird.

Die folgende Skizze zeigt die zu bestimmende Fläche:

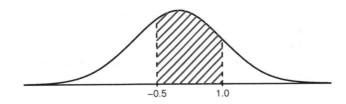

Die gesuchte Wahrscheinlichkeit beträgt ca.
$100\,\% - 30.85\,\% - 15.87\,\% = 53.28\,\%.$

(b) Es wird 6 400-mal aus der 0-1-Schachtel

$$\boxed{0} \quad \boxed{0} \quad \boxed{0} \quad \boxed{1} \quad \boxed{0}$$

gezogen. Es ist:

$$\text{Mittelwert der Schachtel} = \frac{1}{5}$$

$$\text{Standardabweichung der Schachtel} = (1-0) \times \sqrt{\frac{1}{5} \times \frac{4}{5}} = \frac{2}{5}.$$

Also ergibt sich:

$$\text{Standardfehler der Summe} = \sqrt{6\,400} \times \frac{2}{5} = \sqrt{6\,400} \times 0.4$$

$$\text{Standardfehler des Anteils in Prozent} = \frac{\sqrt{6\,400} \times 0.4}{6\,400} \times 100\,\% = \frac{0.4}{80} \times 100\,\%$$

$$= 0.5\,\%.$$

7. (a) Der Median ist – bei aufsteigender Anordnung der Größe nach – der 7. Wert. Für y ist dies 17 303 (Landkreis Kronach), wie direkt aus der Tabelle zu entnehmen ist. Für x ist dies 16 967 (Landkreis Hof), wie direkt aus der Tabelle in Verbindung mit dem Streuungsdiagramm zu ersehen ist. Also ist die Differenz 17 303 − 16 976 = 327 [EUR].

(b) $x = 887y + 1\,645.223$

(c) Für die in Standardeinheiten umgerechneten Werte ist die Regressionsgerade von $\tilde{y}$ auf $\tilde{x}$ durch die Gleichung $\tilde{y} = r \times \tilde{x}$ gegeben, wobei r der Korrelationskoeffizient von x und y (und natürlich auch derjenige von $\tilde{x}$ und $\tilde{y}$) ist. Wegen $\tilde{y} = 0.943\tilde{x}$ ist also $r = 0.943$.

(d) Nein. Das Streuungsdiagramm zeigt, dass der Datensatz in (wenigstens) die beiden Gruppen (a–d) und (e–m) zerfällt. r spiegelt also mehr die relative Lage dieser Gruppen zueinander als die Korrelation innerhalb der Gruppen wider. Die Gruppen sind im Wesentlichen „Stadt" und „Land", wenn man die Extreme a (Landkreis Forchheim) und m (Stadt Hof) weglässt. In r könnte sich daher deutlich das Stadt-Land-Gefälle widerspiegeln.

(e) Der r.m.s.-Fehler der Regressionsgeraden ist die Standardabweichung der Residuen bzw. – weil deren Mittelwert 0 ist – der r.m.s. der Residuen. Bei festgehaltener Gerade sinkt durch die Datenänderung der r.m.s. der Residuen aber ab, da ein vorher von 0 verschiedenes Residuum nunmehr 0 wird. Erst recht gilt dies, wenn man die neue Regressionsgerade – als Gerade der kleinsten Quadrate – betrachtet. Der r.m.s.-Fehler der Regressionsgeraden von $\hat{y}$ auf x ist also kleiner als derjenige der Regressionsgeraden von y auf x.

Kommentar: Teil (d) illustriert, dass ein Korrelationskoeffizient immer von einem Streuungsdiagramm begleitet sein sollte. Das ist heutzutage leicht realisierbar. Selbst im multivariaten Bereich gibt es mit der Scatterplotmatrix ein Analogon.

Über Oberfranken kann man lernen, dass die Stadt Hof (Symbol m im Streuungsdiagramm) unter den Städten und der Landkreis Forchheim (Symbol a im Streuungsdiagramm) unter den Landkreisen aus dem Rahmen fallen. Hof hat – nach dem Wegfall traditioneller Industrien – schon seit langem mit massiven Strukturproblemen zu kämpfen. Die hohe und stark steigende Kaufkraft im Landkreis Forchheim dürfte mit der Nähe zu Erlangen (Siemens) zusammenhängen.

4.8   Lösungen zur Klausur „Stadtratswahl"

1. (a)   • Die Prozentzahlen werden durch die Höhe dargestellt; das Auge sieht aber die Fläche. (Dies dramatisiert den Rückgang, da die kleinste Figur zwar die Hälfte der Höhe, aber nur ein Viertel der Fläche der größten Figur aufweist.)

        • Es gibt keine Grundlinie, die Figuren sind stattdessen perspektivisch angeordnet. (Dies verstärkt den Schrumpfungseindruck.)

        • Die Zeitachse ist nicht maßstabgetreu, denn der Abstand von 1964 bis 1975 ist länger als derjenige von 1975 bis 1990. (Dies verstärkt den Perspektiveneindruck.)

        • Schließlich gibt es einige Details zu nennen, die die Dynamik und Dramatik untermauern: Die Figuren stehen voreinander (Überlappung an den Armen), der Kopf der vordersten Figur durchbricht die Zeitachse, und der besorgte Blick des Arztes in die Befundkarte weckt unterschwellige Ängste.

  (b)   • Man sollte auf zwei Ziffern runden.

        • Man sollte Durchschnitte hinzufügen.

        • Man sollte die Kopfzeile und die Kopfspalte abtrennen und sinnvolle Bezeichnungen wählen. Hier bietet es sich an, die Quartale mit I, II, III und IV zu benennen und die Regionen mit N (für Norden), S (für Süden), O (für Osten) und W (für Westen) abzukürzen.

        • Man sollte die Zeilen und Spalten richtig anordnen. Hier bietet es sich an, die Zeitachse als Spalte abzutragen, weil man dann der chronologischen Entwicklung leicht folgen kann. Eine Spalte lässt sich leichter verfolgen als eine Zeile. Die Regionen sollte man vom größten Durchschnittswert abwärts anordnen. Dies hat den Vorteil, dass man leichter Differenzen bilden kann.

Die verbesserte Tabelle sieht dann so aus:

| | | Region | | | |
		N	O	W	S	Durchschnitt
Quartal	I	98	75	50	48	68
	II	92	75	57	42	67
	III	101	100	80	50	83
	IV	90	74	51	39	64
Durchschnitt		95	81	60	45	70

Kommentar: Der Normalbürger nimmt heutzutage die meisten statistischen Informationen graphisch oder durch Tabellen auf. Man betrachte einmal dazu den Wirtschaftsteil einer beliebigen Tageszeitung. (Genauer gesagt nicht einer „beliebigen", sondern einer „normalen" Tageszeitung!) Es lohnt sich also sehr, über deren Gestaltung nachzudenken. Die im Text zitierten Bücher können dazu sehr empfohlen werden. Man wird dadurch auch vor vielen Manipulationsmethoden gewarnt.

2. (a) $\dfrac{360}{3\,600} = \dfrac{1}{10} = 10\,\%$

(b) Nach Teil (a) und der Bootstrap-Methode ergibt sich:

Standardfehler des Prozentanteils (in Prozent)

$$= \frac{\sqrt{3\,600} \times \sqrt{0.1 \times 0.9}}{3\,600} \times 100\,\%$$

$$= \frac{\sqrt{0.09}}{60} \times 100\,\%$$

$$= \frac{0.3}{60} \times 100\,\%$$

$$= 0.5\,\%.$$

(Der Korrekturfaktor kann vernachlässigt werden.)

(c) Die Normalapproximation ist anwendbar, da sehr oft (3 600-mal) aus der nicht zu unsymmetrischen Schachtel

$$9 \times \boxed{0} \qquad 1 \times \boxed{1}$$

gezogen wird. Es ist also möglich; als approximatives 95 %-Konfidenzintervall ergibt sich:

$$10\,\% \pm 2 \times 0.5\,\% = 10\,\% \pm 1\,\% = [9\,\%, \; 11\,\%].$$

3. (a) Es ergibt sich:

Mittelwert der x $\qquad = \dfrac{8 - 4 + \ldots + 0}{5} = \dfrac{10}{5} = 2$

Standardabweichung der $x = \text{SD}x$

$$= \sqrt{\frac{1}{5} \times \left(6^2 + (-6)^2 + 0^2 + 2^2 + (-2)^2\right)}$$

$$= \sqrt{16} = 4$$

Mittelwert der y $\qquad = \dfrac{-8 + (-6) + \ldots + (-2)}{5} = \dfrac{-25}{5} = -5$

Standardabweichung der $y = \text{SD}y$

$$= \sqrt{\frac{1}{5} \times \left((-3)^2 + (-1)^2 + 0^2 + 1^2 + 3^2\right)}$$

$$= \sqrt{4} = 2.$$

Durch Umrechnen in Standardeinheiten erhält man:

x in Standardeinheiten	y in Standardeinheiten	Produkt
$\dfrac{8 - 2}{4} = 1.5$	$\dfrac{-8 - (-5)}{2} = -1.5$	-2.25
(usw.) -1.5	-0.5	0.75
0	0	0
0.5	0.5	0.25
-0.5	1.5	-0.75

Summe der Produkte: -2.00

Der Korrelationskoeffizient ist also

$$r = \text{Mittel der Produkte} = -\frac{2}{5} = -0.4.$$

(b) Nach Teil (a) ist:

$(\text{SD}x)^2 = 16$

$(\text{SD}y)^2 = 4$

$\text{cov}(x, y) = r \times \text{SD}x \times \text{SD}y = (-0.4) \times 4 \times 2 = -3.2$

Also ergibt sich:

$$\begin{pmatrix} 16 & -3.2 \\ -3.2 & 4 \end{pmatrix}.$$

4. Für die absolute Mehrheit sind 23 Ja-Stimmen erforderlich, also noch (mindestens) 15 von den unentschiedenen Mitgliedern. Das Schachtelmodell ist:

$$\boxed{\;\boxed{0}\qquad\quad\boxed{1}\;}$$

$$\boxed{0} \;\hat{=}\; \text{Nein}$$

$$\boxed{1} \;\hat{=}\; \text{Ja}$$

36 Ziehungen mit Zurücklegen

Somit ergibt sich:

Mittelwert der Schachtel $= \dfrac{1}{2}$

Standardabweichung der Schachtel $= \dfrac{1}{2}$

Erwartungswert der Summe $= 36 \times \dfrac{1}{2} = 18$

Standardfehler der Summe $= \sqrt{36} \times \dfrac{1}{2} = 3.$

Gesucht ist die Wahrscheinlichkeit dafür, dass die Summe größer oder gleich 15 ist. Unter Berücksichtigung der Stetigkeitskorrektur ergibt sich durch Umrechnen in Standardeinheiten:

14.5 entspricht $\dfrac{14.5 - 18}{3} = -\dfrac{3.5}{3} = -\dfrac{7}{6} = -1.166$ Standardeinheiten.

Die Normalapproximation ist bei dieser Schachtel ab etwa 25 Ziehungen anwendbar.

Die folgende Skizze zeigt die zu bestimmende Fläche:

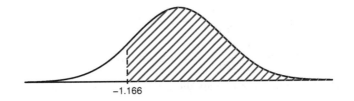

Die gesuchte Wahrscheinlichkeit beträgt ca. $100\% - 12.51\% = 87.49\%$.

Kommentar: Der Einfluss entschlossener kleiner Gruppen auf eine offene demokratische Mehrheitsentscheidung ist nicht zu unterschätzen. Nicht umsonst misst die Politik den „Spin Doctors" große Bedeutung zu. Gerade bei sonst offenem und knappem Ausgang muss man dazu keineswegs eine Massenbewegung erzeugen; eine überzeugte Minderheit kann reichen. Auf Hauptversammlungen stellt sich prinzipiell das gleiche Problem, wenn auch die Stimmen hier meist sehr unterschiedlich verteilt sind.

5. (a) Ja
   Ziehen einer einfachen Zufallsstichprobe (simple random sample)

(b) Ja
   Ziehen einer geschichteten Stichprobe

(c) Ja
   Mehrstufiges Verfahren

(d) Bei Methode B: 0

   Bei Methode C: $\left(\dfrac{1}{8} \times \dfrac{1}{44} = \right) \dfrac{1}{352}$

(e) Bei Methode A: $\dfrac{8}{323}$

   Bei Methode D: $\left(\dfrac{1}{8} \times \dfrac{8}{15} = \right) \dfrac{1}{15}$

6. (a) Umrechnen in Standardeinheiten liefert:

   180 entspricht $\dfrac{180 - 150}{20} = 1.5$ Standardeinheiten

   210 entspricht $\dfrac{210 - 150}{20} = 3$ Standardeinheiten.

   Die folgende Skizze zeigt die zu bestimmende Fläche:

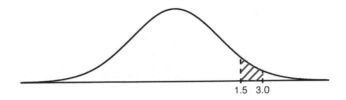

1.5 3.0

Der Prozentsatz beträgt ca. $6.68\% - 0.13499\% = 6.54501\%$.

(b) Für den horizontalen Streifen zu $y = 220$ ergibt sich nach der Regressionsmethode:

neuer Mittelwert $= 150 + 0.8 \times \left(\dfrac{220 - 190}{30}\right) \times 20 = 166$

neue Standardabweichung $= \sqrt{1 - r^2} \times \mathrm{SD}x = \sqrt{1 - 0.8^2} \times 20$
$= 0.6 \times 20 = 12$.

Umrechnen in Standardeinheiten liefert:

160 entspricht $\dfrac{160 - 166}{12} = -0.5$ Standardeinheiten.

Die folgende Skizze zeigt die zu bestimmende Fläche:

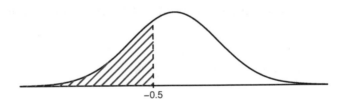

−0.5

Der Prozentsatz beträgt ca. 30.85%.

(c) Steigung: $r \times \dfrac{\mathrm{SD}y}{\mathrm{SD}x} = 0.8 \times \dfrac{30}{20} = 1.2$

Achsenabschnitt: $190 = 1.2 \times 150 + b$, d. h. $b = 10$

Regressionsgerade von y auf x: $y = 1.2x + 10$

(d) Nach Teil (c) ergibt sich:

neuer Mittelwert $= 1.2 \times 110 + 10 = 142$

neue Standardabweichung $= \sqrt{1 - r^2} \times \mathrm{SD}y = 0.6 \times 30 = 18$.

Sein Vermögen liegt bei ca. -1 Standardeinheit. Also beträgt es ungefähr $142 - 18 = 124$.

7. (a) Zunächst ist:

Anzahl der möglichen Fälle: $\binom{11}{5}$

Anzahl der günstigen Fälle (wegen Unterschiedlichkeit der Lebensalter): 1

Also ergibt sich für die gesuchte Wahrscheinlichkeit:

$$\frac{1}{\binom{11}{5}} = \frac{1}{\dfrac{11!}{5! \times 6!}} = \frac{5! \times 6!}{11!} = \frac{1 \times 2 \times 3 \times 4 \times 5}{7 \times 8 \times 9 \times 10 \times 11} = \frac{1}{7 \times 11 \times 6}$$

$$= \frac{1}{462}.$$

(b) Jeder kann mit der gleichen Wahrscheinlichkeit die vierte gezogene Person sein. Aus Symmetriegründen ist daher die gesuchte Wahrscheinlichkeit $\dfrac{3}{11}$.

(c) Dann sind noch 4 Mitglieder der Liste A, 2 Mitglieder der Liste B und 2 Mitglieder der Liste C vorhanden. Also ergibt sich für die gesuchte Wahrscheinlichkeit:

$$\frac{\text{Anzahl der günstigen Fälle}}{\text{Anzahl der möglichen Fälle}} = \frac{2}{8} = \frac{1}{4} \ (= 0.25).$$

(d) Zunächst ist nach der Multiplikationsregel:

P(AA)

= P(Mitglied von Liste A beim ersten Ziehen) $\times$

    P(Mitglied von Liste A beim zweiten Ziehen |

        Mitglied von Liste A beim ersten Ziehen)

$$= \frac{5}{11} \times \frac{4}{10}.$$

Entsprechend erhält man:

$$P(BB) = \frac{3}{11} \times \frac{2}{10}$$

$$P(CC) = \frac{3}{11} \times \frac{2}{10}.$$

Also ergibt sich nach der Additionsregel für unvereinbare Ereignisse für die gesuchte Wahrscheinlichkeit:

P(zwei Mitglieder aus der gleichen Liste mit den ersten beiden Ziehungen)

$$= \mathrm{P(AA)} + \mathrm{P(BB)} + \mathrm{P(CC)} = \frac{5 \times 4 + 3 \times 2 + 3 \times 2}{11 \times 10} = \frac{32}{110} = \frac{16}{55}.$$

8. (a) Das Histogramm ist klar rechtsschief, also ist der Median kleiner als der Mittelwert. Daher liegen höchstens 50 % der Werte oberhalb von 37 000 EUR. Zwischen 40 000 EUR und 100 000 EUR liegen also höchstens 44 % der Einkommen. Daher kommt nur der Wert 40 % in Frage.

(b) ☒ Nein, es scheint alles in Ordnung zu sein.

(c) (ii)

Kommentar: Heteroskedastische Streuungsdiagramme entstehen oft, wenn man es eher mit relativen als mit absoluten Schwankungen zu tun hat. Stellt man etwa die Dividende in Abhängigkeit vom Aktienkurs dar, so wird ein solches Streuungsdiagramm dann sehr heteroskedastisch sein, wenn die Dividende etwa zwischen 1 % und 3 % des Kurses schwankt. Bei einem Kurs von 10 EUR macht dies einen Wert zwischen 0.10 EUR und 0.30 EUR aus. Für einen Aktienkurs von 100 EUR ergibt sich dagegen ein Bereich von 1 EUR bis 3 EUR. Es ist problematisch, solche Daten mit einfachen Regressionsmethoden zu behandeln, da diese homoskedastische Streuungsdiagramme voraussetzen. Eine Transformation (z. B. durch Logarithmieren) kann manchmal helfen.

4.9   Lösungen zur Klausur „Finanzkrise"

1. (a) Da der Logarithmus streng monoton steigend ist, ist 5.0 der Median
und 4.0 das 2.28 %-Quantil der logarithmierten Daten. Somit gilt:

5.0 entspricht 0 Standardeinheiten, d. h. $\dfrac{5.0 - MW}{SD} = 0$

4.0 entspricht -2 Standardeinheiten, d. h. $\dfrac{4.0 - MW}{SD} = -2$,

wobei MW und SD für Mittelwert und Standardabweichung der normalverteilten logarithmierten Daten stehen. Es folgt:

MW = 5.0 und SD = 0.5.

Weiter gilt:

5.75 entspricht $\dfrac{5.75 - 5.0}{0.5} = 1.5$ Standardeinheiten.

Die folgende Skizze zeigt die zu bestimmende Fläche:

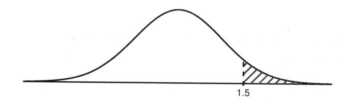

1.5

Der gesuchte Prozentsatz ist ca. 6.68 %.

(b) Für die normalverteilten logarithmierten Daten entspricht der Mittelwert dem Median. Im Fall B werden also 50 % der Mitarbeiter eine
Einmalzahlung erhalten.

Im Fall A ist das Mittel jedoch größer als der Median, weil das Histogramm rechtsschief ist.

Daher können sich im Fall A mehr Mitarbeiter über eine Einmalzahlung freuen.

> Kommentar: Die Skizze in der Aufgabenstellung zeigt eine Lognor-
> malverteilung. Die Logarithmen der Werte aus einer solchen Vertei-
> lung würden sich wie Werte aus einer Normalverteilung verhalten. Für
> wirtschaftliche Daten wie Einkommen oder Vermögen, die nach unten
> durch 0 begrenzt und nach oben offen sowie wegen einiger sehr großer
> Werte rechtsschief sind, ist die Lognormalverteilung oft ein sehr pas-
> sendes Modell.

Die Deckelung auf ein Jahresgehalt von ca. 500 000 EUR ist angelehnt an die Deckelung der Vorstandsgehälter der Banken, die Staatshilfe in Anspruch genommen haben.

2. (a)

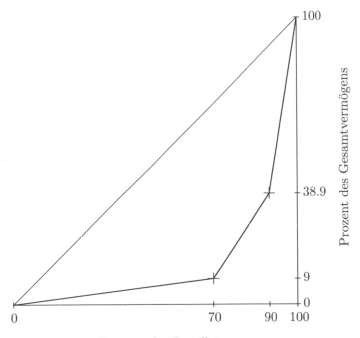

(b) (i) 10 % von 2 000 000 EUR sind 200 000 EUR. Die „Armen" besitzen also insgesamt 200 000 EUR, die „Reichen" 1 800 000 EUR.

Der reichste Arme besitzt also mindestens 2 000 EUR, da sonst das Gesamtvermögen der Armen nicht erreicht würde. (100 × 2 000 EUR = 200 000 EUR.)

Der ärmste Reiche besitzt also mindestens 2 000 EUR.

Da jeder Reiche mindestens 2 000 EUR besitzt, verbleiben für den reichsten Reichen höchstens 1 800 000 EUR − 99 × 2 000 EUR = 1 602 000 EUR. Ein Mitglied der „reicheren" Hälfte besitzt also mindestens 2 000 EUR und höchstens 1 602 000 EUR.

(ii) Diese gehören zwingend zu den „Armen", weil jeder „Reiche" nach (i) mindestens 2 000 EUR besitzt.

Weil jeder Arme 2 000 EUR besitzen könnte, ist die Minimalzahl 0.

Andererseits kann der reichste Arme höchstens 18 000 EUR besitzen, da sonst das Gesamtvermögen der Reichen den Wert

$$100 \times 18\,000 \text{ EUR} = 1\,800\,000 \text{ EUR}$$

übersteigen würde. Wegen $200\,000/18\,000 = 11\frac{1}{9}$ müssen sich daher die 200 000 EUR Gesamtvermögen der Armen auf mindestens 12 Personen verteilen.

Die Anzahl der Vermögenslosen ist also mindestens 0 und höchstens 88.

3. (a) Der geschätzte Prozentsatz ist $\dfrac{250}{2\,500} \times 100\,\% = 10\,\%$.

Als Schachtelmodell ergibt sich (nach der Bootstrap-Methode):

$$\boxed{\ 9 \times \boxed{0} \qquad 1 \times \boxed{1}\ }$$

$\boxed{0} \;\hat{=}\;$ nicht nutzen

$\boxed{1} \;\hat{=}\;$ nutzen

2 500 Ziehungen mit (strenggenommen ohne) Zurücklegen

(Weil die Stichprobe nur einen kleinen Anteil der Grundgesamtheit ausmacht, kann man wie im Fall des Ziehens mit Zurücklegen vorgehen.)

Damit ergibt sich:

geschätzte Standardabweichung der Schachtel (nach der Bootstrap-Methode)

$$= \sqrt{0.1 \times 0.9} = \sqrt{0.09} = 0.3$$

Standardfehler der Anzahl $= \sqrt{2\,500} \times 0.3 = 50 \times 0.3 = 15$

Standardfehler des Anteils in Prozent $= \dfrac{15}{2\,500} \times 100\,\% = 0.6\,\%$.

Die Normalapproximation ist hier anwendbar, weil die Anzahl der Ziehungen (2 500) trotz der Schiefe der Schachtel (s. o.) ausreichend groß ist. Ein approximatives 68 %-Konfidenzintervall ist:

$$10\,\% \pm 1 \times 0.6\,\% = 10\,\% \pm 0.6\,\% = [9.4\,\%,\ 10.6\,\%].$$

(b) Die Berechnung erfolgt analog wie in Teil (a) und ergibt:

$$\text{geschätzter Prozentsatz} = \frac{2\,000}{2\,500} \times 100\,\% = 80\,\%$$

$$\text{geschätzte Standardabweichung der Schachtel} = \sqrt{0.8 \times 0.2}$$
$$= \sqrt{0.16} = 0.4$$

$$\text{Standardfehler des Anteils in Prozent} = \frac{\sqrt{2\,500} \times 0.4}{2\,500} \times 100\,\%$$

$$= \frac{0.4}{50} \times 100\,\% = 0.8\,\%.$$

Die Normalapproximation ist wiederum anwendbar, weil die Schachtel sogar weniger schief als in Teil (a) ist. Ein approximatives 80 %-Konfidenzintervall ist:

$$80\,\% \pm 1.3 \times 0.8\,\% = 80\,\% \pm 1.04\,\% = [78.96\,\%,\ 81.04\,\%].$$

(c) länger
    kürzer

4. (a) Es gibt $\binom{10}{3} = \dfrac{10!}{3! \times 7!} = \dfrac{8 \times 9 \times 10}{2 \times 3} = 8 \times 3 \times 5 = 120$ Möglichkeiten, drei Weihnachtsmärkte aus zehn auszuwählen.

(b) Günstig sind die Fälle, in denen zwei oder drei der fünf Weihnachtsmärkte aus Franken getroffen werden. Im Einzelnen:

Anzahl der Fälle, in denen genau zwei Märkte aus Franken gewählt werden:

$$\binom{5}{2}\binom{5}{1} = \frac{5!}{2! \times 3!} \times 5 = 10 \times 5 = 50$$

Anzahl der Fälle, in denen genau drei Märkte aus Franken gewählt werden:

$$\binom{5}{3}\binom{5}{0} = \frac{5!}{3! \times 2!} \times 1 = 10$$

Die Anzahl der „günstigen" Fälle ist also $50 + 10 = 60$.

(c) $\dfrac{60}{120} = \dfrac{1}{2}$

5. (a)

```
0 | 6
1 | 5
2 | 3
3 | 22
4 | 6
5 |
6 | 369
7 | 34
8 | 0
9 |
```

(0 | 6 bedeutet Endziffer 06)

(b)

12 Endziffern

	54.5	
27.5		71
06		80

(c)

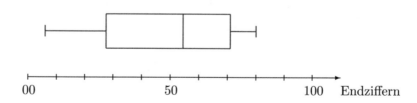

00   50   100   Endziffern

6. (a) (angegeben jeweils in % p. a.)

$$21 \times \boxed{0.10} \quad 20 \times \boxed{0.15} \quad 20 \times \boxed{0.20} \quad 20 \times \boxed{0.25} \quad 19 \times \boxed{0.60}$$

(b) Mittelwert der Schachtel

$$= \frac{1}{100} \times (21 \times 0.10 + 20 \times 0.15 + 20 \times 0.20 + 20 \times 0.25 + 19 \times 0.60)$$

$$= \frac{1}{100} \times (20 \times 0.10 + \ldots + 20 \times 0.60 - 0.60 + 0.10)$$

$$= \frac{1}{100} \times (2 + 3 + 4 + 5 + 12 - 0.5)$$

$$= \frac{1}{100} \times 25.5$$

$$= 0.255$$

Erwartungswert des Mittels aus zwölfmaligem Ziehen

$$= \frac{1}{12} \times 12 \times \text{Mittelwert der Schachtel}$$

$$= 0.255$$

(c) den zu erwartenden Gewinn-Bonus eines Jahres (in Prozent p. a.)

(d) Mit der Binomialformel ergibt sich:

$$\binom{12}{0} \left(\frac{19}{100}\right)^0 \left(\frac{81}{100}\right)^{12} + \binom{12}{1} \left(\frac{19}{100}\right)^1 \left(\frac{81}{100}\right)^{11}$$

$$+ \binom{12}{2} \left(\frac{19}{100}\right)^2 \left(\frac{81}{100}\right)^{10}$$

Kommentar: Am 02.04.2005 betrug der feste Zinsanteil für eine Anlage von 25 001 EUR 1.60 %; der erwartete Gewinn-Bonus war 1.205 %. Am 01.01.2009 betrug der feste Zinsanteil für eine Anlage von 25 001 EUR 4.00 %; der erwartete Gewinn-Bonus war 0.255 %. Der Gewinn-Bonus ist also gegenüber dem festen Zins ausgesprochen stark zurückgenommen worden.

7. (a) Man lässt sich von der Universitätsverwaltung zunächst eine Liste mit den Namen aller in Frage kommenden Studierenden geben. Diese Namen schreibt man auf Zettel, packt sie in eine Schachtel und zieht 150–mal ohne Zurücklegen daraus.

Zur technischen Vereinfachung kann man auch die Liste durchnumerieren und dann einfach 150 Zufallszahlen ohne Zurücklegen aus dem Zahlbereich von 1 bis zum Maximum ziehen. (In der Regel geschieht dies per Computer.)

(b) Für jedes Element der Grundgesamtheit kann die Wahrscheinlichkeit, mit der es in der Stichprobe auftritt, genau angegeben werden.

(c) einfache Zufallsstichproben

(d) Bei einer Quotenstichprobe wird dem Erheber (z. B. Interviewer) lediglich eine Quote bzgl. eines bestimmten Kriteriums vorgegeben (z. B. 50 % der Befragten sollen Frauen sein); ansonsten ist er in der Auswahl völlig frei. Dadurch kann eine beträchtliche Verzerrung (nach den Präferenzen des Erhebers) auftreten, was natürlich ein gravierender Nachteil ist. Als Vorteil ist die Einfachheit und die (erzwungene) Repräsentativität in Bezug auf das Quotenkriterium zu nennen. Letztere braucht aber mit dem Gegenstand der Untersuchung nicht stark verbunden zu sein.

8. Zunächst ergibt sich für die Standardabweichungen und den Korrelationskoeffizienten:

$$\mathrm{SD}(x_1) = \sqrt{100} = 10$$

$$\mathrm{SD}(x_2) = \sqrt{36} = 6$$

$$r = \mathrm{corr}(x_1, x_2) = \frac{-48}{\sqrt{100} \times \sqrt{36}} = \frac{-48}{10 \times 6} = -0.8.$$

Weiter gilt:

130 entspricht $\dfrac{130 - 150}{10} = -2$ Standardeinheiten.

Für den vertikalen Streifen über $x_1 = 130$ ergibt sich dann nach der Regressionsmethode:

neuer Mittelwert $= 110 + (-0.8) \times (-2) \times 6 = 119.6$

neue Standardabweichung $= \sqrt{1 - r^2} \times \mathrm{SD}(x_2) = \sqrt{1 - 0.8^2} \times 6$
$= 0.6 \times 6 = 3.6.$

Umrechnen in Standardeinheiten liefert:

116 entspricht $\dfrac{116 - 119.6}{3.6} = -1$ Standardeinheit.

Die folgende Skizze zeigt die zu bestimmende Fläche:

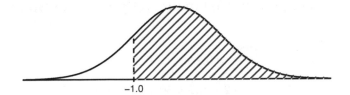

Der gesuchte Anteil beträgt ca. $100\% - 15.87\% = 84.13\%$.

4.10   Lösungen zur Klausur „Olympische Spiele"

1. (a) Steigung: $r \times \dfrac{\text{SD}y}{\text{SD}x} = 0.2 \times \dfrac{5}{5} = 0.2$

Achsenabschnitt: $62 = 0.2 \times 50 + b$, d. h. $b = 52$

Regressionsgerade von y auf x: $y = 0.2x + 52$

(b) Wegen der Zwetschgenform ist y ungefähr normalverteilt mit Mittelwert 62 und Standardabweichung 5. Bei der Normalverteilung entspricht 95 % ungefähr der Fläche zwischen -2 und $+2$ Standardeinheiten. Also leistet das Intervall

$$62 \pm 2 \times 5 = 62 \pm 10 = [52, 72]$$

das Verlangte.

(c) Wegen der Zwetschgenform sind die y-Werte im vertikalen Streifen zu $x = 45$ näherungsweise normalverteilt und es ist

neuer Mittelwert $= 0.2 \times 45 + 52 = 61$

neue Standardabweichung $= \sqrt{1 - r^2} \times \text{SD}y = \sqrt{1 - 0.04} \times 5$

$= \sqrt{0.96} \times 5 \approx 0.98 \times 5 = 4.9.$

Bei der Normalverteilung entspricht 95 % ungefähr der Fläche zwischen -2 und $+2$ Standardeinheiten. Also leistet das Intervall

$$61 \pm 2 \times 4.9 = 61 \pm 9.8 = [51.2, 70.8]$$

das Verlangte.

(d) Die Intervalllänge reduziert sich von $2 \times 2 \times 5 = 20$ auf $2 \times 2 \times 0.98 \times 5 = 19.6$ (also auf 98 % des Ausgangswertes). Der Nutzen der Zusatzinformation ist gering, weil der Betrag von r sehr klein ist ($r = 0.2$).

Kommentar: Wie man in Teil (d) sieht, kann man sich leicht überlegen, welchen Genauigkeitsgewinn man durch Kenntnis einer mit der Zielvariablen korrelierten Zusatzinformation hat. Man kann dann leichter entscheiden, welchen Preis man für die Zusatzinformation zu zahlen bereit ist. Bei schwacher Korrelation lohnt sich das nicht immer. Man beachte auch, dass $\sqrt{1 - r^2}$ nichtlinear ist und erst für höhere (absolute) Werte von r wirklich deutlich abnimmt.

2. (a) (i) größer

      (ii) kleiner

  (b) (i) unverändert

      (ii) kleiner

  (c) Nach der Vermögensverteilung ist das untere Quartil 33 000 EUR und das obere Quartil 37 000 EUR $+$ 0.65 $\times$ 8 000 EUR $=$ 42 200 EUR. Der Quartilsabstand ist also 42 200 EUR $-$ 33 000 EUR $=$ 9 200 EUR.

  (d) $u >$ 37 000 EUR

  (e) Der Mittelwert muss kleiner werden, also muss gelten:

$$o - 37\,000 \text{ EUR} < 37\,000 \text{ EUR} - u, \text{ d. h. } \frac{u + o}{2} < 37\,000 \text{ EUR}.$$

(Oder als alternative Lösung: Die Fläche links von u muss kleiner als die Fläche rechts von o sein (bei der Ausgangsnormalverteilung), denn dann wird mehr eingezahlt als entnommen.

Also $-(u$ in Standardeinheiten$) > o$ in Standardeinheiten

bzw. $-\dfrac{u - 37\,000}{8000} > \dfrac{o - 37\,000}{8000}$, d. h. $u + o < 74\,000$ [EUR].)

3. (a) zu (1): Bei der Berechnung des Standardfehlers des Mittels muss durch 2 500 dividiert werden und nicht durch $\sqrt{2\,500}$; die Formel (nicht die Rechnung) ist also falsch.

Zudem darf der Korrekturfaktor $\sqrt{\dfrac{2\,700 - 2\,500}{2\,700 - 1}}$ nicht vernachlässigt werden, weil die Stichprobe einen Großteil der Grundgesamtheit ausmacht. Der richtige Standardfehler des Mittels ist $\sqrt{\dfrac{200}{2\,699}} \times 0.08$ kg.

zu (2): Der Mittelwert der Stichprobe ist bekannt; es geht um ein Konfidenzintervall für den Mittelwert der Grundgesamtheit. Für das Niveau 95 % ist dabei der Faktor 2 und zudem der Korrekturfaktor aus (1) zu verwenden. Also ergibt sich das Intervall $71 \pm \sqrt{\dfrac{200}{2\,699}} \times 2 \times 0.08$ kg.

zu (3): Statt des Standardfehlers des Mittels ist hier die (geschätzte) Standardabweichung der Schachtel und für 95 % wieder der Faktor 2 zu verwenden. Das Intervall ist also $71 \pm 2 \times 4$ kg.

(b) Das Konfidenzintervall ist in dreierlei Hinsicht approximativ:

- Der Korrekturfaktor wird vernachlässigt.
- Die Standardabweichung der Schachtel ist unbekannt und wird mit der Bootstrap-Methode geschätzt.
- Die Normalapproximation wird benutzt.

4. (a) Das Schachtelmodell ist:

$$\boxed{1 \times \boxed{0} \qquad 9 \times \boxed{1}}$$

$\boxed{0} \;\hat{=}\;$ Stornierung

$\boxed{1} \;\hat{=}\;$ keine Stornierung

2 500 Ziehungen mit Zurücklegen

Somit ergibt sich:

Mittelwert der Schachtel $\qquad = 0.9$

Standardabweichung der Schachtel $= \sqrt{\dfrac{9}{10} \times \dfrac{1}{10}} = \sqrt{\dfrac{9}{100}}$

$$= \dfrac{3}{10} = 0.3$$
(vereinfachte Formel)

Erwartungswert der Summe $\qquad = 2\,500 \times 0.9 = 2\,250$

Standardfehler der Summe $\qquad = \sqrt{2\,500} \times 0.3 = 15.$

Eine Überbuchung liegt ab 2 288 nicht stornierten Buchungen vor. Bei Anwendung der Stetigkeitskorrektur ist also die Wahrscheinlichkeit dafür zu bestimmen, dass die Summe der Ziehungen 2 287.5 übersteigt.

Umrechnen in Standardeinheiten liefert:

2 287.5 entspricht $\dfrac{2\,287.5 - 2\,250}{15} = \dfrac{37.5}{15} = 2.5$ Standardeinheiten.

Die Normalapproximation ist hier anwendbar, weil die Anzahl der Ziehungen (2 500) trotz der Schiefe der Schachtel (s. o.) ausreichend groß ist.

Die folgende Skizze zeigt die zu bestimmende Fläche:

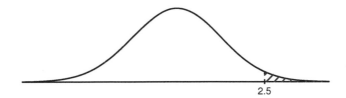

2.5

Die gesuchte Wahrscheinlichkeit beträgt ca. $0.62\,\%$.

(b) Eine neunfach höhere Anzahl von Ziehungen führt zu:

Erwartungswert der Summe $= 9 \times 2\,250 = 20\,250$

Standardfehler der Summe $= \sqrt{9} \times 15 = 45$.

Es ist nun der Wert x zu bestimmen, der genau 2.5 Standardeinheiten entspricht:

$$\frac{x - 20\,250}{45} = 2.5,$$

d. h. $x = 2.5 \times 45 + 20\,250 = 112.5 + 20\,250 = 20\,362.5$.

Unter Berücksichtigung der Stetigkeitskorrektur hat die Hotelkette BIGRESTAWHILE also $20\,362$ Zimmer.

Kommentar: Man benötigt also nicht neunmal so viele Zimmer, weil die Zufallsschwankung (Standardfehler der Summe) nur mit dem Faktor $\sqrt{9} = 3$ wächst und nur unterproportional zunimmt. Falls die Überbuchungswahrscheinlichkeit etwa gesetzlich geregelt ist, hat eine größere Hotelkette Vorteile, da sich bei höherer Zimmerzahl ein besserer Ausgleich im größeren Kollektiv ergibt. Konkret könnten etwa neun Ketten des Typs RESTAWHILE zu einer Kette des Typs BIGRESTA-WHILE fusionieren und dadurch 221 Zimmer einsparen, ohne eine etwa vorhandene gesetzliche Schranke von $0.62\,\%$ für die Überbuchungswahrscheinlichkeit pro Hotelunternehmen zu verletzen. (Dazu kämen noch etwaige Skalenerträge und Einsparungen durch Konzentration und Rationalisierung, die man üblicherweise durch Fusionen anstrebt.) Entsprechende Überlegungen gelten natürlich auch im Finanzbereich, z. B. für Eigenkapitalvorschriften von Banken und Versicherungen.

5. (a) zu Frage (1): Ja
    zu Frage (2): Mehrstufiges Verfahren

zu Frage (3): Nein

(b) zu Frage (1): Ja
zu Frage (2): Klumpenverfahren (Ziehen einer Klumpenstichprobe)
zu Frage (3): Nein

(c) zu Frage (1): Ja
zu Frage (2): Ziehen einer geschichteten Stichprobe
zu Frage (3): Nein

6. (a) Es ergibt sich:

$$\text{Mittelwert der } x \quad = \frac{6 + 12 + \ldots + 8}{5} = \frac{30}{5} = 6$$

$$\text{Standardabweichung der } x = \sqrt{\frac{1}{5} \times \left(0^2 + 6^2 + (-2)^2 + (-6)^2 + 2^2\right)}$$

$$= \sqrt{16} = 4$$

$$\text{Mittelwert der } y \quad = \frac{5 + 8 + \ldots + 6}{5} = \frac{25}{5} = 5$$

$$\text{Standardabweichung der } y = \sqrt{\frac{1}{5} \times \left(0^2 + 3^2 + (-3)^2 + (-1)^2 + 1^2\right)}$$

$$= \sqrt{4} = 2.$$

Durch Umrechnen in Standardeinheiten erhält man:

x in Standardeinheiten	y in Standardeinheiten	Produkt
$\dfrac{6-6}{4} = 0$	$\dfrac{5-5}{2} = 0$	0
(usw.) 1.5	1.5	2.25
-0.5	-1.5	0.75
-1.5	-0.5	0.75
0.5	0.5	0.25

Summe der Produkte: 4.00

Der Korrelationskoeffizient ist also:

$$r = \text{Mittel der Produkte} = \frac{4}{5} = 0.8.$$

(b) 5.5

7. (a)

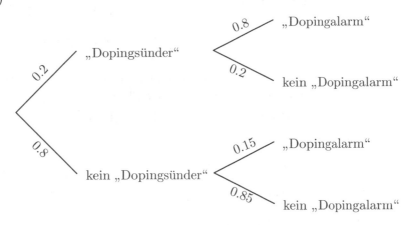

(b)

		„Dopingalarm"		Summe
		ja	nein	
„Dopingsünder"	ja	432	108	540
	nein	324	1 836	2 160
	Summe	756	1 944	2 700

(c) (i) $\dfrac{1\,944}{2\,700}$

(ii) $\dfrac{432}{2\,700}$

(iii) $\dfrac{324}{756}$

(d) Es ist $P(DS) = \dfrac{540}{2\,700}$ und $P(DA) = \dfrac{756}{2\,700}$. Andererseits ist:

$$P(DS) \times P(DA) \quad = \quad \frac{540}{2\,700} \times \frac{756}{2\,700} = \frac{1}{5} \times \frac{756}{2\,700}$$

$$< \quad \frac{432}{2\,700} = P(DS \text{ und } DA).$$

Die Ereignisse DS und DA sind also nicht unabhängig, weil sonst nach der Multiplikationsregel bei Unabhängigkeit

$$P(DS \text{ und } DA) = P(DS) \times P(DA)$$

gelten müsste.

(Oder als alternative Lösung:

Es ist $P(DS \mid DA) = \dfrac{432}{756} > \dfrac{108}{1\,944} = P(DS \mid \text{kein } DA)$,

also sind die Ereignisse nicht unabhängig.)

8. Die Schlussfolgerung ist falsch. Ein Gegenbeispiel ist:

	Männer			Frauen		
	Anzahl	Vegetarier		Anzahl	Vegetarier	
Residents	600	60	(10 %)	1 000	150	(15 %)
Nonresidents	1 000	800	(80 %)	100	90	(90 %)
Gesamt	1 600	860	(>50 %)	1 100	240	(<25 %)

Kommentar: Es kann also passieren, dass sich ein Zusammenhang durch Zusammenlegen von Datensätzen umkehrt. Dieses Phänomen wird auch als „Simpson-Paradoxon" bezeichnet. Ein bekanntes reales Beispiel ist die Zulassungsstatistik der Universität Berkeley. Dort sah es scheinbar so aus, als würden Männer bevorzugt zum Studium zugelassen. Eine genaue Untersuchung ergab jedoch, dass in jeder Fakultät tendenziell eher Frauen bevorzugt zum Studium zugelassen worden waren. Der gegenteilige Anschein kam nur dadurch zustande, dass sich Frauen eher auf „harte" Studiengänge (bei denen die Zulassungsrate insgesamt niedrig lag) beworben hatten. Im obigen Gegenbeispiel ist es so, dass die Frauen mehrheitlich im Olympischen Dorf untergebracht sind, wo der Vegetarieranteil niedrig liegt. Das schlägt auf die aggregierten Daten durch. Es ist also wichtig, solche Effekte bei der Datenaggregation bedenken.

Umgekehrt müssten aggregierte Daten manchmal erst nach einem geeigneten Kriterium (in der obigen Aufgabe der Unterbringungsort) untergliedert werden, um einen falschen Eindruck zu vermeiden. Das Problem ist natürlich, dass man dazu das Kriterium kennen muss und dass man den zusammengefassten Daten die Problematik ja nicht ansieht.

4.11   Lösungen zur Klausur „Salzgebäck"

1. (a) Umrechnen in Standardeinheiten liefert:

60 entspricht $\dfrac{60 - 75}{15} = -1$ Standardeinheit

82.5 entspricht $\dfrac{82.5 - 75}{15} = 0.5$ Standardeinheiten.

Die folgende Skizze zeigt die zu bestimmende Fläche:

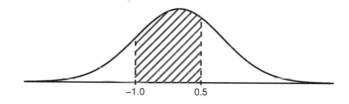

Der Prozentsatz beträgt ca. $100\% - 15.87\% - 30.85\% = 53.28\%$.

(b) Für den horizontalen Streifen zu $y = 80$ ergibt sich nach der Regressionsmethode:

neuer Mittelwert $= 75 + 0.6 \times \left(\dfrac{80 - 70}{10}\right) \times 15 = 84$

neue Standardabweichung $= \sqrt{1 - r^2} \times \mathrm{SD}x = \sqrt{1 - 0.6^2} \times 15 = 0.8 \times 15 = 12$.

Umrechnen in Standardeinheiten liefert:

66 entspricht $\dfrac{66 - 84}{12} = -\dfrac{18}{12} = -1.5$ Standardeinheiten.

Die folgende Skizze zeigt die zu bestimmende Fläche:

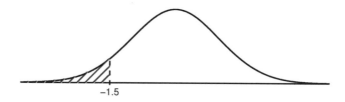

Der Prozentsatz beträgt ca. 6.68%.

(c) Steigung: $r \times \dfrac{\mathrm{SD}y}{\mathrm{SD}x} = 0.6 \times \dfrac{10}{15} = \dfrac{2}{5} = 0.4$

Achsenabschnitt: $70 = 0.4 \times 75 + b$, d. h. $b = 70 - 30 = 40$

Regressionsgerade von y auf x: $y = 0.4x + 40$

(d) $\sqrt{1 - r^2} \times \mathrm{SD}y = 0.8 \times 10 = 8$.

2. (a) Beschriftung der horizontalen Achse: Prozent der Unternehmen

Beschriftung der vertikalen Achse: Prozent des Umsatzes

Punkte auf der Lorenzkurve: $(0\,\%, 0\,\%)$
$(87.5\,\%, 45\,\%)$
$(98\,\%, 55\,\%)$
$(98.5\,\%, 61\,\%)$
$(100\,\%, 100\,\%)$

(b) $50\,\%$

(c) Mindestumsatz: 600 Millionen [EUR]
Höchstumsatz: 1.65 Milliarden [EUR]

(d) $\dfrac{1 \text{ Milliarde}}{21}$ [EUR]

(e) Der Mittelwert ist $\dfrac{10 \text{ Milliarden}}{200} = 50$ Millionen [EUR].

Der Median ist – wenn man die Umsätze in aufsteigender Reihenfolge sortiert – sicher nicht größer als der Wert an Stelle 101 und daher auch nicht größer als der Wert an Stelle 176, der laut Teil (d) $\dfrac{1 \text{ Milliarde}}{21}$ [EUR] nicht übersteigt.

Wegen (in EUR)

$$\text{Median} \leq \frac{1 \text{ Mrd.}}{21} < \frac{1 \text{ Mrd.}}{20} = 50 \text{ Mio.} = \text{Mittelwert}$$

ist der Mittelwert größer.

Kommentar: Da es nur einige wenige Firmen mit großen Umsätzen und viele mit kleinen Umsätzen gibt, dürfte die Verteilung der 200 Umsätze – wie sehr viele Größenverteilungen – rechtsschief sein. Das würde dann ebenfalls bedeuten, dass der Mittelwert größer ist als der Median, ist aber im Gegensatz zu der Lösung in Teil (e) mathematisch nicht zwingend.

Die Aufgabe erinnert auch daran, dass Quantile mehr Informationen enthalten, als manchmal gedacht wird. Dies liegt daran, dass man eben nicht nur über diese Quantile selbst etwas weiß, sondern auch über alle anderen Punkte. Kennt man etwa den Umsatz des fünftgrößten Unternehmens, so weiß man auch, dass die vier davor Platzierten eben einen größeren Umsatz haben. Das lässt sich zuweilen für Abschätzungen und Überschlagsrechnungen nutzen.

3. (a)

0	9
1	57
2	345
3	059
4	6
5	88
6	6
7	2
8	7

(0 | 9 bedeutet 0.9 g)

(b)

15 Salzgehalte

	3.5	
2.3		5.8
0.9		8.7

(c) Arbeitstabelle:

Klasse (in g)	Anzahl	Fläche (in %)	Breite der Säule (in g)	Höhe der Säule (in % pro g)
[0, 2.0[	3	20	2	10
[2.0, 4.0[	6	40	2	20
[4.0, 9.0[	6	40	5	8

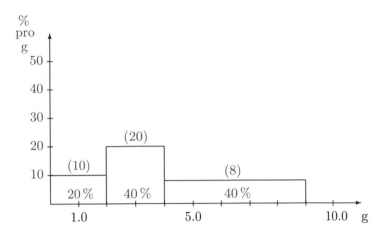

4. (a) Baumdiagramm:

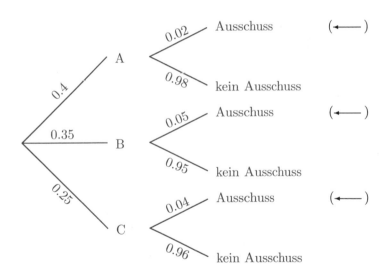

(b) Mit $H := 0.4 \times 0.02 + 0.35 \times 0.05 + 0.25 \times 0.04$ ergibt sich:

$$P(A \mid \text{Ausschuss}) = \frac{0.4 \times 0.02}{H} = \frac{0.008}{H}$$

$$P(B \mid \text{Ausschuss}) = \frac{0.35 \times 0.05}{H} = \frac{0.0175}{H}$$

$$P(C \mid \text{Ausschuss}) = \frac{0.25 \times 0.04}{H} = \frac{0.01}{H}$$

Es wurde mit größter Wahrscheinlichkeit auf Maschine B produziert.

Anmerkungen:

(1) Die genaue Berechnung der Wahrscheinlichkeiten ist gar nicht nötig.

(2) Die Fälle, in denen Ausschuss produziert wurde, sind im Baumdiagramm durch ($\longleftarrow$) markiert.

(c) $0.4 \times 0.98 + 0.35 \times 0.95 + 0.25 \times 0.96$

$= 1 - 0.008 - 0.0175 - 0.01$ (s. Teil (b))

$= 0.9645$

(d) $\dfrac{0.4 \times 0.98 + 0.25 \times 0.96}{0.4 + 0.25}$

$= \dfrac{0.392 + 0.24}{0.65}$

$= \dfrac{0.632}{0.65}$

5. (a) Das Schachtelmodell ist:

> Normalverteilung mit Mittelwert m
>
> und Standardabweichung s

64 Ziehungen mit Zurücklegen

Somit ergibt sich:

Mittelwert der Schachtel $= m$ [Minuten]

Standardabweichung der Schachtel $= 0.25$ [Minuten] (15 Sek.)

Erwartungswert der Summe $= 64m$ [Minuten]

Standardfehler der Summe $= \sqrt{64} \times 0.25 = 2$ [Minuten].

Da die einzelnen Werte aus einer Normalverteilung stammen, folgt auch die Summe einer Normalverteilung.

99.86501 % entspricht -3 Standardeinheiten.

Die folgende Skizze illustriert den Sachverhalt:

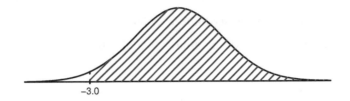

Es ist also m so zu bestimmen, dass $\dfrac{90 - 64m}{2} = -3$ gilt,

$$
\begin{aligned}
\text{d. h.} \qquad 90 + 6 &= 64m \\
\text{also} \qquad 64m &= 96 \\
\text{und damit} \qquad m &= 1.5 \text{ [Minuten].}
\end{aligned}
$$

Er muss $m = 1.5$ [Minuten] wählen.

(b) Das Schachtelmodell ist:

> 65 Zettel mit Absatzschätzungen

49 Ziehungen ohne Zurücklegen

Nach der bootstrap-Methode schätzt man:

Mittelwert der Schachtel $= 12.7$

Standardabweichung der Schachtel $= 1.4$.

Da 49 ein großer Teil der Grundgesamtheit ist, muss man den Korrekturfaktor berücksichtigen. Dieser ist:

$$
\sqrt{\frac{65 - 49}{65 - 1}} = \sqrt{\frac{16}{64}} = \sqrt{\frac{1}{4}} = \frac{1}{2}.
$$

Damit ergibt sich:

Erwartungswert des Mittels $= 12.7$

Standardfehler des Mittels $= \dfrac{1}{2} \times \dfrac{\sqrt{49} \times 1.4}{49} = 0.1$.

Die Normalapproximation ist anwendbar, da bereits die einzelnen Absatzschätzungen als normalverteilt angesehen werden. Als approximatives 80 %-Konfidenzintervall für das Mittel ergibt sich also:

$$12.7 \pm 1.3 \times 0.1 = 12.7 \pm 0.13 = [12.57, \ 12.83].$$

6. (a) Es ergibt sich:

Erwartungswert der Summe $= 36 \times 1.5 = 54$.

Standardfehler der Summe $= \sqrt{36} \times 0.3 = 1.8$.

(b) Die Schachtel

$$\begin{array}{|c c|} \hline 3 \times \boxed{-1} & 3 \times \boxed{1} \\ \hline \end{array}$$

hat den Mittelwert 0 und die Standardabweichung 1. Durch Multiplikation mit 1.8 und Addition von 54 ergibt sich die Schachtel

$$\begin{array}{|c c|} \hline 3 \times \boxed{52.2} & 3 \times \boxed{55.8} \\ \hline \end{array} ,$$

die das Verlangte leistet.

7. (a) (I), (II), (III)

(b) Ziehen einer geschichteten Stichprobe

(c) $\binom{8}{5} \left(\frac{1}{4}\right)^5 \left(1 - \frac{1}{4}\right)^3$

(d) Die Anzahl der möglichen Fälle ist: $\binom{100}{8}$.

Die Anzahl der günstigen Fälle ist: $\binom{20}{5} \times \binom{80}{3}$.

Die gesuchte Wahrscheinlichkeit ist also:

$$\frac{\binom{20}{5} \times \binom{80}{3}}{\binom{100}{8}}.$$

8. (a) Beobachtungsstudie

(b) Querschnittstudie

(c) Nein, da mit einer Beobachtungsstudie prinzipiell keine Kausalität nachgewiesen werden kann. Z. B. könnte umgekehrt auch Bluthochdruck den Appetit auf und damit den Konsum von Salzgebäck fördern. (27 Wörter)

(d) Nein, da mit einer Querschnittstudie keine Veränderungen im Zeitablauf untersucht werden können. Die Dreißigjährigen wurden 1980 geboren, die Sechzigjährigen 1950. Beide Gruppen könnten beispielsweise durch die Verzehrgewohnheiten ihrer Kindheit (1985–1995) bzw. (1955–1965) geprägt worden sein und diese beibehalten haben. (41 Wörter)

4.12   Lösungen zur Klausur „Überlastung"

1. (a) Umrechnen in Standardeinheiten liefert:

$$123 \text{ entspricht } \frac{123 - 135}{16} = -0.75 \text{ Standardeinheiten}$$

$$139 \text{ entspricht } \frac{139 - 135}{16} = 0.25 \text{ Standardeinheiten.}$$

Die folgende Skizze zeigt die zu bestimmende Fläche:

-0.75   0.25

Der Prozentsatz beträgt ca. $100\% - 22.66\% - 40.13\% = 37.21\%$.

(b) Für den vertikalen Streifen zu $x = 127$ ergibt sich nach der Regressionsmethode:

$$\text{neuer Mittelwert} = 100 + (-0.8) \times \left(\frac{127 - 135}{16}\right) \times 20 = 108$$

$$\text{neue Standardabweichung} = \sqrt{1 - r^2} \times \text{SD}y = \sqrt{0.36} \times 20 = 12.$$

Umrechnen in Standardeinheiten liefert:

$$114 \text{ entspricht } \frac{114 - 108}{12} = \frac{1}{2} = 0.5 \text{ Standardeinheiten.}$$

Die folgende Skizze zeigt die zu bestimmende Fläche:

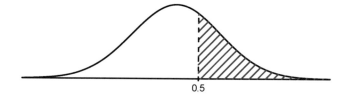

0.5

Der Prozentsatz beträgt ca. 30.85%.

(c) Steigung: $r \times \dfrac{\text{SD}x}{\text{SD}y} = -0.8 \times \dfrac{16}{20} = \dfrac{16}{25} = -0.64$

Achsenabschnitt: $135 = -0.64 \times 100 + b$, d. h. $b = 135 + 64 = 199$

Regressionsgerade von x auf y: $x = -0.64y + 199$

2. (a) (i) Ja

  (ii) Ziehen einer Klumpenstichprobe

  (iii) Nein. Zwei in der Liste unmittelbar hintereinander stehende Dozentennamen können nicht beide gewählt werden; bei einer einfachen Zufallsstichprobe hingegen schon.

(b) (i) Ja

  (ii) Ziehen einer geschichteten Stichprobe

  (iii) Nein. Es kann z. B. nicht vorkommen, dass alle sechs gewählten Dozenten aus der ersten Fakultät stammen. Bei einer einfachen Zufallsstichprobe wäre dies hingegen möglich.

3. (a)

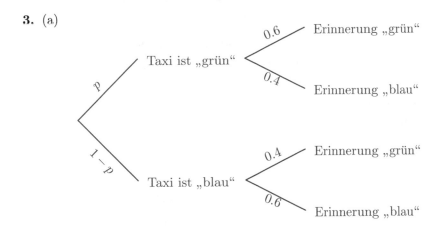

(b) Man hat die Äquivalenzen:

$$\text{P(Taxi ist „grün" | Erinnerung „grün")} = 0.5$$

$$\Longleftrightarrow \qquad \frac{0.6p}{0.6p + (1-p)0.4} = 0.5$$

$$\Longleftrightarrow \qquad \frac{0.6p}{0.2p + 0.4} = 0.5$$

$\Longleftrightarrow \quad 0.6p = 0.1p + 0.2$

$\Longleftrightarrow \quad 0.5p = 0.2$

$\Longleftrightarrow \qquad p = 0.4.$

Somit sind 40 % der Taxis „grün". Hobby-Statistiker W. O. kann also ermitteln, wie viele Taxis dem Unternehmen „Green Cab" gehören; es sind 40 % × 400 = 160 Taxis.

(c) kleiner

4. (a) Das Schachtelmodell ist:

$$\boxed{\; 1 \times \boxed{0} \qquad 4 \times \boxed{1} \;}$$

$\boxed{0} \quad \hat{=} \quad$ kein Auto

$\boxed{1} \quad \hat{=} \quad$ mindestens ein Auto

1 600 Ziehungen mit Zurücklegen

Somit ergibt sich:

Mittelwert der Schachtel $\qquad = 0.8$

Standardabweichung der Schachtel $= \sqrt{\dfrac{4}{5} \times \dfrac{1}{5}} = \sqrt{\dfrac{4}{25}}$

$$= \dfrac{2}{5} = 0.4$$
(vereinfachte Formel)

Erwartungswert des Anteils (in %) $= 0.8 \times 100\,\% = 80\,\%$

Standardfehler des Anteils (in %) $\quad = \dfrac{\sqrt{1\,600} \times 0.4}{1\,600} \times 100\,\%$

$$= \dfrac{0.4}{40} \times 100\,\% = 1\,\%.$$

Umrechnen in Standardeinheiten liefert:

$78.25\,\%$ entspricht $\dfrac{78.25\,\% - 80\,\%}{1\,\%} = -1.75$ Standardeinheiten

79.30 % entspricht $\dfrac{79.30\,\% - 80\,\%}{1\,\%} = -0.7$ Standardeinheiten.

Die Normalapproximation ist anwendbar, weil sehr oft (1 600-mal) aus einer nicht zu schiefen Schachtel (s. o.) gezogen wird.

Die folgende Skizze zeigt die zu bestimmende Fläche:

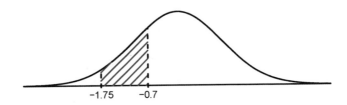

Die gesuchte Wahrscheinlichkeit beträgt ca.
24.20 % − 4.01 % = 20.19 %.

(b) (i) gleich groß

   (ii) kleiner

      (Anmerkung: Hier halbiert sich der Standardfehler, und sogar die gesamte Fläche unterhalb −1.4 ist bereits kleiner als die Fläche aus Teil (a).)

   (iii) kleiner

      (Anmerkung: Da ohne Zurücklegen gezogen wird, entspricht dies einer Totalerhebung, so dass der Anteil ganz sicher genau 80 % ist.)

5. Der Korrekturfaktor kann vernachlässigt werden, da 4 900 nur ein sehr kleiner Teil der Grundgesamtheit ist. Mit den Abkürzungen MW und SD für Mittelwert und Standardabweichung der Stichprobe lautet das Konfidenzintervall dann

$$\left[\text{MW} - 1.65 \times \frac{\sqrt{4\,900} \times \text{SD}}{4\,900},\ \text{MW} + 1.65 \times \frac{\sqrt{4\,900} \times \text{SD}}{4\,900}\right]\ \text{bzw.}$$

$$\left[\text{MW} - 1.65 \times \frac{\text{SD}}{70},\ \text{MW} + 1.65 \times \frac{\text{SD}}{70}\right].$$

Also ergibt sich:

$$\text{MW} = \frac{1095.05 + 1104.95}{2} = 1\,100$$

$$\text{SD} = \frac{4.95}{1.65} \times 70 = 3 \times 70 = 210.$$

Da der Stichprobenumfang recht groß ist, können diese Werte ersatzweise als Werte der Grundgesamtheit angesehen werden (Bootstrap-Methode). (Für MW liegt sogar ein Konfidenzintervall vor.)

Umrechnen in Standardeinheiten liefert:

$$1\,247 \text{ entspricht } \frac{1\,247 - 1\,100}{210} = \frac{147}{210} = \frac{21}{30} = \frac{7}{10} = 0.7 \text{ Standardeinheiten.}$$

Laut Voraussetzung sind die Lebensdauern normalverteilt. Die folgende Skizze zeigt die zu bestimmende Fläche:

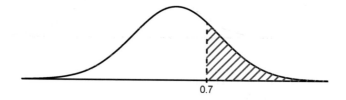

Der Anteil beträgt also ca. 24.20 %. Für die gesamte Charge ergeben sich etwa $242\,000 + 121\,000 = 363\,000$ Objekte.

6. (a) Nein, da es sich hier um zu viele (25 723) Datenpunkte handelt. Die Blätter würden zu lang.
   (Die Tabelle aus der Aufgabenstellung erfüllt – kürzer – eine ähnliche Funktion.)

(b)

25 723 Noten

	2.5	
2.0		2.9
1.0		3.9

(c)

(d) Arbeitstabelle:

Klasse (Note)	Fläche (in %)	Breite der Säule (Note)	Höhe der Säule (in % pro Note)
[0.95, 1.05[	1.05	0.1	10.5
[1.05, 2.05[	26.08	1.0	26.08
[2.05, 4.05[	72.87	2.0	36.435

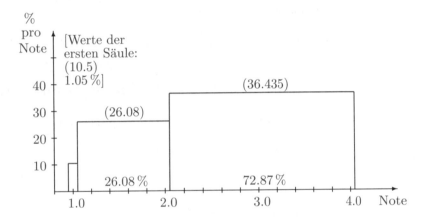

(e) Umrechnen in Standardeinheiten liefert:

3.63 entspricht $\dfrac{3.63 - 2.43}{0.60} = 2$ Standardeinheiten.

Die folgende Skizze zeigt die zu bestimmende Fläche:

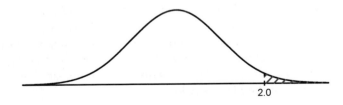

Bei Normalverteilung wären es 2.28%.
Tatsächlich sind es $100\% - 99.49\% = 0.51\%$.

(f) Man muss zwei Werte, die sehr nahe am Mittelwert liegen, möglichst weit und symmetrisch nach außen schieben. Man hat daher folgende drei Varianten zu betrachten, wobei S_i (für $i = 1, \ldots, 3$) jeweils für die Änderung der Summe der Quadrate der Abstände vom Mittelwert steht:

(1) Ändern von 2.4 in 1.0 und von 2.4 in 3.8. Dann ist:

$$S_1 = (1.0 - 2.43)^2 + (3.8 - 2.43)^2 - 2 \times (2.4 - 2.43)^2$$
$$= (1.43)^2 + (1.37)^2 - 2 \times 0.03^2.$$

(2) Ändern von 2.4 in 1.0 und von 2.5 in 3.9 (oder alternativ von 2.5 in 1.0 und von 2.4 in 3.9). Dann ist:

$$S_2 = (1.43)^2 + (3.9 - 2.43)^2 - (2.4 - 2.43)^2 - (2.5 - 2.43)^2$$
$$= (1.43)^2 + ((3.8 - 2.43) + 0.1))^2 - 0.03^2 - 0.07^2$$
$$= (1.43)^2 + (1.37)^2 + 2 \times 0.1 \times 1.37 + 0.1^2 - 0.03^2 - 0.07^2.$$

(3) Ändern von 2.5 in 1.0 und von 2.5 in 4.0. Dann ist:

$$S_3 = (1.43)^2 + ((3.8 - 2.43) + 0.2))^2 - 2 \times 0.07^2$$
$$= (1.43)^2 + (1.37)^2 + 2 \times 0.2 \times 1.37 + 0.2^2 - 2 \times 0.07^2.$$

Ersichtlich ist $S_3 > S_2 > S_1$. Also muss man einen Wert 2.5 in 1.0 und einen zweiten Wert 2.5 in 4.0 abändern.

Der Quartilsabstand ändert sich nicht, weil sich durch Veränderung zweier Werte die (gerundeten) aufsummierten Anteile höchstens um $0.02\,\%$ ändern (ein Wert entspricht ca. $\frac{1}{25\,000} = 0.004\,\%$ des Gesamtdatensatzes).

Kommentar: Natürlich kann man mittels eines Rechners die Werte von S_1, S_2 und S_3 aus Teil (f) leicht direkt ermitteln. Es soll hier aber ganz bewusst darauf verzichtet werden und die Rechnung bzw. der Größenvergleich elementar durchgeführt werden. Die Überlegung in Teil (f) illustriert zugleich, wie sich die Datenveränderung gewissermaßen „mechanisch" auf die SD auswirkt.

7. (a)
$$\begin{pmatrix} 1 & & & \\ 1 & 1 & & \\ nb & nb & 1 & \\ nb & nb & 1 & 1 \end{pmatrix}$$

(b) Er ist positiv. Anschaulich ergibt sich dies, weil für $k = 1, \ldots, 31$ die Zahlenfolge $x_1^{(k)}$ streng monoton wachsend und die Zahlenfolge $x_1^{(k)}$ schwach monoton wachsend und an wenigstens einer Stelle streng monoton ist. (Dabei sollen die Hochzahlen (k) in Klammern jeweils den Platz in der Folge angeben.) Die Datenwolke ist daher von links unten nach rechts oben geneigt.

Für eine mathematisch zwingende Argumentation hält man zunächst fest, dass wegen $\mathrm{MW}x_1 = 2.5$ und $x_9^{(1)} < \mathrm{MW}x_9 < x_9^{(31)} = 100$ Folgendes gilt:

$$\left. \begin{array}{rcl} (1.0 - 2.5)(x_9^{(1)} - \mathrm{MW}x_9) & > & 0 \\[2mm] (2.5 - 2.5)(x_9^{(16)} - \mathrm{MW}x_9) & = & 0 \\[2mm] (4.0 - 2.5)(x_9^{(31)} - \mathrm{MW}x_9) & > & 0 \end{array} \right\} \qquad (1)$$

Es reicht zu zeigen, dass

$$(x_1^{(1)} - 2.5)(x_9^{(1)} - \mathrm{MW}x_9) + \ldots + (x_1^{(31)} - 2.5)(x_9^{(31)} - \mathrm{MW}x_9)$$
$$> 0 \qquad\qquad\qquad\qquad\qquad\qquad\qquad\qquad\qquad (2)$$

ist. (Die Summe in Formel (2) wird dabei über die 31 Summanden für $k = 1, \ldots, 31$ gebildet.) Nun kann man ausnutzen, dass die Werte $x_1^{(k)}$ symmetrisch um ihren Mittelwert 2.5 verteilt sind, und jeweils zwei spiegelbildlich zueinander liegende Werte gemeinsam betrachten (vgl. die Illustration weiter unten). Formal ist stets für $i = 1, \ldots, 15$:

$$(x_1^{(i)} - 2.5)(x_9^{(i)} - \mathrm{MW}x_9) + (x_1^{(32-i)} - 2.5)(x_9^{(32-i)} - \mathrm{MW}x_9)$$

$$= (x_1^{(i)} - 2.5)[x_9^{(i)} - \mathrm{MW}x_9 + \mathrm{MW}x_9 - x_9^{(32-i)}]$$

$$= \underbrace{(x_1^{(i)} - 2.5)}_{\leq 0} \underbrace{(x_9^{(i)} - x_9^{(32-i)})}_{\leq 0}$$

$$\geq 0.$$

In Verbindung mit (1) folgt hieraus (2).

Illustration:

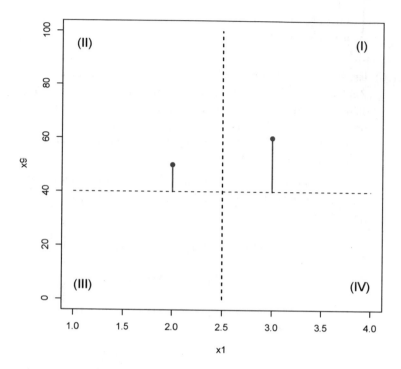

Punkte in den Quadranten (I) oder (III) liefern einen nichtnegativen Beitrag zur Summe aus Formel (2). Für einzelne k kann der Punkt $(x_1^{(k)}, x_9^{(k)})$ zwar im Quadraten (II) oder (IV) liegen und damit

$$(x_1^{(k)} - 2.5)(x_9^{(k)} - \mathrm{MW}x_9) < 0$$

sein, doch wird dies stets durch den symmetrisch zu 2.5 gelegenen Punkt $(x_1^{(32-k)}, x_9^{(32-k)})$ mindestens kompensiert (vgl. die Skizze für den Fall $x_1^{(k)} = 2.0$ und $x_1^{(32-k)} = 3.0$).

(c) In diesem Fall liegen alle Datenpunkte auf einer Geraden. Es muss also gelten: $x_3 = ax_7 + b$.

Aus der Zeile für „4.0" ergibt sich: $0 = a \times 0 + b$, also $b = 0$.

Ferner ist die Summe der x_3 und der x_7 Werte jeweils 100. Es folgt also

$$100 = \text{Summe der } (x_3) = \text{Summe der } (ax_7 + b)$$

$$= \text{Summe der } (ax_7) = a \times \text{Summe der } (x_7)$$

$$= a \times 100$$

und hieraus $a = 1$. Somit hat man $x_3 = 1 \times x_7 + 0 = x_7$; die Notenverteilungen sind also identisch.

Kommentar: Abiturnotenvergleiche sind in vielerlei Hinsicht interessant und aufschlussreich. Das gilt für die Entwicklung im Zeitverlauf (Längsschnittstudien), aber auch für Vergleiche zwischen den Bundesländern (Querschnittstudien). Dabei muss man auch die Anzahl der Abiturprüfungen und die Schülerzahlen beachten, da die Abiturientenquoten beträchtlich variieren. Angesichts dieses Interesses ist es etwas erstaunlich, dass Daten zu diesem Thema relativ schwer im Internet zu finden sind. (Die Aufgaben 6 und 7 sollten ursprünglich auf Daten zum Wechsel vom neunjährigen auf das achtjährige Gymnasium in Bayern aufbauen, die aber nicht in geeigneter Form gefunden werden konnten.)

4.13   Lösungen zur Klausur „Wagner-Gedenkjahr"

1. (a) 320

   (b) 80

   (c) $\frac{1}{2}$ % pro Punkt

   (d)

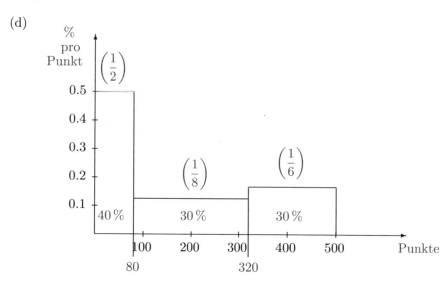

2. (a) (i) Ja

   (ii) Ziehen einer geschichteten Stichprobe

   (iii) Es gibt 107 Möglichkeiten für den Platz auf der rechten Seite und 112 für den Platz auf der linken Seite. Da alle beliebig kombinierbar sind, ergeben sich insgesamt

$$107 \times 112 = 11\,200 + 784 = 11\,984$$

   verschiedene Auswahlen.

   (b) (i) Ja

   (ii) mehrstufiges Verfahren

   (iii) Alle Auswahlen von 2 der 219 Plätze sind möglich, insgesamt also

$$\binom{219}{2} \;=\; \frac{219!}{2! \times 217!} = \frac{218 \times 219}{2} = 109 \times 219$$

$$= \quad 21\,900 + 1\,800 + 90 + 81$$
$$= \quad 23\,700 + 171$$
$$= \quad 23\,871.$$

(c) Aus Symmetriegründen ist:

P(Ehepaar wird gewählt)
= 2 × P(Ehemann wird im ersten Durchgang und Ehefrau wird
im zweiten Durchgang gewählt).

Damit ergibt sich:

(i) für Ehepaar X:

$$P_X \quad := \quad \text{P(Ehepaar X wird gewählt)}$$
$$= \quad 2 \times \left(\frac{1}{2} \times \frac{1}{107} \right) \times \left(\frac{1}{2} \times \frac{1}{106} \right)$$
$$= \quad \frac{1}{2} \times \frac{1}{106} \times \frac{1}{107}$$
$$= \quad \frac{1}{2 \times 106 \times 107}$$

(ii) für Ehepaar Y:

$$P_Y \quad := \quad \text{P(Ehepaar Y wird gewählt)}$$
$$= \quad 2 \times \left(\frac{1}{2} \times \frac{1}{112} \right) \times \left(\frac{1}{2} \times \frac{1}{111} \right)$$
$$= \quad \frac{1}{2} \times \frac{1}{111} \times \frac{1}{112}$$
$$= \quad \frac{1}{2 \times 111 \times 112}$$

(iii) für Ehepaar Z:

$$P_Z \quad := \quad \text{P(Ehepaar Z wird gewählt)}$$
$$= \quad 2 \times \left(\frac{1}{2} \times \frac{1}{107} \right) \times \left(\frac{1}{2} \times \frac{1}{112} \right)$$
$$= \quad \frac{1}{2} \times \frac{1}{107} \times \frac{1}{112}$$
$$= \quad \frac{1}{2 \times 107 \times 112}$$

Wegen $P_X > P_Z > P_Y$ hat Ehepaar X die größte und Ehepaar Y die
kleinste Chance für das Interview.

(Bemerkung: Diese Wahrscheinlichkeiten kann man als Alternative auch auf anderen Wegen berechnen, etwa:

$$P_X = P(\text{2 Plätze aus dem rechten Block werden gewählt}) \times$$

$$P(\text{Ehepaar X wird gewählt}|$$

$$\text{2 Plätze aus dem rechten Block werden gewählt})$$

$$= \left(\frac{1}{2} \times \frac{1}{2}\right) \times \frac{1}{\binom{107}{2}}$$

$$= \frac{1}{2} \times \frac{1}{2} \times \frac{2! \times 105!}{107!}$$

$$= \frac{1}{2} \times \frac{1}{106 \times 107}.$$

Entsprechend ergibt sich:

$$P_Y = \frac{1}{2} \times \frac{1}{111 \times 112}.$$

Analog erhält man:

$$P_Z = P(\text{die Plätze stammen aus verschiedenen Blöcken}) \times$$

$$P(\text{Ehepaar Z wird gewählt}|$$

$$\text{die Plätze stammen aus verschiedenen Blöcken})$$

$$= \frac{1}{2} \times \frac{1}{107 \times 112}.)$$

3. (a)

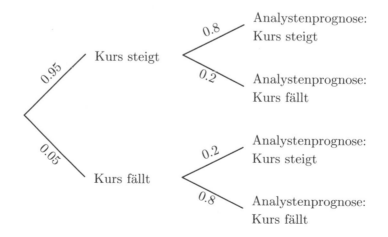

(b) Man erhält:

P(Kurs fällt | Analystenprognose: Kurs fällt)

$$= \frac{0.05 \times 0.8}{0.05 \times 0.8 + 0.95 \times 0.2}$$

$$= \frac{0.04}{0.04 + 0.19}$$

$$= \frac{4}{23}.$$

(c) Es ergibt sich wie in Aufgabenteil (b) mit p anstelle von 0.95:

P(Kurs fällt | Analystenprognose: Kurs fällt)

$$= \frac{(1-p) \times 0.8}{(1-p) \times 0.8 + p \times 0.2}$$

$$= \frac{0.8 - 0.8p}{0.8 - 0.6p}.$$

Ferner gelten die Äquivalenzen:

$$\frac{0.8 - 0.8p}{0.8 - 0.6p} < 0.5$$

$$\Longleftrightarrow \quad 0.8 - 0.8p < 0.4 - 0.3p$$

$$\Longleftrightarrow \quad 0.4 < 0.5p$$

$$\Longleftrightarrow \quad 0.8 < p.$$

Nur für Werte von p, die größer als 0.8 sind, ist die gesuchte Wahrscheinlichkeit kleiner als 0.5.

(d) Die A-priori-Wahrscheinlichkeiten werden zu den A-posteriori-Wahrscheinlichkeiten aufdatiert und beeinflussen insofern das Endergebnis. Teil (c) zeigt, dass das „A-priori-Bauchgefühl" sehr stark durchschlägt: Selbst bei einem noch recht optimistischen Anleger (mit z. B. $p = 0.75$) wäre die bedingte Wahrscheinlichkeit aus Teil (c) schon größer als 0.5, und man würde die Aktie wohl nicht kaufen. Die geringe „Verlustwahrscheinlichkeit" (4/23) aus Teil (b) geht vor allem auf das äußerst optimistische „Bauchgefühl" ($p = 0.95$) aus Teil (b) zurück. (75 Wörter)

Kommentar: Im Vorspann zu dem zitierten Artikel von Joachim Weimann mit der Überschrift „Das Spiel mit den Wahrscheinlichkeiten" aus der Zeitung *Frankfurter Allgemeine Sonntagszeitung* (vom 13. Januar 2013, Seite 36) heißt es:

> Bei der Einschätzung von Gewinnchancen vertrauen wir oft unserer Intuition. Doch statt dem Bauchgefühl zu folgen, sollten wir lieber nachrechnen.

Der Artikel könnte daher so verstanden werden, dass die Verwendung der Formel von Bayes immer sicherstellt, dass statt Intuition und Bauchgefühl nun objektive Rechnung zur Grundlage wird. Das ist jedoch nicht richtig. Das Bayes-Theorem erlaubt es zwar, die A-priori-Wahrscheinlichkeiten korrekt zu A-posteriori-Wahrscheinlichkeiten aufzudatieren; es eliminiert aber keineswegs vollständig ein Bauchgefühl, das etwa in den A-priori-Wahrscheinlichkeiten steckt. Die Aufgabenteile (c) und (d) zeigen, wie stark gerade im Beispiel des Artikels das „Bauchgefühl" die Entscheidung beeinflusst. Aus diesem Grunde ist die Anwendung des Bayes-Theorems auf subjektiv gewählte A-priori-Wahrscheinlichkeiten umstritten. Dieses potentiell subjektive Element wird oft als gravierende Schwachstelle der Bayes-Methode angesehen. Im Beispiel von S. 44 war die Situation dagegen anders: Dort war vorausgesetzt, dass die A-priori-Wahrscheinlichkeiten als objektive relative Häufigkeiten bekannt waren und nicht auf „Bauchgefühl" beruhten. In solchen Situationen ist die Anwendung des Bayes-Theorems unumstritten.

4. (a) Das Schachtelmodell ist:

> Normalverteilung mit Mittelwert $m = 12.42$
>
> und Standardabweichung s

25 Ziehungen mit Zurücklegen

Somit ergibt sich:

Mittelwert der Schachtel $= 12.42$ [Minuten]

Standardabweichung der Schachtel $= s$ [Minuten]

Erwartungswert der Summe
$$= 25 \times 12.42 = \frac{1242}{4}$$
$$= 310.5 \text{ [Minuten]}$$

Standardfehler der Summe $= \sqrt{25} \times s = 5s$ [Minuten].

Da die einzelnen Werte aus einer Normalverteilung stammen, folgt auch die Summe einer Normalverteilung.

91.92 % entspricht -1.4 Standardeinheiten.

Die folgende Skizze illustriert den Sachverhalt:

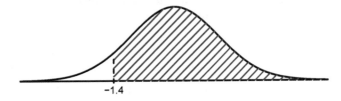

Es ist also s so zu bestimmen, dass $\dfrac{300 - 310.5}{5s} = -1.4$ gilt,

d. h. $-10.5 = -7s$

und damit $s = \dfrac{10.5}{7} = 1.5$ [Minuten].

Der Wert von s muss 1.5 [Minuten] betragen.

(Bemerkung: Für $s < 1.5$ [Minuten] ist die Wahrscheinlichkeit sogar größer als 91.92 %.)

(b) Man hat:

Anzahl der möglichen Fälle: $\dbinom{500}{190}$

Anzahl der günstigen Fälle: $\dbinom{45}{20} \times \dbinom{455}{170}$

Daher ist die gesuchte Wahrscheinlichkeit:

$$\frac{\dbinom{45}{20} \times \dbinom{455}{170}}{\dbinom{500}{190}} \; .$$

5. (a) Es ist $x + y = 30$ und somit $x = 30 - y$. Daher ist:

$$\begin{aligned}
\mathrm{MW}(x - y) &= \mathrm{MW}(30 - y - y) \\
&= \mathrm{MW}(30 - 2y) \\
&= 30 - 2 \times \mathrm{MW}y \\
&= 30 - 33 \\
&= -3 \, .
\end{aligned}$$

(b) Es ist $x + y = 30$ und somit $y = 30 - x$. Daher ist:
$$\text{SD}(y) = \text{SD}(30 - x) = \text{SD}(x) = 2.4\,.$$

(c) Wegen $\text{SD}(x) = \text{SD}(y) = 2.4 > 0$ ist der Korrelationskoeffizient definiert. Ferner ist $x + y = 30$ und somit $y = 30 - x$. Alle Punkte liegen daher exakt auf einer Geraden mit negativer Steigung. Also ist der Korrelationskoeffizient -1.

(d) Nach Aufgabenteil (c) sind alle Residuen 0, also hat auch der r.m.s.-Fehler der Regressionsgeraden von x auf y den Wert 0.

(Bemerkung: Alternativ ergibt sich durch Rechnung:
$\sqrt{1 - r^2} \times \text{SD}x = \sqrt{1 - (-1)^2} \times \text{SD}x = 0 \times 2.4 = 0$.)

6. (a) Zunächst ergibt sich für die Standardabweichungen und den Korrelationskoeffizienten:

$$\text{SD}(x_1) = \sqrt{25} = 5$$

$$\text{SD}(x_2) = \sqrt{36} = 6$$

$$r = \text{corr}(x_1, x_2) = \frac{18}{\sqrt{25} \times \sqrt{36}} = \frac{18}{5 \times 6} = 0.6.$$

Weiter gilt:

175 entspricht $\dfrac{175 - 180}{5} = -1$ Standardeinheit.

Für den vertikalen Streifen über $x_1 = 175$ ergibt sich dann nach der Regressionsmethode:

neuer Mittelwert $= 240 + 0.6 \times (-1) \times 6 = 240 - 3.6 = 236.4$

neue Standardabweichung $= \sqrt{1 - r^2} \times \text{SD}(x_2) = \sqrt{1 - 0.6^2} \times 6$
$= 0.8 \times 6 = 4.8$.

Umrechnen in Standardeinheiten liefert:

234 entspricht $\dfrac{234 - 236.4}{4.8} = \dfrac{-2.4}{4.8} = -0.5$ Standardeinheiten.

Die folgende Skizze zeigt die zu bestimmende Fläche:

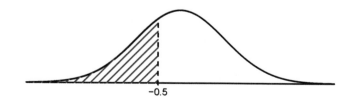

−0.5

Der gesuchte Anteil beträgt ca. 30.85 %.

(b) Umrechnen in Standardeinheiten liefert:

177.5 entspricht $\dfrac{177.5 - 180}{5} = -0.5$ Standardeinheiten

187.5 entspricht $\dfrac{187.5 - 180}{5} = 1.5$ Standardeinheiten.

Die folgende Skizze zeigt die zu bestimmende Fläche:

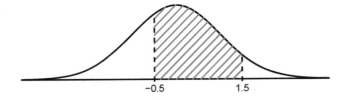

Der Prozentsatz beträgt ca. $100\% - 30.85\% - 6.68\% = 62.47\%$.

7. (a)

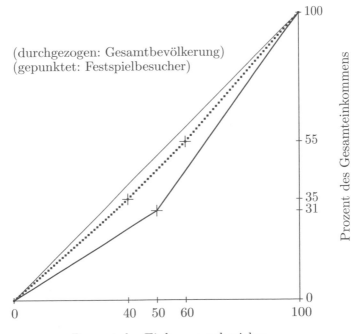

(durchgezogen: Gesamtbevölkerung)
(gepunktet: Festspielbesucher)

Prozent des Gesamteinkommens

Prozent der Einkommensbezieher

(b) Die Kurve für die Festspielbesucher ist durchgängig näher an der Sehne zwischen $(0,0)$ und $(100,100)$. Dort ist also die Einkommensverteilung homogener. (Der Gini-Koeffizient – die normierte Fläche zwischen der Sehne und der Lorenzkurve – wäre kleiner.) (34 Wörter)

(c) Die Lorenzkurve sagt nur etwas über die Konzentration, aber nichts über die Höhe der Einkommen aus. Man kann es also nicht sagen. (22 Wörter)

4.14   Lösungen zur Klausur „Geheimdienste"

1. (a)

```
1 │ 36677
2 │ 136
3 │ 224667
4 │
5 │
6 │
7 │
8 │ 3
```

(1 │ 3 bedeutet 13 [TEUR])

(b)

15 BIP (je Einwohner in TEUR)

```
           26
17                    36
13                    83
```

(c)

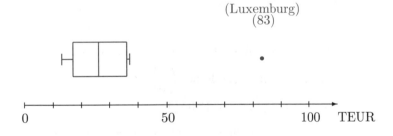

(Luxemburg)
(83)

0   50   100   TEUR

Ausreißer(kandidaten): Luxemburg

(d) Da die Regressionsgerade durch den Punkt (MWx, MWy) verläuft, erhält man:

$$MWy = 0.63 \times MWx + 148.7$$

bzw.

$$\frac{1}{4}(265 + a + 162 + 275) = 0.63 \times \frac{1}{4}(76 + 104 + 86 + 174) + 148.7$$

oder

$$702 + a = 4 \times (69.3 + 148.7)$$

also endgültig

$$a = 170.$$

Er kann den Wert errechnen; es ergibt sich $a = 170$.

(e) rechtsschief
höher
Reichen

2. (a) (i) Anzahl der möglichen Fälle: $\binom{500}{10}$

Anzahl der günstigen Fälle: 1

Daher ist die Wahrscheinlichkeit: $\dfrac{1}{\binom{500}{10}}$.

(ii) Anzahl der möglichen Fälle: $\binom{500}{50}$

Anzahl der günstigen Fälle: $\binom{490}{40} \times \binom{10}{10}$

Daher ist die Wahrscheinlichkeit: $\dfrac{\binom{490}{40} \times \binom{10}{10}}{\binom{500}{50}}$.

(iii) Dann müssen diese 10 aus 50 gezogen werden. Also:

Anzahl der mögliche Fälle: $\binom{50}{10}$

Anzahl der günstigen Fälle: 1

Daher ist die (bedingte) Wahrscheinlichkeit: $\dfrac{1}{\binom{50}{10}}$.

(iv) gesuchte Wahrscheinlichkeit

$= $ Wahrscheinlichkeit aus (ii) $\times$ Wahrscheinlichkeit aus (iii)

$$= \frac{\binom{490}{40} \times \binom{10}{10}}{\binom{500}{50}} \times \frac{1}{\binom{50}{10}}.$$

Der Vergleich von (iv) und (i) ergibt:

Wahrscheinlichkeit aus (iv)

$$= \frac{\dfrac{490!}{40!450!} \times 1}{\dfrac{500!}{50!450!}} \times \frac{1}{\dfrac{50!}{10!40!}}$$

$$= \frac{490!10!}{500!}$$

= Wahrscheinlichkeit aus (i).

Es läuft also auf dasselbe hinaus.

(b) Die 450 verbliebenen Karten sind ebenfalls eine einfache Zufallsstichprobe, die dadurch bestimmt wurde, dass man angab, welche nicht dazugehören. Mit dem gleichen Argument wie in Aufgabenteil (a) folgt also, dass es korrekt ist.
(Formal muss man in (ii) 40 durch 440 und 50 durch 450 ersetzen und in (iii) 50 durch 450.)

(c) Es geht um die 61. (ohne Zurücklegen) gezogene Karte. Dies kann aus Symmetriegründen jede der ursprünglichen 500 Karten mit gleicher Wahrscheinlichkeit sein. Die gesuchte Wahrscheinlichkeit ist daher $\dfrac{1}{500}$.

3. (a)

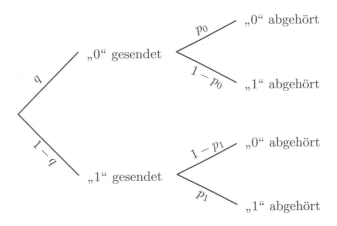

(b) Man erhält:

P(„0" gesendet | „0" abgehört)

$$= \frac{q \times p_0}{q \times p_0 + (1-q) \times (1-p_1)}$$

$$= \frac{0.6 \times 0.8}{0.6 \times 0.8 + 0.4 \times 0.4}$$

$$= \frac{3}{4}.$$

(c) Ein zufällig abgehörtes Zeichen ist mit Wahrscheinlichkeit $0.6 \times 0.2 + 0.4 \times 0.6 = 0.36$ eine „1". (Alternativ kann diese Wahrscheinlichkeit auch als „$1 -$ (Nenner aus Aufgabenteil (b))" berechnet werden.) Das Schachtelmodell ist:

$$64 \times \boxed{0} \qquad 36 \times \boxed{1}$$

$\boxed{0} \;\hat{=}\;$ abgehörtes Zeichen ist „0"

$\boxed{1} \;\hat{=}\;$ abgehörtes Zeichen ist „1"

400 Ziehungen mit Zurücklegen

Somit ergibt sich:

Mittelwert der Schachtel $= 0.36$

Standardabweichung der Schachtel $= \sqrt{0.36 \times 0.64} = 0.6 \times 0.8$

$= 0.48$ (vereinfachte Formel)

Erwartungswert der Anzahl der „1" $=$ Erwartungswert der Summe

$= 400 \times 0.36 = 144$

Standardfehler der Anzahl der „1" $=$ Standardfehler der Summe

$= \sqrt{400} \times 0.48 = 9.6$.

(d) Mit der Binomialformel ergibt sich:

$$p_0^3 + \binom{3}{2} p_0^2 (1-p_0).$$

4. (a) $\begin{pmatrix} 80 \\ 38 \end{pmatrix}$

(b) $\begin{pmatrix} 16 & 9.6 \\ 9.6 & 9 \end{pmatrix}$

(c) $\begin{pmatrix} 1 & 0.8 \\ 0.8 & 1 \end{pmatrix}$

(d) Umrechnen in Standardeinheiten liefert:

82.8 entspricht $\dfrac{82.8 - 80}{4} = 0.7$ Standardeinheiten.

Die folgende Skizze zeigt die zu bestimmende Fläche:

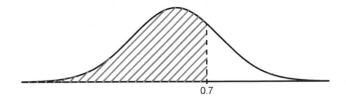

Der Prozentsatz beträgt ca. $100\% - 24.20\% = 75.80\%$.

(e) Diese Punkte liegen nahezu auf der Geraden $y = x$, also auf einer Geraden mit positiver Steigung. Daher ist der Korrelationskoeffizient ungefähr $+1$. (23 Wörter)

(f) Wegen $x + y \approx 112$ liegen diese Punkte nahezu auf der Geraden $y = 112 - x$, also auf einer Geraden mit negativer Steigung. Daher ist der Korrelationskoeffizient ungefähr -1. (31 Wörter)

(g) Die Abweichungen $y - \hat{y}$ sind die Residuen. Somit hat man:

Mittelwert $= 0$

Standardabweichung $= \sqrt{1 - r^2} \times \text{SD}y = \sqrt{1 - 0.8^2} \times 3$
$$= 0.6 \times 3 = 1.8.$$

(h) Antwort: (v)

Begründung: Umrechnen in Standardeinheiten liefert:

85 entspricht $\dfrac{85 - 80}{4} = 1.25$ Standardeinheiten

41.75 entspricht $\dfrac{41.75 - 38}{3} = 1.25$ Standardeinheiten.

Die folgende Skizze zeigt die zu bestimmende Fläche:

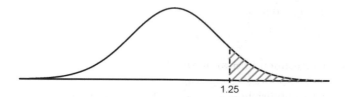

1.25

Somit sind beide Anteile (einzeln betrachtet) 0.1056.
Der Gesamtanteil ist auf jeden Fall größer als ein Einzelanteil, also
größer als 0.1056. Andererseits kann er nicht größer als die Summe
der Einzelteile 0.1056 + 0.1056 = 0.2112 sein und ist potentiell kleiner, da sich die Personengruppen teilweise überlappen können. Daher
kommt nur Antwort (v) in Frage.

5. (a) Der geschätzte Prozentsatz ist 90 %. Somit ergibt sich als Schachtelmodell (nach der Bootstrap-Methode):

$$1 \times \boxed{0} \qquad 9 \times \boxed{1}$$

$\boxed{0} \quad \hat{=} \quad$ nicht skeptisch

$\boxed{1} \quad \hat{=} \quad$ skeptisch

900 Ziehungen mit (strenggenommen ohne) Zurücklegen

(Weil die Stichprobe nur einen kleinen Anteil der Grundgesamtheit
ausmacht, kann man wie im Fall des Ziehens mit Zurücklegen vorgehen.)

Damit ergibt sich:

geschätzte Standardabweichung der Schachtel (nach der Bootstrap-
Methode)
$= \sqrt{0.9 \times 0.1} = \sqrt{0.09} = 0.3$

Standardfehler der Anzahl $= \sqrt{900} \times 0.3 = 30 \times 0.3 = 9$

Standardfehler des Anteils in Prozent $= \dfrac{9}{900} \times 100\,\% = 1\,\%$.

Die Normalapproximation ist hier anwendbar, weil die Anzahl der
Ziehungen (900) trotz der Schiefe der Schachtel (s. o.) ausreichend
groß ist. Ein approximatives 80 %-Konfidenzintervall ist:

$90\,\% \pm 1.3 \times 1\,\% = 90\,\% \pm 1.3\,\% = [88.7\,\%,\ 91.3\,\%]$.

(b) Das Schachtelmodell ist:

$$2 \times \boxed{0} \qquad 8 \times \boxed{1}$$

$\boxed{0} \; \hat{=} \;$ enthält den wahren Wert (90 %) nicht

$\boxed{1} \; \hat{=} \;$ enthält den wahren Wert (90 %)

625 Ziehungen mit Zurücklegen

Die Summe der Ziehungen entspricht dann der Anzahl der Intervalle, die den wahren Wert (90 %) enthalten. Nun ist:

Mittelwert der Schachtel $= 0.8$

Standardabweichung der Schachtel $= \sqrt{0.8 \times 0.2} = \sqrt{0.16}$

$\qquad\qquad\qquad\qquad\qquad\qquad\quad = 0.4$ (vereinfachte Formel)

Erwartungswert von X $\qquad\quad =$ Erwartungswert der Summe

$\qquad\qquad\qquad\qquad\qquad\quad = 625 \times 0.8 = 500$

Standardfehler von X $\qquad\quad =$ Standardfehler der Summe

$\qquad\qquad\qquad\qquad\qquad\quad = \sqrt{625} \times 0.4 = 10.$

(c) Mit der Binomialformel ergibt sich:

$$\binom{625}{490}(0.8)^{490}(0.2)^{135}.$$

(d) Unter Beachtung von Aufgabenteil (b) (Schachtelmodell) und der Stetigkeitskorrektur liefert Umrechnen in Standardeinheiten:

489.5 entspricht $\dfrac{489.5 - 500}{10} = -1.05$ Standardeinheiten

490.5 entspricht $\dfrac{490.5 - 500}{10} = -0.95$ Standardeinheiten.

Die Normalapproximation ist anwendbar, weil sehr oft (625-mal) aus der nicht zu schiefen Schachtel aus Aufgabenteil (b) gezogen wird. Die folgende Skizze zeigt die zu bestimmende Fläche:

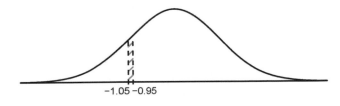

$-1.05\ -0.95$

Die gesuchte Wahrscheinlichkeit ist ungefähr $(17.11\% - 14.69\%) =$
2.42%.

6. (a) Bei einem kontrollierten Experiment nimmt der Experimentator die
       Zuteilung der Versuchsobjekte zur Behandlungs- oder Kontrollgruppe
       vor; bei einer Beobachtungsstudie entscheiden das die Versuchsobjek-
       te selbst. (24 Wörter)

   (b) Vorzuziehen ist ein kontrolliertes Experiment, da bei einer Beobach-
       tungsstudie vermengende Faktoren (zwischen der Entscheidung für
       die Behandlungsgruppe und dem Behandlungserfolg) eine Rolle spie-
       len und die Gruppen unvergleichbar machen können. (29 Wörter)

   (c) (i) Geschlecht
        (ii) Kinderzahl
        (iii) Gewicht

4.15   Lösungen zur Klausur „Schokolade"

1. (a) Beobachtungsstudie

   (b) Die Aussage ist richtig. Im Streuungsdiagramm ist die Datenwolke von links unten nach rechts oben geneigt. (16 Wörter)

   (c) Das ist nicht entscheidbar, da nur eine Beobachtungsstudie vorliegt. Daraus lässt sich nur eine Assoziation der Größen entnehmen. Ein Kausalzusammenhang (wie in der Aussage) wird dadurch weder bewiesen noch widerlegt. Dazu ist ein kontrolliertes Experiment nötig. (36 Wörter)

   (d) Das ist nicht entscheidbar, da z. B. weder der Schololadekonsum der Nobelpreisträger als Einzelpersonen noch der Zusammenhang von Intelligenzquotienten und Nobelpreis bekannt sind. Zudem können sich durch Aggregation Korrelationen sogar umkehren (vgl. – allerdings mit anderer Ausrichtung – das Simpson-Paradoxon). (39 Wörter)

   (e)

23 Schokoladekonsumwerte pro Jahr (in kg/Kopf)

	4.5	
2.7		8.2
0.7		11.6

2. (a) SD-Gerade
       Regressionsgerade von y auf x

   (b) Der Mittelwertvektor entspricht dem Schnittpunkt von SD-Gerade und Regressionsgerade von y auf x. Dieser liegt leicht rechts oberhalb des Punktes für die USA $\begin{pmatrix} 5.3 \\ 10.9 \end{pmatrix}$. Also ist $\begin{pmatrix} 5.5 \\ 11.0 \end{pmatrix}$ die richtige Antwort. (31 Wörter)

   (c) $\begin{pmatrix} 9 & 24 \\ 24 & 100 \end{pmatrix}$

(d) Deutschland

(e) Durch die Datenänderung wird (vgl. Streuungsdiagramm) der vertikale Abstand des Punktes für Schweden auch zur Regressionsgerade von y auf x geringer. Die Summe der Quadrate der Residuen (zur bisherigen Regressionsgeraden) wird also kleiner. Erst recht gilt dies, wenn man die neue Regressionsgerade – als Gerade der kleinsten Quadrate – betrachtet. Für eine Regressionsgerade entspricht – weil der Mittelwert der Residuen 0 ist – der r.m.s.-Fehler der Regressionsgeraden gerade dem r.m.s. der Residuen. Nach den obigen Abschätzungen ist also der r.m.s.-Fehler der Regressionsgeraden von $\hat{y}$ auf x kleiner als derjenige der Regressionsgeraden von y auf x.

3. (a) Ja
   Mehrstufiges Verfahren

(b) Nein
   Ziehen einer Bequemlichkeitsstichprobe

(c) Ja
   Ziehen einer geschichteten Stichprobe

(d) Bei Methode (I): $\left(\dfrac{1}{3} \times \dfrac{3}{30} = \right) \dfrac{1}{30}$

   Bei Methode (II): $\left(\dfrac{3}{90} = \right) \dfrac{1}{30}$

(e) Bei Methode (I): $\dfrac{1}{3}$

   Bei Methode D: $\left(\dfrac{40}{90} = \right) \dfrac{4}{9}$

(f) Die gesuchten Wahrscheinlichkeiten sind

   (i) bei Methode (I):

   $P_I(\text{alle drei aus C}) = P(C \text{ wird gewählt}) = \dfrac{1}{3}$

   (ii) bei Methode (II):

   Anzahl der möglichen Fälle: $\dbinom{90}{3}$

Anzahl der günstigen Fälle: $\binom{20}{3} \times \binom{70}{0}$

Also:

$$P_{II}(\text{alle drei aus C}) = \frac{\binom{20}{3} \times \binom{70}{0}}{\binom{90}{3}} = \frac{\frac{18 \times 19 \times 20}{3!} \times 1}{\frac{88 \times 89 \times 90}{3!}}$$

$$= \frac{18 \times 19 \times 20}{88 \times 89 \times 90} = \frac{19}{22 \times 89}$$

(Bemerkung: Eine alternative direkte Berechnung ist:
$P_{II}(\text{alle drei aus C}) = P(\text{erste Praline ist aus C}) \times$
$P(\text{zweite Praline ist aus C} \mid \text{erste Praline ist aus C}) \times$
$P(\text{dritte Praline ist aus C} \mid \text{erste und zweite Praline sind aus C})$
$= \frac{20}{90} \times \frac{19}{89} \times \frac{18}{88}.)$

(iii) bei Methode (III):
$P_{III}(\text{alle drei aus C}) = 0$

(iv) bei Methode (IV):
$P_{IV}(\text{alle drei aus C}) = 0$

Wegen

$$P_I(\text{alle drei aus C}) = \frac{1}{3} > \frac{19}{22} \times \frac{1}{89} = P_{II}(\text{alle drei aus C}) > 0$$

ist die betrachtete Wahrscheinlichkeit bei Methode (I) am größten.

4. Die folgende Skizze zeigt die Situation:

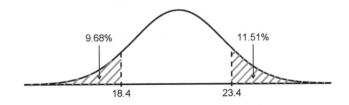

18.4 mm entspricht -1.3 Standardeinheiten,

23.4 mm entspricht 1.2 Standardeinheiten.

Schreibt man also m für den Mittelwert und s für die Standardabweichung der Normalverteilung, so hat man das Gleichungssystem:

$$m - 1.3s \;=\; 18.4 \text{ mm} \qquad (I)$$
$$\text{und } m + 1.2s \;=\; 23.4 \text{ mm.} \qquad (II)$$

Hieraus folgt durch die Subtraktion $((II) - (I))$:

$2.5s = 5$ mm, d. h. $s = 2$ mm.

Durch Einsetzen in (I) oder (II) erhält man dann: $m = 21$ mm.

a liegt bei -2.2 Standardeinheiten. Es muss also gelten:

$a = 21 \text{ mm } - 2.2 \times 2 \text{ mm} = 16.6 \text{ mm.}$

5. (a) Da mit Wahrscheinlichkeit 0.2 eine goldene Schokolinse gezogen wird, ist das Schachtelmodell:

$$\boxed{\; 4 \times \boxed{0} \qquad 1 \times \boxed{1} \;}$$

$\boxed{0}$ $\;\hat{=}\;$ keine goldene Schokolinse

$\boxed{1}$ $\;\hat{=}\;$ goldene Schokolinse

400 Ziehungen mit Zurücklegen

Somit ergibt sich:

Mittelwert der Schachtel $= 0.2$

Standardabweichung der Schachtel $= \sqrt{0.2 \times 0.8} = \sqrt{0.16} = 0.4$

(vereinfachte Formel)

Erwartungswert des Anteils (in %) $= 0.2 \times 100\,\% = 20\,\%$

Standardfehler des Anteils (in %) $\;= \dfrac{\sqrt{400} \times 0.4}{400} \times 100\,\%$

$$= 2\,\%.$$

Umrechnen in Standardeinheiten liefert:

19.6 % entspricht $\dfrac{19.6\,\% - 20\,\%}{2\,\%} = -0.2$ Standardeinheiten

20.8 % entspricht $\dfrac{20.8\,\% - 20\,\%}{2\,\%} = 0.4$ Standardeinheiten.

Die Normalapproximation ist anwendbar, weil sehr oft (400-mal) aus einer nicht zu schiefen Schachtel (s. o.) gezogen wird.

Die folgende Skizze zeigt die zu bestimmende Fläche:

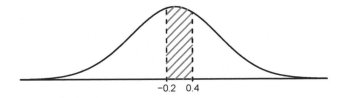

Die gesuchte Wahrscheinlichkeit beträgt ca.
$100\% - 42.07\% - 34.46\% = 23.47\%$.

Weiter ergibt sich:

19% entspricht $\dfrac{19\% - 20\%}{2\%} = -0.5$ Standardeinheiten

Die folgende Skizze zeigt die zu bestimmende Fläche:

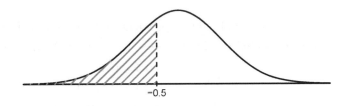

Die gesuchte Wahrscheinlichkeit beträgt ca. 30.85%.

(b) Wie in Aufgabenteil (a) ergibt sich:

Erwartungswert des Anteils (in %) $= 0.2 \times 100\% = 20\%$

Standardfehler des Anteils (in %) $= \dfrac{\sqrt{n} \times 0.4}{n} \times 100\% = \dfrac{40}{\sqrt{n}}\%$.

Es ist daher n so zu bestimmen, dass 19% höchstens -1.25 Standard-

einheiten entspricht; also so, dass $\dfrac{19\% - 20\%}{\dfrac{40}{\sqrt{n}}\%} \leq -1.25$ gilt,

d. h. $\qquad \dfrac{-1}{\dfrac{40}{\sqrt{n}}} \leq -1.25$

oder $\qquad \sqrt{n} \geq 50$

und damit $\qquad n \geq 2\,500$.

Es muss also $n \geq 2\,500$ gewählt werden.

6. (a)

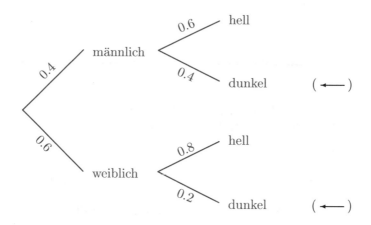

(b) Die relevanten Fälle für die gesuchte Größe sind im Baumdiagramm zu Aufgabenteil (a) durch (◄—) markiert. Man erhält:

$$P(\text{männlich} \mid \text{dunkel}) = \frac{0.4 \times 0.4}{0.4 \times 0.4 + 0.6 \times 0.2} = \frac{0.16}{0.28} = \frac{4}{7}.$$

Die unbedingte Wahrscheinlichkeit ist: $P(\text{männlich}) = 0.4 = \dfrac{4}{10}$.
Wegen

$$P(\text{männlich}) = \frac{4}{10} < \frac{4}{7} = P(\text{männlich} \mid \text{dunkel})$$

ist die bedingte Wahrscheinlichkeit größer. (Der Kauf einer „dunklen" Variante spricht eher für einen männlichen Kunden.)

(c) Es ist:

$P(\text{hell})$

$= P(\text{männlich}) \times P(\text{hell} \mid \text{männlich}) + P(\text{weiblich}) \times P(\text{hell} \mid \text{weiblich})$

$= 0.4 \times 0.6 + 0.6 \times 0.8$

$= 0.72.$

7. (a) Aus den Zeilen für Bollwerk und Marotti folgt:

(i) für $\text{MW}x$ und $\text{SD}x$ muss gelten:

$$\frac{9 - \text{MW}x}{\text{SD}x} = 1 \text{ und } \frac{7 - \text{MW}x}{\text{SD}x} = 0.5,$$

d. h. $9 = \text{MW}x + \text{SD}x$ und $7 = \text{MW}x + 0.5 \times \text{SD}x.$

Durch Subtraktion ergibt sich $2 = 0.5 \times \text{SD}x$ und somit $\text{SD}x = 4$. Einsetzen in eine der Gleichungen liefert $\text{MW}x = 5$.

(ii) für $\text{MW}y$ und $\text{SD}y$ muss gelten:

$$\frac{7 - \text{MW}y}{\text{SD}y} = 0 \text{ und } \frac{2 - \text{MW}y}{\text{SD}y} = -1,$$

d. h. $\text{MW}y = 7$ und $2 - 7 = -\text{SD}y$,

also $\text{MW}y = 7$ und $\text{SD}y = 5$.

(b) Wegen $1.5 \times e = 3$ ist $e = 2$.

Da für eine Liste (nicht identischer Zahlen) in Standardeinheiten stets der Mittelwert 0 und die Standardabweichung 1 ist, folgt weiterhin:

(i) $a - 1 + 0 + 1.5 + 0.5 - 1.5 + 1 + 0.5 = 0$, also $a = -1$.

(ii) $b + 0 + d + 2 + 0 + 1 + 0 - 1 = 0$, also $b + d = -2$ und daher

$$b = -(d + 2). \tag{I}$$

Ferner ist

$$\sqrt{\frac{1}{8} \left(b^2 + 0^2 + d^2 + 2^2 + 0^2 + 1^2 + 0^2 + (-1)^2\right)} = 1,$$

d. h. nach Einsetzen von (I)

$$\sqrt{\frac{1}{8} \left((d^2 + 4d + 4) + d^2 + 6\right)} = 1$$

oder	$2d^2 + 4d$	$=$	-2
bzw.	$d^2 + 2d + 1$	$=$	0
bzw.	$(d + 1)^2$	$=$	0
und damit	d	$=$	-1.

Aus (I) ergibt sich dann $b = -1$.

Damit berechnet man schließlich $c = a \times b = 1$ und $f = 2$.

Es ist also möglich, und man erhält die obigen Werte.

(c) Da $\text{MW}x$, $\text{SD}x$, $\text{MW}y$ und $\text{SD}y$ aus Aufgabenteil (a) und a und b aus Aufgabenteil (b) bekannt sind, ist dies möglich. Man erhält:

u	$=$	$\text{MW}x - 1 \times \text{SD}x$	$=$	$5 - 4$	$=$	1 und
v	$=$	$\text{MW}y - 1 \times \text{SD}y$	$=$	$7 - 5$	$=$	2.

Kommentar: Die Aufgabenteile (b) und (c) lassen sich alternativ in umgekehrter Reihenfolge auch dadurch lösen, dass man zunächst mit Hilfe der Werte aus Aufgabenteil (a) und des leicht ersichtlichen Wertes $e = 2$ die unbekannten, durch „*" markierten Werte in den Spalten x und y soweit möglich rekonstruiert. Bis auf den y-Wert von Puchard – etwa p genannt – ist das leicht durchführbar. Der Wert u ergibt sich dann aus der Gleichung für MWx; die Werte für v und p erhält man aus den Gleichungen für MWy und SDy. Damit liegen alle Absatzzahlen vor, und die Werte $a - f$ ergeben sich durch direkte Rechnung.

4.16 Lösungen zur Klausur „VW-Abgasaffäre"

1. (a)

```
1 | 259
2 | 4
3 |
4 | 24
5 | 07
6 | 7
7 | 05
8 | 8
```

(1 | 2 bedeutet 12 Tote)

(b)

12 Schätzungen für die Anzahl der Toten

```
                    47
   21.5                        68.5
   12                          88
```

(c)

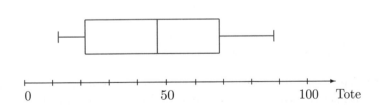

(d) Arbeitstabelle:

Klasse (in Tote)	Anzahl	Fläche (in %)	Breite der Säule (in Tote)	Höhe der Säule (in % pro Tote)
[10, 20[	3	25	10	2.5
[20, 70[	6	50	50	1.0
[70, 90[	3	25	20	1.25

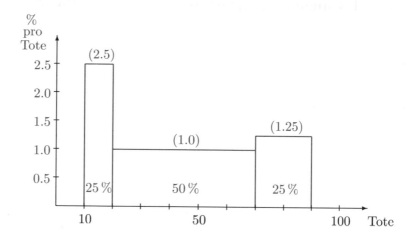

2. (a) (i) Es gibt $\binom{15}{6} = \dfrac{15!}{6! \times 9!} = \dfrac{10 \times 11 \times 12 \times 13 \times 14 \times 15}{1 \times 2 \times 3 \times 4 \times 5 \times 6} =$

$11 \times 13 \times 7 \times 5 = 143 \times 35 = 5\,005$ Möglichkeiten, sechs aus fünfzehn Studenten auszuwählen.

(ii) Günstig sind die Fälle, in denen genau zwei „Schwarzfahrer" erwischt werden. Die Anzahl dieser Fälle ist:

$\binom{5}{2}\binom{10}{4} = \dfrac{5!}{2! \times 3!} \times \dfrac{10!}{4! \times 6!} = 10 \times \dfrac{7 \times 8 \times 9 \times 10}{1 \times 2 \times 3 \times 4} = 2\,100.$

(iii) $\dfrac{2\,100}{5\,005} = \dfrac{100 \times 7 \times 3}{11 \times 13 \times 7 \times 5} = \dfrac{60}{143}$

(b) Jede Teilgruppe von sechs Studenten kann mit gleicher Wahrscheinlichkeit überprüft werden. Das Verfahren entspricht also genau dem Ziehen einer einfachen Zufallsstichprobe. Daher ist die gesuchte Wahrscheinlichkeit ebenfalls $\dfrac{60}{143}$.

3. (a) Die Korrelationsmatrix ist R $= \begin{pmatrix} 1 & 0.1 & 0.8 \\ 0.1 & 1 & 0.1 \\ 0.8 & 0.1 & 1 \end{pmatrix}$. Die zweite Komponente x_2 ist nahezu unkorreliert mit der ersten x_1 und der dritten x_3, die ihrerseits stark positiv korreliert sind. Die zweite Komponente x_2 entspricht daher am ehesten dem Arbeitsschritt A3.

(b) (i) Man hat aus Aufgabenteil (a) $\operatorname{corr}(x_3, x_1) = 0.8$ und daher:

$$(x_3 \text{ in Standardeinh.}) = r \times (x_1 \text{ in Standardeinh.})$$

$$\Longleftrightarrow \qquad \left(\frac{x_3 - 100}{5}\right) = 0.8 \times \left(\frac{x_1 - 50}{5}\right)$$

$$\Longleftrightarrow \qquad x_3 - 100 = 0.8x_1 - 40$$

$$\Longleftrightarrow \qquad x_3 = 0.8x_1 + 60.$$

(Oder als Alternative:

Steigung: $r \times \dfrac{\mathrm{SD}x_3}{\mathrm{SD}x_1} = 0.8 \times \dfrac{5}{5} = 0.8$

Achsenabschnitt: $100 = 0.8 \times 50 + b$, d. h. $b = 60$

Regressionsgerade von x_3 auf x_1: $x_3 = 0.8x_1 + 60$.)

(ii) Für den vertikalen Streifen zu $x_1 = 60$ ergibt sich nach der Regressionsmethode:

neuer Mittelwert $= 0.8 \times 60 + 60 = 108$

neue Standardabweichung $= \sqrt{1 - r^2} \times \mathrm{SD}x_3 = \sqrt{0.36} \times 5 = 3$.

Umrechnen in Standardeinheiten liefert:

109.2 entspricht $\dfrac{109.2 - 108}{3} = \dfrac{1.2}{3} = 0.4$ Standardeinheiten.

Die folgende Skizze zeigt die zu bestimmende Fläche:

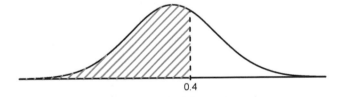

0.4

Der Prozentsatz beträgt ca. $100\% - 34.46\% = 65.54\%$.

(c) Es ist

$$(\text{Regressand in Standardeinh.}) = r \times (\text{Regressor in Standardeinh.})$$

und daher $\widetilde{x}_2 = r \times \widetilde{x}_1$ und somit $0.3 = r \times 0.5$, d. h. $r = 0.6$. Wegen $\mathrm{SD}\widetilde{x}_2 = 1$ ergibt sich also für den r.m.s.-Fehler der Regressionsgeraden von $\widetilde{x}_2$ auf $\widetilde{x}_1$: $\sqrt{1 - 0.6^2} \times 1 = \sqrt{0.64} = 0.8$. Man kann den Wert also bestimmen, er ist 0.8.

(d) Wegen $y_1 + y_2 = 1$ ist $y_2 = 1 - y_1$. Alle Datenpunkte liegen daher exakt auf einer Geraden mit negativer Steigung. Also ist der Korrelationskoeffizient -1.

4. (a) 78.88 % entspricht bei einer Normalverteilung der Fläche zwischen -1.25 und 1.25 Standardeinheiten (vgl. die folgende Skizze):

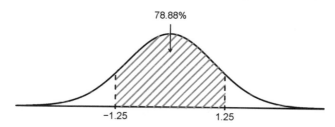

Bei der Bootstrap-Methode ist die geschätzte Standardabweichung der Schachtel $\sqrt{0.36 \times 0.64} = 0.6 \times 0.8 = 0.48$. Schreibt man n für die gesuchte Anzahl der Befragten, so ist also die halbe Länge des 78.88 %-Konfidenzintervalls für den Prozentsatz:

$$1.25 \times \frac{\sqrt{n} \times 0.48}{n} \times 100\,\%.$$

Diese ist andererseits 1.2 %. Somit hat man (unter Beachtung von $n \geq 0$) die Äquivalenzen:

$$1.25 \times \frac{0.48}{\sqrt{n}} \times 100 = 1.2$$
$$\Longleftrightarrow \qquad 0.6 \times 100 = 1.2 \times \sqrt{n}$$
$$\Longleftrightarrow \qquad \sqrt{n} = 50$$
$$\Longleftrightarrow \qquad n = 2\,500.$$

Die Anzahl der Befragten ist $2\,500$.

(b) Anstatt die Standardabweichung der Schachtel $\sqrt{p(1-p)}$ nach der Bootstrap-Methode durch $\sqrt{0.36 \times 0.64}$ zu schätzen, hätte man sie durch den maximalen Wert $\sqrt{p(1-p)} \leq \sqrt{0.5 \times 0.5} = 0.5$ abschätzen können. Als Vergrößerungsfaktor ergibt sich dann:

$$\frac{\sqrt{0.5 \times 0.5}}{\sqrt{0.36 \times 0.64}} = \frac{0.5}{0.48}.$$

(c) $\sqrt{\dfrac{60\ \text{Mio} - 2\,500}{60\ \text{Mio} - 1}}$

Der Korrekturfaktor liegt nahe bei 1 und wird zu Recht vernachlässigt.

(d) Das Schachtelmodell ist:

$$64 \times \boxed{0} \qquad 36 \times \boxed{1}$$

$\boxed{0} \; \widehat{=} \;$ Antwort ist nicht „stark"

$\boxed{1} \; \widehat{=} \;$ Antwort ist „stark"

2 500 Ziehungen mit (strenggenommen ohne) Zurücklegen

(Weil nach Aufgabenteil (c) der Korrekturfaktor vernachlässigbar ist, kann man wie im Fall des Ziehens mit Zurücklegen vorgehen.)
Die Normalapproximation wird zu Recht angewendet, weil sehr oft (2 500-mal) aus einer nicht zu schiefen Schachtel (s. o.) gezogen wird.

(e) Die Länge des obigen Konfidenzintervalls ist $37.2\,\% - 34.8\,\% = 2.4\,\%$. Nach Aufgabenteil (a) muss daher die Anzahl n um den Faktor 4 kleiner sein, also hätte man $\frac{1}{4} \times 2\,500 = 625$ Menschen befragen müssen.

5. (a) Das Schachtelmodell ist:

$$4 \times \boxed{0} \qquad 1 \times \boxed{1}$$

$\boxed{0} \; \widehat{=} \;$ falsche Antwort

$\boxed{1} \; \widehat{=} \;$ richtige Antwort

100 Ziehungen mit Zurücklegen

Somit ergibt sich:

Mittelwert der Schachtel $= \dfrac{1}{5} = 0.2$

Standardabweichung der Schachtel $= \sqrt{\dfrac{1}{5} \times \dfrac{4}{5}} = \sqrt{\dfrac{4}{25}}$

$$= \dfrac{2}{5} = 0.4$$

(vereinfachte Formel)

Erwartungswert des Anteils (in %) $= 0.2 \times 100\,\% = 20\,\%$

$$\text{Standardfehler des Anteils (in \%)} = \frac{\sqrt{100} \times 0.4}{100} \times 100\,\%$$

$$= \frac{0.4}{10} \times 100\,\% = 4\,\%.$$

(b) Mit der Binomialformel (oder Binomialverteilung) ergibt sich:

$$\binom{100}{0}(0.2)^0(0.8)^{100} + \binom{100}{1}(0.2)^1(0.8)^{99} \ .$$

(c) Umrechnen in Standardeinheiten liefert:

$$1.5\,\% \text{ entspricht } \frac{1.5\,\% - 20\,\%}{4\,\%} = -\frac{18.5}{4} = -4.625 \text{ Standardeinheiten.}$$

Die folgende Skizze zeigt die zu bestimmende Fläche:

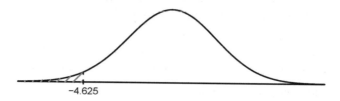

Die Durchfallwahrscheinlichkeit ist ca. $0\,\%$.

(d) Wahrscheinlichkeitshistogramm mit folgenden Säulen:

Grundseite (als Intervall)	Höhe (in %)
für $i = 0, \ldots, 100$:	für $i = 0, \ldots, 100$:
$[i - 0.5,\ i + 0.5[$	$\binom{100}{i}(0.2)^i(0.8)^{100-i}$

(e) Normalverteilungskurve mit Mittelwert $i \times 20$ und Standardabweichung $\sqrt{i} \times 4$.

6. (a)

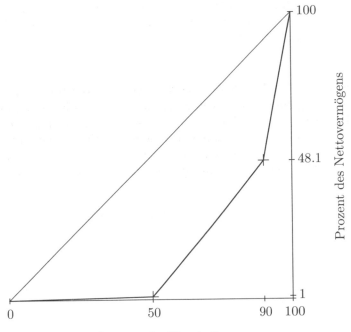

Prozent der Haushalte

(b) Da 70 der Mittelpunkt des Intervalls $[50, 90[$ ist, ergibt sich

$$1 + \frac{48.1 - 1}{2} = 1 + \frac{47.1}{2} = \frac{49.1}{2} = 24.55$$

[Prozent des Nettovermögens].

(c) Bestimmung des minimalen Wertes:
Die Haushalte im Teilbereich $[30\,\%, 50\,\%[$ besitzen mindestens $0.4\,\%$ des Nettovermögens, da sonst diejenigen im Teilbereich $[0\,\%, 30\,\%[$ zu viel besäßen. Somit müssen auch die Haushalte im Teilbereich $[50\,\%, 70\,\%[$ zumindest $0.4\,\%$ des Nettovermögens besitzen. Dieser Wert kann andererseits auch realisiert werden, da dann auf die Haushalte im Teilbereich $[70\,\%, 90\,\%[$ mit $48.1\,\% - 1.4\,\% = 46.7\,\%$ des Nettovermögens weniger als das Doppelte der $51.9\,\%$ des Nettoeinkommens entfallen, die die obersten $10\,\%$ der Haushalte – also diejenigen im $[90\,\%, 100\,\%[$ – besitzen. Der minimale Wert ist somit 1.4 [Prozent des Nettovermögens].

Bestimmung des maximalen Wertes:
Wäre der Wert höher als 24.55 [Prozent des Nettovermögens], so entfiele auf die Haushalte im Teilbereich $[50\,\%, 70\,\%[$ mehr als auf die

Haushalte im Teilbereich $[70\%, 90\%[$. Andererseits kann der Wert 24.55 [Prozent des Nettovermögens] nach Aufgabenteil (b) aber auch realisiert werden. Der maximale Wert ist somit 24.55 [Prozent des Nettovermögens].

Kommentar: Die Überlegungen in Aufgabenteil (c) wurden ganz elementar geführt, weil im Rahmen dieses Buches keine weitergehenden Eigenschaften von Lorenzkurven diskutiert werden und daher nicht herangezogen werden konnten. Eine dieser Eigenschaften ist die Konvexität von Lorenzkurven, mit der sich Aufgabenteil (c) schneller lösen ließe. Die obigen Herleitungen zeigen den Grund für die Konvexität auf.

A Anhang: Tabelle der Normalverteilung

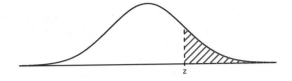

(Ablesebeispiel: Für z = 1.0 ergibt sich 15.87 %.)

z	Fläche (in %)	z	Fläche (in %)	z	Fläche (in %)
0.00	50.00	1.50	6.68	3.00	0.13499
0.05	48.01	1.55	6.06	3.05	0.11442
0.10	46.02	1.60	5.48	3.10	0.09676
0.15	44.04	1.65	4.95	3.15	0.08164
0.20	42.07	1.70	4.46	3.20	0.06871
0.25	40.13	1.75	4.01	3.25	0.05770
0.30	38.21	1.80	3.59	3.30	0.04834
0.35	36.32	1.85	3.22	3.35	0.04041
0.40	34.46	1.90	2.87	3.40	0.03369
0.45	32.64	1.95	2.56	3.45	0.02803
0.50	30.85	2.00	2.28	3.50	0.02326
0.55	29.12	2.05	2.02	3.55	0.01926
0.60	27.43	2.10	1.79	3.60	0.01591
0.65	25.78	2.15	1.58	3.65	0.01311
0.70	24.20	2.20	1.39	3.70	0.01078
0.75	22.66	2.25	1.22	3.75	0.00884
0.80	21.19	2.30	1.07	3.80	0.00723
0.85	19.77	2.35	0.94	3.85	0.00591
0.90	18.41	2.40	0.82	3.90	0.00481
0.95	17.11	2.45	0.71	3.95	0.00391
1.00	15.87	2.50	0.62	4.00	0.00317
1.05	14.69	2.55	0.54	4.05	0.00256
1.10	13.57	2.60	0.47	4.10	0.00207
1.15	12.51	2.65	0.40	4.15	0.00166
1.20	11.51	2.70	0.35	4.20	0.00133
1.25	10.56	2.75	0.30	4.25	0.00107
1.30	9.68	2.80	0.26	4.30	0.00085
1.35	8.85	2.85	0.22	4.35	0.00068
1.40	8.08	2.90	0.19	4.40	0.00054
1.45	7.35	2.95	0.16	4.45	0.00043

B   Anhang: Kreuzreferenztabelle

Die Kreuzreferenztabelle auf der folgenden Seite bezieht sich auf die Klausuren mit den Abschnittsnummern 3.1, 3.3, 3.5, 3.7, 3.9 und 3.11. Die Notation darin ist selbsterklärend. Die Tabelle kann auf zwei Weisen benutzt werden:

(1) Falls Sie bei einer Aufgabe festhängen und einen Hinweis benötigen, können Sie die Aufgabe in der Tabelle auffinden und dann das entsprechende Kapitel nochmals studieren. Wenn Sie beispielsweise die Klausur „Salzgebäck" bearbeiten und bei Aufgabe 8 nicht weiterkommen, so zeigt Ihnen ein Blick in die Spalte „Salzgebäck" dass diese Aufgabe sich auf die „Grundlagen" bezieht. Manchmal wird allein die Kenntnis des Themenkreises schon weiterhelfen. Allerdings bedeutet dies auch, dass Sie das Gebiet noch nicht ganz souverän beherrschen. Deshalb sollte dies nur immer der letzte Ausweg sein – versuchen Sie möglichst selbst darauf zu kommen, worum es in der Aufgabe geht.

(2) Falls Sie ganz gezielt ein Themengebiet anhand von Aufgaben wiederholen möchten, können Sie in der linken Spalte das Gebiet aufsuchen und finden dann in der Tabelle einige passende Übungsaufgaben. Wenn Sie beispielsweise noch mehr zum Thema „Wahrscheinlichkeit" üben möchten, zeigt Ihnen die Tabelle, dass etwa in der Klausur „Urlaub" die Aufgaben 1 und 3 sich darauf beziehen. Auch dies sollten Sie sparsam verwenden. Ideal ist es, wenn Sie die Klausuren vollständig und nicht themengeleitet bearbeiten.

Bedenken Sie schließlich, dass dies nur eine grobe Klassifikation sein kann und dass die Themengebiete ineinander greifen. Bei der Bearbeitung von Aufgaben zum Thema „Zweidimensionale Daten" braucht man zum Beispiel oft die Normalverteilung.

Themengebiet	Klausur					
	„Zeitungen"	„Urlaub"	„EU"	„Schnee"	„Finanzkrise"	„Salzgebäck"
Grundlagen (S. 7–16)	6(b)–(c)	8	7(a)		2(a)	2(a)–(b) 8
Deskriptive Techniken (S. 16–24)	1(a)–(c) 7(e) 6(b)–(c) 8	4	3 5(a)–(b)	3 7(a)	2(b) 5	2(c)–(e) 3
Die Normalverteilung (S. 24–26)			7(b)–(c)		1	1(a)
Zweidimensionale Daten (S. 26–37)	3 4	5 7		4 7(b)–(e)	8	1(b)–(d)
Höherdimensionale Daten (S. 38–40)			4	2(a)		
Wahrscheinlichkeit (S. 40–45)	1(d) 7(a)–(c) 7(f)	1 3	2 6	5	4 6(d)	4 7(c)–(d)
Schachtelmodelle (S. 46–53)	6(a) 7(d)	6	1 5(c)	1 2(b)–(c) 6	6(a)–(c)	5 6
Stichproben (S. 53–57)	2 5	2	8		3 7	7(a)–(b)

Bildnachweis

Autor und Verlag möchten den folgenden Rechteinhabern für Abdruckgenehmigungen danken. (Die genauen Fundstellen sind jeweils beim abgedruckten Objekt angegeben.)

Frankfurter Allgemeine Zeitung für die Abbildung auf Seite 12

picture alliance/globus infografik für die Abbildung auf Seite 15

Der Tip/Der Falter (Studierendenzeitung der Universität Bayreuth) für die Abbildung auf Seite 83

Dirk Meissner für den Cartoon auf Seite 108

Los Angeles Times für die Abbildung auf Seite 120

Es wurde größte Sorgfalt darauf verwendet, alle Urheberrechte zu beachten. Sollten solche Rechte unbeabsichtigt dennoch berührt sein, bitten Autor und Verlag um eine entsprechende Mitteilung.

Literaturverzeichnis

[1] Bamberg, G., Baur, F. und Krapp, M.: *Statistik*, 17., überarbeitete Auflage, Oldenbourg Verlag, München 2012.

[2] *Die Bibel: Einheitübersetzung der Heiligen Schrift*, Katholische Bibelanstalt GmbH, Stuttgart 1980.
(Jede andere Übersetzung ist für unsere Zwecke ebenfalls geeignet.)

[3] Deutler, T., Schaffranek, M. und Steinmetz, D.: *Statistik-Übungen*, Springer-Verlag, Berlin Heidelberg 1984.

[4] Ehrenberg, A. S. C.: *Das Reduzieren der Zahlen*, Bund-Verlag, Köln 1976.

[5] Fahrmeir, L., Heumann, C., Künstler, R., Pigeot, I. und Tutz, G.: *Statistik*, 8., überarbeitete und ergänzte Auflage, Springer-Verlag, Berlin Heidelberg 2016.

[6] Freedman, D., Pisani, R. und Purves, R.: *Statistics*, 4th edition, W. W. Norton & Company, Inc., New York 2007.
(Ein ganz hervorragendes Statistiklehrbuch.)

[7] Kockelkorn, U.: *Statistik für Anwender*, Springer-Verlag, Berlin Heidelberg 2012.

[8] Mosler, K. und Schmid, F.: *Wahrscheinlichkeitsrechnung und schließende Statistik*, Vierte verbesserte Auflage, Springer-Verlag, Berlin Heidelberg 2011.

[9] Mosteller, F.: Innovation and Evaluation, *Science* Vol. 211, Number 4485, S. 881–886, 1981.

[10] Pfanzagl, J.: *Allgemeine Methodenlehre der Statistik I*, 6. verbesserte Auflage, Walter de Gruyter, Berlin 1983.

[11] Pfanzagl, J.: *Allgemeine Methodenlehre der Statistik II*, 5. Auflage, Walter de Gruyter, Berlin 1978.

[12] Rathenau, W.: *Auf dem Fechtboden des Geistes*, Verlag der Greif Walther Gericke, Wiesbaden 1953.
(Kein Statistikbuch, aber interessante Gedanken einer bemerkenswerten Persönlichkeit.)

[13] Schira, J.: *Statistische Methoden der BWL und VWL*, 3. aktualisierte Auflage, Pearson Studium, München 2009.

[14] Tufte, E. R.: *The Visual Display of Quantitative Information*, Graphics Press, Cheshire 1983.
(Das Standardwerk zu graphischen Darstellungen.)

[15] Tukey, J. W.: *Exploratory Data Analysis*, Addison-Wesley, Reading, Mass. 1977.
(Das Standardwerk zur explorativen Datenanalyse.)

[16] Wald, A.: A Method of Estimating Plane Vulnerability Based on Damage of Survivors, CRC 432, July 1980, Center for Naval Analyses.

[17] Wallis, W. A. und Roberts, H. V.: *Methoden der Statistik*, Rowohlt, 1969.

Stichwortverzeichnis